귀 전 록

귀전록

歐 陽 脩　저

姜 旻 京　역

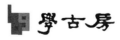

　　송대는 남북을 막론하고 정치적으로 혼란하고 대외적으론 무력했지만, 상공업의 발달과 경제상의 번영으로 귀족계급의 사치와 시민들의 연락(宴樂) 추구가 극성을 이루었던 시기이다. 또한 이에 힘입어 중국의 고문화가 모든 면에서 극도의 발전과 난숙(爛熟)을 이루었던 시대이다. 중당대(中唐代)에 한유(韓愈)와 유종원(柳宗元)에 의하여 제창되었던 '고문운동(古文運動)'의 결실을 맺은 구양수(歐陽修)는 문단의 맹주(盟主)였을 뿐만 아니라, 정치적으로도 참지정사(參知政事)까지 지낸 정치적 영도자였다. 그는 이러한 자신의 지위를 십분 이용하여 당대(當代)의 명사들과 교류하고 많은 대가들을 문하에 배출하여 고문운동을 완성하고 송대의 문학을 개혁하였다.

　　구양수의 『귀전록』은 송대 역사쇄문류필기소설(歷史瑣聞類筆記小說)의 선두작품으로, 저작연도는 치평(治平) 4년(1067) 그의 나이 60세 되던 해로 벼슬길로 들어선 이후 많은 파란을 겪고 관직에서 물러나고자 하는 생각을 굳힐 무렵이다.

『귀전록』에 기록된 고사는 115조(條)에 달하는데, 구양수는 이조(李肇)의 말을 빌어 물리(物理)를 탐구하며, 의혹(疑惑)을 가리고, 권계(勸戒)를 드러내며 풍속(風俗)에 관한 것을 모으고 담소(談笑)에 도움이 되는 것을 주제로 삼았다고 말하였다. 따라서 그 내용은 주로 문인·사대부들의 언행과 일화가 가장 많은 부분을 차지하며 정치와 전장제도(典章制度), 문학과 예술, 해학 등 다양한 주제들을 담고 있다. 따라서 우리는 이러한 『귀전록』에 대한 해제와 역주를 통해 송대 문인들의 교유와 습속, 사회현상에 대해 정사(正史)의 딱딱한 기록에서 볼 수 있는 모습과는 다른 면모들을 발견할 수 있다. 또한 당대(當代) 정치인들의 일상사 내지 뒷이야기들을 알 수 있는 중요한 자료로 활용될 수 있을 것이다.

또한, 『귀전록』은 중국 뿐 아니라 한국에까지 적지 않은 영향을 미쳤다. 때문에 『귀전록』에 대한 연구는 좁게는 작품이 지니는 문학사적 의의를 파악하는데 도움이 되고, 넓게는 송대 정치·사회·문화를 이해하는 사료가 된다. 뿐만 아니라, 비교문학사적으로 『보한집(補閑集)』·『필원잡기(筆苑雜記)』 등 국내 필기소설의 원류를 찾는 중요한 열쇠가 된다고 할 수 있겠다.

끝으로 지도교수님이신 김장환 선생님께 다시 한번 감사드린다. 또 논문을 쓰는 동안 옆에서 묵묵히 지켜봐 주신 가족과 동학들에게 고마움을 전하며, 독자제현의 叱正을 부탁드리는 바이다.

2008. 1
강민경

[일러두기]

1. 본 校釋은 中華書局의 歷代史料筆記叢刊으로 나온 李偉國 校點本(1997)을 底本으로 했다.

2. 校勘은 中華書局本을 따랐으며〔 〕로 표시하고 매 고사 아래에 달아두었다. 中華書局本은 元刻『文集』本에 의거하고, 宋槧『文集』本으로 교정했으며, 祠堂刻『文集』과 稗海刻『文集』의 다른 부분은 모두 注를 덧붙였다. 또한 宋槧 朱子『名臣言行錄』으로 교정하였다.

3. 번역은 『中國古代十大軼事小說賞析』(葉桂剛·王貴元 主編, 北京廣播學院出版社, 1992)과 『歸田錄·澠水燕談錄』(徐世琤 選譯, 浙江古籍出版社, 1999), 『唐宋筆記小說釋譯』(沈履偉 註譯, 天津古籍出版社, 2004)을 주로 참고했다.

4. 佚文 40條도 함께 校釋했다.

5. 우리말을 옮기는 과정에서 원문에는 없지만 의미상 필요한 경우에는 번역문에〔 〕로 표시하여 보충하였다.

차 례

『귀전록』에 대하여

　　중국 역대 왕조에서 송대(宋代: 960~1279)는 이민족의 침략으로 혼란했던 시기였다. 그러나 이민족의 침략으로 정치·사회적인 혼란에도 불구하고, 상공업의 발전에 따른 도시경제의 번영으로 귀족계급의 사치와 시민계층의 연악(宴樂) 추구는 일찍이 유례를 찾을 수 없을 만큼 극성했다. 하남(河南)의 개봉(開封)을 수도로 한 북송(北宋: 960~1126)은 요(遼)와 금(金)의 잇 달은 침략으로 인해 금과 굴욕적인 화친을 맺고 결국 항주(杭州) 임안(臨安)으로 도읍을 옮겨야만 했다. 항주로 도읍을 옮긴 이후 남송(南宋: 1126~1279)은 소강(小康)의 번영을 이루어 송대의 문화(文化)를 꽃피웠다.

　　송대의 문학(文學)만으로 한정해 언급하면, 시문(詩文)이 질과 양에 있어서는 오히려 당대(唐代: 618~907)보다 더 발전했던 시대였다. 특히 위에서 언급한 시민계층의 등장과 함께 속문학(俗文學)의 발전을 송대 문학의 커다란 표지로 삼는 것이 일반적 견해이다. 그러나 이러한 속문학의 발전 이외에 아문학(雅文學) 또한 그 나름의 발전을 이어갔는데, 여기에는 송대 신유학의 등장을 빼놓을 수 없을 것이다. 기존의 윤리강령에 불과했던 유학(儒學)은 불교의 충격으로 인해 사상적(思想的)으로 정주(程朱)의 성리학(性理學)으로 크게 발전하였으며, 이러한 철학사상의 발전은 시(詩)·문(文)·민간문학(民間文學)의 발전에도 영향을 끼쳐 송대에는 이전까지와는 다른 새로운 발전양상을 보여주고 있음은 이미 대부분의 중국문학사에서 언급하고 있다.[1]

특히 전대(前代)와의 연속선상에서 발전하였던 송대의 고문(古文: 散文) 부흥운동 또한 당대 한유(韓愈)·유종원(柳宗元)의 경지를 극복하였다는 점을 지적하고 싶다. 그것은 곧 구양수(歐陽修)의 출현으로 인해 말미암은 것이다. 그의 고문은 쉽고 분명하면서도 이전의 어떤 문장과도 다른 독특한 분위를 느끼게 한다. 이러한 창조적인 문재는 부(賦)에 있어서도 이전의 엄격한 격률과 형식을 무너뜨리고 새로운 산문형식의 부를 창조해냈다. 구양수의 고문운동은 한유의 문도주의(文道主義)를 극복한 새로운 문체(文體)의 구현(具顯)이었다. 북송 초(初) 구양수의 고문은 과거의 문이재도주의(文以載道主義)에서 탈피하여 새로운 문장(文章)의 전범(典範)을 후학들에게 보여줌으로써 향후의 방향(方向)을 제시해 주는 신선한 파란을 일으켰다. 무엇보다 그의 고문운동은 그것이 그 일인(一人)에게서 그치지

---

1) 김학주, 『中國文學史』(新雅社, 1994), pp.341~353, 김학주, 『중국문학사론』(서울대학교출판부, 2001), pp.266~271, 林庚, 『中國文學簡史』(北京大學出版社, 1996), pp.317~350 참고.

않고 그의 제자인 소식(蘇軾)·왕안석(王安石)·증공(曾鞏)으로 이어져서 송대 일대에 커다란 영향을 끼쳤다는 점을 주목해야 한다. 송대의 작가론연구(作家論研究)가 대부분 구양수로부터 언급되는 것은 바로 그로부터 새로운 시문이 출발(出發)했기 때문이다.

이상과 같은 그의 송대 문학에 끼친 지대(至大)한 공헌에도 불구하고, 그가 남긴 고문은 알려진 몇 편의 산문 이외에 여타(餘他)의 것들은 이제까지 논의되지 않고 있다. 특히『귀전록』은 구양수 만년의 작품으로 그 내용은 송대 사회의 단면을 살펴볼 수 있는 중요한 작품임에도 불구하고, 여태껏 연구대상에서 소외되어 왔다. 구양수의『귀전록』은 송대 역사쇄문류필기소설(歷史瑣聞類筆記小說)의 선두작품으로, 기록된 고사는 115조(條)에 달하지만 여타 개별적 작품을 중심으로 한 연구로 인해 중국과 대만에서도 이 작품에 대한 연구가 극히 드물며, 아직 국내에서는 소논문조차 발표되지 않았고 교감과 번역도 이루어지지 않은 상태이다.

이에 본고에서는 구양수의 관직 생활 마지막 부분에 해당하는 시기에 씌어진『귀전록』의 학술적 가치를 조명해 보고자 하였다. 특히『귀전록』은 여러 가지 면에서 구양수가 생존했던 북송 초년에 생존했던 중요한 인물(人物)과의 교류(交流)와 일문(逸聞)에 대한 기록이어서 생생한 사료적 가치를 가지고 있다. 본 논문에서는 구양수의『귀전록』내용을 상세히 분석하고 교석(校釋)하여 작품 가운데 소개된 고사를 통해 넓게는 송대 사회·문화현상과 좁게는 구양수와 그의 교우관계 및 사서(史書)에 기록되지 않은 조야(朝野)의 이야기들을 살펴보고, 이를 통해 더 나아가 송대 사회·문화 현상을 이해하고자 한다.

1. 연구현황

구양수 문학에 대한 다양한 연구는 앞에서 말한 바와 같이 널리 알려진 작품을 집중적으로 분석한 것이 대부분이었다. 때문에 『귀전록』에 대한 깊은 연구는 지금까지 미비한 상태였고, 중국과 대만을 비롯한 국외에서는 이와 관련하여 다음과 같은 연구와 번역이 있다.

① 葉桂剛·王貴元　主編, 『中國古代十大軼事小說賞析』, 北京廣播學院出版社, 1992.
② 徐世玶　選譯, 『歸田錄·澠水燕談錄』, 浙江古籍出版社, 1999.
③ 沈履偉　註譯, 『唐宋筆記小說釋譯』, 天津古籍出版社, 2004.
④ 林靑　校注, 『歸田錄』, 三秦出版社, 2004.
⑤ 夏敬觀, 「歸田錄佚文初探」, 1919, 『歸田錄』附錄, 中華書局, 1981.
⑥ 許麗芳, 「試析傳統文人之書寫特質--以歐陽修 『歸田錄』 與 「六一詩話」 爲例」, 彰化師範大學國文系, 1999.
⑦ 竇玉璽, 「歐陽修 『歸田錄』 讀釋」, 河南師範大學學報, 2006.

이상의 각 연구서적은 다음과 같은 특징을 갖고 있다.

① 엽계강(葉桂剛)의 『중국고대십대일사소설상석(中國古代
十大軼事小說賞析)』은 『귀전록』 외에도 『대당신어(大唐
新語)』, 『당어림(唐語林)』, 『수당가화(隋唐嘉話)』 등 10
부(部)의 당송(唐宋) 필기소설(筆記小說) 가운데 주요고사
들을 백화문(白話文)으로 번역해 놓았다. 모두 백화문으로
옮겨놓지는 않았지만, 중요 고사들을 많이 다루고 있으며
각 고사에 등장하는 역사적 사건과 단어에 대한 주석을 달
아놓아 기본적인 내용 파악에 많은 도움이 된다. 뿐만 아니
라 고사 뒤에는 작품에 대한 간단한 소개를 첨부하여 개괄
적인 내용의 이해를 돕고 있다.
② 서세쟁(徐世琤) 선역(選譯)의 『귀전록·승수연담록(澠水
燕談錄)』은 50여 편의 고사를 선별하여 자세한 역주와 번
역을 첨부하여 작품의 이해를 돕고 있다.
③ 심이위(沈履偉)가 주역(註譯)한 『당송필기소설석역(唐宋
筆記小說釋譯)』은 唐·宋代의 대표적인 필기소설 몇 작
품에서 고사 몇 가지를 선역해 놓았다. 간단한 주석이 독자
로 하여금 고사의 요점을 파악하도록 한다.
④ 임청(林青) 교주(校注)의 『귀전록』은 비록 백화문 번역은
없지만, 일문을 제외한 전서에 걸친 역주(譯注)가 독자의
이해를 돕고, 고사 하나 하나를 보다 깊이 이해하는 데 충
분한 역할을 하고 있다. 특히 각 고사의 등장인물과 관직에
대한 상세한 주석은 참고할 만하다.
⑤ 하경관(夏敬觀)의 「귀전록일문초탐(歸田錄佚文初探)」은
『귀전록』일문의 발생과 유관한 문제들을 간략하게 분석하
여 놓았다.
⑥ 허려방(許麗芳)의 「구양수의 『귀전록』과 『육일시화』의 예
를 통해본 전통문인의 서사특질 분석(試析傳統文人之書

寫特質--以歐陽修『歸田錄』與〔六一詩話〕爲例」은 문인의 서사특징을 구양수의 『귀전록』과 『육일시화』의 예를 통해 분석한 논문으로, 저작의 관점과 표현은 문인 자신의 자아인생(自我人生) 설정과 가치의의(價値意義)의 또 다른 체현(體現)임을 작품을 통해 설명하고 있다.

⑦ 두옥쇄(竇玉璽)의 「구양수의 『귀전록』선독(歐陽修〈歸田錄〉讀釋)」은 최근에 발표된 논문으로, 『귀전록』의 서명(書名)에 대한 유래와 편찬자(編纂者)의 편집의도와 사상 내용 및 예술 가치를 언급하고 있다.

위에 기술된 3종의 백화문 번역서와 1종의 주역서는 고사의 이해를 돕기 위해 일부 고사를 선정 소개하고 있어 작품 전체를 파악하기에는 한계가 있다. 그러나 나머지 3편의 관련 논문 중 두옥새의 「구양수『귀전록』독석」은 먼저 발표된 두 편의 논문의 소략함에서 한 차원 발전시켜 구양수가 『귀전록』이라는 서명을 붙이게 된 연유와 작자의 집필 목적·작품의 주요 사상과 예술적 가치 등을 소개하여 작품 전체를 이해하는데 많은 도움을 주므로 『귀전록』을 연구하는 사람이라면 반드시 읽어야 할 지침서라 할 수 있다.

이밖에 각종 소설관련 개론서에 구양수와 『귀전록』에 대한 간단한 소개가 있을 뿐이다.

2. 작자 및 창작 배경

1) 작자[2]

구양수의 자(字)는 영숙(永叔)이며 40세 때 「취옹전기(醉翁亭記)」를 짓고는 스스로 호(號)를 '취옹(醉翁)'이라 하였으며 또 64세 때에는 「육일거사전(六一居士傳)」을 짓고 호를 '육일거사'라 했다. 신종(神宗) 희령(熙寧) 5년(1072) 구양수가 세상을 떠나자 희령 7년에 천자는 그의 생전의 업적을 기려 '문충(文忠)'이라는 시호(諡號)를 하사했다.

구양수는 진종(眞宗) 경덕(景德) 4년(1007) 6월 21일 인시(寅時) 면주(綿州: 四川 綿陽)에서 출생했다. 이 때 그의 부친 구양관(歐陽觀)은 면주 군사추관(軍事推官)을 맡고 있었다. 구양수가 4세 되던 해 불행히도 그의 부친은 태주(泰州: 江蘇 泰縣)에서 군사판관(軍事判官)으로 재직하다가 59세의 나이로 죽었다. 그의 모친 정부인(鄭夫人)은 당시 29세였는데 수절할 것을 결심, 어린 구양수를 데리고 수주(隨州: 湖北 隨縣)로 가서 수주추관인 숙부 구양엽(歐陽曄)의 집에서 생활했다.

구양수의 부친은 생전에 매우 청렴하게 관직생활을 하여 죽

---

2) 구양수의 생평에 대해서는 아래의 저작들을 참고하였음. 張秀烈, 「歐陽修 硏究」(成均館大學校, 碩士學位論文, 1982) 魯長時, 『歐陽修 散文의 世界』(嶺南大中國文學硏究室叢書, 2000), pp.15~48·王更生 編著, 『歐陽修 散文硏究』(文史哲出版社, 2001), pp.13~29 참고.

은 후에 재산을 조금도 남기지 않아 집안 형편이 매우 어려웠
다. 구양수가 성장하여 책을 읽고 글을 익히려고 했으나 지필
(紙筆)을 살돈이 없어 그의 모친은 적경(荻莖: 물억새 줄기)을
사용, 땅에 글을 써서 구양수에게 글을 가르쳤다. 그래서 '구모
화적(歐母畫荻)'의 고사는 '맹모삼천(孟母三遷)'과 함께 중국에
서 모교(母敎)의 전범으로 전해내려 오고 있다.

　인종(仁宗) 천성(天聖) 원년(元年: 1023) 구양수가 17세 되
던 해에 그는 처음으로 수주의 지방고시에 응시하였으나 낙방
하였다. 4년 후 다시 수주에서 추천을 받아 천성 5년(1027) 춘
계예부공거(春季禮部貢擧)에 응시했으나 역시 불합격이었다.
다음해 그는 자기의 습작을 가지고 한양(漢陽: 湖北 武漢市)에
가서 한림학사(翰林學士) 서언(胥偃)을 방문하였다. 서언은 구
양수의 문장을 본 후 그를 인정하여 그의 문하에 있게 하였다.
그해 겨울 서언은 그를 데리고 경사(京師)로 가 많은 선배들 앞
에서 구양수를 소개하고는 칭찬하였다. 다음해 봄 구양수는 국
자감고시(國子監考試)에서 1등으로 합격하여 광문관생(廣文館
生)이 되었고 가을에 국학(國學)에 응시하여 1등을 하였다.

　천성 8년(1030) 정월(正月) 다시 한림학사 안수(晏殊)가 주
관한 예부공거(禮部貢擧)에 응시하여 1등을 하고 3월에 숭정전
(崇政殿)의 어전복시(御前覆試)에 응시하여 진사갑과(進士甲
科) 14명 중에 뽑혔다. 후에 서언은 자기의 딸을 구양수에게 출
가시켰다. 이 해 5월 정부의 새로운 임관령(任官令)의 발포(發
布)로 구양수는 서경(西京: 河南 洛陽)으로 파견되어 유수추관

(留守推官)을 맡아 이때부터 구양수의 정치 여정이 시작되었는데, 그의 나이 24세였다.

강정(康定) 원년(1040) 6월 구양수는 경사로 소환되어 관각교감(館閣校勘)을 맡아 계속 『숭문총목(崇文總目)』의 편찬에 참가하여 다음 해(慶曆元年: 1041) 12월 『숭문총목』 66권을 완성하였고 집현교리(集賢校理)로 옮겨갔다.

경력 3년(1043) 인종은 널리 언론(言論)을 발표(發表)할 수 있는 기회(機會)를 주어 정사를 다스리려고 3월에 간관(諫官)을 증설(增設)하여 구양수·왕소(王素)·채양(蔡襄)을 지간원(知諫院)에 임명하고, 여정(余靖)을 우정언(右正言)으로 삼았다. 7월에 구양수는 「논왕거정(論王擧正: 왕거정에 대해 논하다)·범중엄등차자(范仲淹等箚子: 범중엄을 기용할 것을 청하다)」를 올려 참지정사(參知政事) 왕거정이 맡은 바 임무를 다하지 않는다고 비평하고 범중엄이 재상의 재목이라 하여 그를 기용할 것을 청했다. 이리하여 범중엄은 참지정사, 부필(富弼)은 추밀부사(樞密副使), 한기(韓琦)는 섬서선무사(陝西宣撫使)로 임명되어 경력신정(慶曆新政)[3]의 정국이 이로써 형성되었다. 9월 범중엄은 「십사소(十事疏: 열 가지 일을 상소하다)」를 올렸는데 이것이 바로 경력변법(慶曆變法)의 강령(綱領)으로 이 속에는 구양수가 기안한 것이 많았다.

---

3) 慶曆新政: 慶曆 3년(1043), 仁宗은 范仲淹을 參知政事로 임명하고 富弼·韓琦를 樞密副使로 임명하여 개혁 방안을 제출하도록 하여 이를 전국에 시행하였다. 이 개혁을 '慶曆新政'이라고 한다. 그러나 오래지 않아 보수파의 반대로 실패하고 말았다.

경력신정이 실패하자 구양수는 곧 장생안(張甥案)4)으로 인하여 경력 5년(1045) 8월 저주(滁州: 安徽 滁縣)로 폄적되었다. 이 때 그는 39세였다. 폄적되었던 동안 구양수는 정치적으로는 비록 실의에 빠졌으나 문학적으로는 오히려 연박(淵博)해졌다. 『오대사기(五代史記)』의 초고가 대략 이때 완성되었고, 『집고록(集古錄)』의 집필도 시작했다.

지화(至和) 원년(1054) 5월 구양수는 인종의 명을 받아 『신당서(新唐書)』를 편찬하고 한림학사로 임명되었다. 가우(嘉祐) 2년(1057) 정월 구양수는 예부공거를 주관하여 경력변법 때 창도한 고문의 작법으로 취사의 표준을 삼아 험괴기삽(險怪奇澀)한 문체를 억제하였다. 당시 이름 있던 문사들이 대부분 떨어져 한바탕 큰 풍파가 일어나 구양수를 힐책했으나, 이 고시에서 합격한 증공(曾鞏)과 소식(蘇軾)·소철(蘇轍) 형제(兄弟)는 뛰어난 인재였다. 5~6년 후 풍파는 점차 가라앉았고 고문 역시 이어서 흥성했다.

---

4) 張甥案: 歐陽修의 여동생이 張龜正에게 시집을 갔는데 張龜正은 아들이 없이 죽었다. 이 때 張龜正에게는 전처에게서 난 겨우 4살 된 딸이 있었는데, 갈 곳이 없자 歐陽修의 여동생이 함께 데리고 歐陽修에게 와서 의탁하여 살고 있었다. 이 아이가 15살이 되었을 때, 歐陽修는 歐陽晟에게 시집을 보냈다. 그런데 이 張氏 여인이 歐陽晟과 함께 살고 있던 하인과 간통한 사건이 생겼다. 이 사건은 開封府로 보내졌고, 獄吏가 취조하면서 歐陽修에게 연루시켰다. 이에 戶部判官 蘇安世와 內侍 王昭明이 돌아가며 잡다하게 취조를 해보았지만, 歐陽修와는 끝내 터럭만큼도 관련이 없었다. 그러자 장씨 여인의 재산으로 전답을 사서 歐陽氏 집안의 재산으로 삼았다고 하여 歐陽修를 滁州 知事로 좌천시켰다.

가우 5년(1060) 7월 구양수는 『당서(唐書)』 225권을 편찬하여 그 공으로 예부시랑(禮部侍郎)이 되었고 11월에 추밀부사로 승진하였다. 다음해 윤(閏) 8월 호부시랑참지정사(戶部侍郎參知政事)가 되었는데 그때 그의 나이 55세였다. 구양수는 반평생에 걸쳐 정치 풍파를 겪었지만 이번에 처음으로 행정장관의 중임을 맡아 이후 한기·부필과 어깨를 나란히 하였다.

치평(治平) 2년(1065)부터 치평 3년까지 영종(英宗)의 생부 복왕(濮王)을 둘러싼 논쟁은 표면상으로는 의례(儀禮)에 대한 논쟁이었으나 실제적으로는 신하들이 조태후(曹太后)와 영종 사이의 불화를 이용하여 자기들의 주장을 내세우려 한 것이었다. 그래서 점점 정치적인 싸움으로 변화하여 구양수는 공격의 주요 대상이 되자 외지로 전출을 청하였으나, 치평 4년(1067) 3월 장식안(長媳案)5)으로 인하여 박주(亳州: 安徽 亳縣)의 지사(知事)로 좌천되었다. 이 복왕의 일에 대하여 구양수는 『복의(濮議)』 4권을 지어 쟁의의 시말을 기술하였다.

영종 때부터 신종 초까지 구양수는 건강악화로 인한 관직생활의 어려움을 상소하였고, 경력 5년(1045) 장식안으로 모욕을 당하고 나서는 더욱 전출의 뜻을 굳히자 조정에서는 결국 치평 4년(1067) 3월, 구양수를 박주의 지사로 보냈다. 1년이 조금 지나 희령 원년(1068)에 다시 청주(靑州: 山東 益都)로 가서 경

---

5) 長媳案: 治平 4년(1067) 2월 御史 蔣之奇와 御史中丞 彭思永이 갑자기 일으킨 이른바 '큰며느리 사건'이다. 그들은 歐陽修가 그의 큰며느리 吳氏와 애매한 행위가 있다고 모함하였으나, 神宗은 孫思恭의 변론을 듣고 蔣之奇를 힐문하여 사건의 전모가 밝혀지게 되었다.

동동로안무사(京東東路安撫使)가 되었다.

그해 구양수는 몸이 매우 좋지 않았기 때문에 여러 번 상소를 올려 치사(致仕)를 청하였다. 구양수는 어렸을 때 부친을 여의고 생활이 어려웠기 때문에 체질이 원래 허약했다. 40세 때 저주에서 「취옹정기」를 지어 자기의 몸이 일찍 쇠약해졌음을 기술하고 있다. 43세 때 시력이 매우 나빠졌고, 58세 때 치아가 빠지기 시작하였으며, 다음해 봄에는 임갈질(淋渴疾: 당뇨병)을 얻었다. 희령 원년 임갈과 안질(眼疾)이 더욱 심해지자 계속 상소하여 치사(致仕)를 간청했다.

희령 4년(1071) 6월 관문전학사(觀文殿學士)·태자소사(太子少師)로 치사하였으며 7월 영주(潁州)로 돌아와 은거(隱居)하였다. 영주 서안(西安)에 서호(西湖)가 있는데 규모가 매우 크고 경치가 아름다워 사(詞)를 지어 서호(西湖)의 아름다움을 묘사했다. 구양수는 이곳에서 음주와 부시(賦詩)를 즐기고 구작(舊作)을 정리하며 한가롭게 생활했다. 그러나 애석하게도 이러한 날들은 오랫동안 지속되지 못하였다. 희령 6년(1072) 윤7월 23일 병으로 세상을 떠났으니, 그때 그의 나이 66세였다.

희령 8년(1075) 9월 26일 개봉부(開封府) 신정현(新鄭縣) 정정현(旌鄭縣)에 안장(安葬)되었다.

구양수는 고문의 완성자이며 시·사·부는 물론 사륙문(四六文)에 있어서도 뛰어나 문단의 영수로서 당대(當代) 문학의 방향을 결정하는 역할을 담당할 수 있었다. 정치적으로는 추밀부사와 참지정사까진 지낸 일군의 영도자였고, 학술적으로도 경사(經史)를 두루 섭렵하고 있었으므로 『모시본의(毛詩本義)』・『신오대사(新五代史)』 74권・『신당서(新唐書)』「본기(本紀)」 10권, 「지(志)」 50권, 「표(表)」 15권 등의 저술을 내어 송대 학술을 인도한 대학자였다.

2) 창작 배경

송대의 정치사를 볼 때 이 시기는 문인・관료의 역할이 더욱 두드러진 사회였다. 당대(唐代)의 권력가들이 문학적으로 이름이 나지 않았던 사람이 많았던 반면에, 송대의 문인들 중에는 글쓰기로 이름을 날리면서 정치적으로도 출세한 사람이 많았다. 왕안석(王安石)・구양수 등의 경우에서 볼 수 있듯이 이 시기의 유명한 문인들은 이전보다 훨씬 높은 정치적 위상을 가지고 있었으며, 상당한 정도의 의사 결정권을 쥐고 있었던 사람들이었다. 그들은 사회를 개조하고 국가 체계의 효율성을 제고하기 위해서 동분서주했으며 그런 이상을 달성하기 위해서 권력 투쟁에 뛰어 들었던 인물이었다.

『귀전록』이 지어진 치평 4년(1067)은 그의 나이 60세가 되던 해로 벼슬길로 들어선 이후 많은 파란을 겪고 관직에서 물러나고자 하는 생각을 굳힐 무렵이었다. 또 장자기(蔣子奇) 같은 사람들에게 모함을 받아 더욱 전원으로 돌아가고 싶은 마음이 강하였던 때로, 그는 이러한 그의 심경을 『귀전록』 전서(前序)에서 다음과 같이 말하고 있다.

『귀전록』이란 조정의 전해오는 일 중에서 사관이 기록하지 않는 것으로, 사대부들과 담소하는 여가에 기록할 만한 것들을 기록하여 한가로이 거할 때 보려고 갖추어놓았다. 그 소문을 듣고 나를 나무라는 사람이 말했다.

　　"어찌하여 그렇게 우원(迂遠)하단 말이오! 그대가 공부하는 바는 인의를 닦아 업으로 삼고 『육경』을 암송하여 말로 삼아야 하니, 스스로 기대하는 것이 마땅히 어떠해야 하오? 그대는 다행히 군주의 인정을 받아 조정에서 벼슬자리를 얻어 국론에 참여한지 지금까지 어언 8년이 되었소. 때를 만나 분투하고 일을 당해 발분하여 밝은 계책을 세워 나라에 보탬이 될 수 없었으며, 그렇다고 또한 남에게 아부하고 비위를 맞추어 세속을 따를 수도 없었소. 그러다보니 원망·질시·비방·분노를 한 몸에 모이게 하여 소인배들에게 모욕을 당했소. 맹렬한 바람과 거센 파도가 헤아릴 수 없이 깊은 못에서 갑자기 일어나고 교룡과 악어와 같은 괴이한 짐승들이 바야흐로 머리를 나란히 하고 틈을 엿보고 있는 때를 당했는데도, 그대는 그 사이에 몸을 두어 반드시 죽게 되는 화를 겪었소. 천자께서 어지신 성덕(聖德)으로 측은하고 가엾게 여기시어 그대를 군침 흘리는 괴수의 입에서 빼내 그 남은 생명을 내려주셨는데, 그대는 명주(明珠)를 토해내거나 옥환(玉環)을 물고 와서 뱀과 꾀꼬리의 보답을 본받으려 했다는 말은 들어본 적이 없소. 한창 혈기가 왕성할 때에도 의미 있는 일을 행한 바가 없었고 지금은 이미 늙고 병들었으니, 이는 결국 군주의 은혜를 저버린 채 하릴없이 오랫동안 나라의 돈을 낭비하고 곡물창고의 쥐가 된 꼴이오. 그대를 위한 계책이라면 마땅히 조정에 사직을 청하여 물러나 영화와 총애를 피하고 전원에서 유유자적하면서 천수를 다하는 것이라 생각하니, 그리하면 분수를 안다는 현자의 명예를 얻을 수는 있을 것이오. 그런데도 그대는 여전히 배회하고 머뭇거리면서 오래토록 결정하지 못하고 있으니, 이것도 생각하지 않으면서 무슨 '귀전록'이란 말이오!"

내가 일어나 사죄하며 말했다.

"그대가 나를 질책한 것은 모두 옳소. 내 장차 돌아갈 것이니 그대는 잠시만 기다리시오."

치평(治平) 4년(1067) 9월 을미(乙未)에 여릉(廬陵) 사람 구양수(歐陽修) 씀.6)

위에서 언급한 바와 같이 구양수는 조정(朝廷)의 유사(遺事)와 사대부들을 위한 담소(談笑)거리를 기록하여 한가로이 거할 때 보려고 갖추어 놓았다고 그의 저작 동기를 밝히고 있다. 또한 모르는 이로부터 칼날 같은 질책을 받고는 그의 말이 모두 옳다고 말하고는 장차 돌아갈 것이니 잠시 기다려 줄 것을 청한다. 이는 구양수가 한 때 입신양명(立身揚名)을 쫓아 바쁘게 보내왔던 관직생활에 회의를 느끼고 진(晉)의 도연명(陶淵明)

---

6) 원문은 교석편 해당 條(前序) 참고. 다음도 마찬가지이다.

이 41살 때 마지막 관직이었던 팽택현령(彭澤縣令) 자리를 사직하고 고향으로 돌아올 때의 심경을 노래한 「귀거래사(歸去來辭)」를 기록한 것을 생각하며 이제는 더 이상 미련을 두지 말고 떠나야 할 때임을 스스로에게 말하고 있는 것이다.

이를 통해 『귀전록』은 구양수가 사직(辭職)하고 전원에 돌아가 기록한 것이 아니고, 관직에 있으면서 전원으로 돌아가고자 마음먹은 가운데 기록되었다는 중요한 사실을 알 수 있다. 『귀전록』은 치평 4년(1067)에 지어졌으며, 구양수가 벼슬길로 들어선 이후 많은 파란을 겪고 나서 차츰 관직에서 물러나고자 하는 생각을 굳힐 무렵으로, 이 해는 또 장자기 같은 사람들에게 모함을 받아 더욱 전원으로 돌아가고자 하는 마음이 간절하던 때였다.

구양수는 명확한 편집의도를 다시 한 번 권2 후서(後序)에서 아래와 같이 밝히고 있다.

당(唐) 이조(李肇)의 「국사보서(國史補序)」에서 이렇게 말했다.
"보응을 언급하고 귀신을 서술하며 꿈 해몽을 기술하고 규방에 가까운 것들은 모두 버리고, 사실을 기록하고 물리를 탐구하며 의혹을 가리고 권계를 드리우며 풍속을 채록하고 담소에 도움이 되는 것만을 적었다."
내가 기록한 것은 대개 이조를 모범으로 삼았으나, 이조와 약간 다른 것은 남의 과오를 적지 않은 것이다. 본분이

사관은 아니지만 악을 덮고 선을 드러내는 것은 군자의 마음이라 여긴다. 독자는 이를 잘 알아야 한다.[7]

위의 기록은 이조(李肇)의 말을 빌어 『귀전록』의 내용이 사물의 이치와 도리(物理)를 탐구하며, 의혹을 풀고, 권계를 밝히며 풍속에 관한 것을 모으고 담소에 도움이 되는 것을 주제로 삼고 있음을 밝힌 것이다. 모두 대체로 이조의 필법을 따르고자 한 것이나 일부 다른 사람의 과오를 적지 않고 악을 덮고 선을 드러내고자 하는 마음은 군자 된 자의 마음가짐이라고 밝히고 있다.

또한 후서는 처음 저작의도와는 다르게 물리적인 요인으로 증삭(增削)을 거쳐 편찬될 수밖에 없었음을 설명하고 있다. 구양수가 『귀전록』을 막 완성하고, 아직 세상에 나오기도 전에 서(序)가 먼저 세상에 전해져 신종이 그것을 보고는 중사(中使)에게 급하게 그 작품을 가져오라고 명했는데, 당시 구양수는 관직에서 물러나 영주(潁州)에서 있던 때로 세상에 전해져서는 안 될 고사들을 선별 삭제하고 그 내용이 적은 것을 아쉬워해 해학(諧謔)·쇄어(瑣語)를 기록하여 보충하게 되었다. 위의 사건을 왕명청(王明淸)의 『휘주후록(揮麈後錄)』에서 아래와 같이 말하고 있다.

"책이 막 완성되어 세상에 알려지기 전에 서(序)가 먼저 전해져 신종이 그것을 보고는 급히 중사에게 가져오라고 명하였다. 이때 구양수는 사직하고 영주에 있었는데 그간

---

7) 『歸田錄』 卷2 後序.

기록된 것 중 알려지면 안 될 것을 삭제하고 나니 그 양이
너무 적어, 잡기(雜記)·해학(諧謔) 등의 고사로 그 권의
부족한 부분을 채워 넣었다. 그리하여 세상에 전해지게 된
것은 삭제·증익된 진상본(進上本)으로 원서는 일찍이 존
재하지 않게 되었다."8)

신종이 사전에 서문을 먼저 읽고 본문을 보고자 하니, 이에
구양수는 상당부분 삭제하고, 다시 부족한 부분을 잡기와 해학
꺼리의 고사로 증보(增補)하였음을 알 수 있다. 황제가 읽기 전
에 지어졌던 원본(原本)의 『귀전록』의 확실한 내용은 알 길이
없으며 진상본만이 현재 전하고 있다.

3. 판 본

『귀전록』은 『송사(宋史)』「예문지(藝文志)」에 8권으로 저록
(著錄)되어 있고, 『직재서록해제(直齋書錄解題)』와 『사고전서
총목(四庫全書總目)』에는 모두 2권으로 저록되어있다. 지금
세상에 전해지는 『구양문충공집』·『패해(稗海)』·『학진토원

---

8) "歐陽公 『歸田錄』 初成未出而序先傳, 神宗見之, 遽命中使宣取,
時公已致仕在穎州, 以其間所記述有未欲廣者, 因盡刪去之. 又惡
其太少, 則雜記戲笑不急之事, 而充滿其卷帙. 旣繕寫進入, 而舊
本亦不敢存. 今世之所有皆進本, 而元書蓋未嘗存之." 『歸田錄』
(中華書局, 1981) 附錄 夏敬觀跋 참고.

(學津討原)』·『사고전서(四庫全書)』·『필기소설대관(筆記小說大觀)』본 등은 모두 2권으로 되어 있다.

현재 가장 널리 통행되는 텍스트는 1997년 중화서국(中華書局)에서 이위국(李偉國)이 교점(校點)한 것을 왕벽지(王闢之)의 『승수연담록』과 합본하여 출판한 것이 있다. 이위국의 교점본은 함분루본(涵芬樓本)을 저본으로 하고 아울러 다른 판본을 참고하였으며, 각 권의 뒤에는 교감기(校勘記)를 실었고, 증집된 일문(佚文)은 권2 뒤에 실었으며, 부록(附錄)에 『사고전서총목제요(四庫全書總目提要)』(子部小說家類)와 하경관 발문(跋文)을 기록하여 현재 전해지는 『귀전록』 중 가장 완정한 저본(底本)이다.

본고의 저본인 중화서국본의 교정자(校訂者) 하경관의 발(跋)에 "이 책은 원각(元刻) 『문집(文集)』본에 의거하였고, 송참(宋槧) 『문집(文集)』본으로 교정하였다. 사당각(祠堂刻) 『문집』과 패해각(稗海刻) 『문집』의 다른 부분은 모두 주(注)를 덧붙였다. 또한 송참 주자(朱子) 『명신언행록(名臣言行錄)』으로 교정하였다"[9]라고 한 것으로 미루어 보건대, 하씨(夏氏)가 이미 비교적 초기의 각종 자료로 교정하였음을 충분히 알 수 있다.

본고는 중화서국본을 저본으로 삼아 교석했음을 밝혀둔다.

---

9) "此本依元刻 『文集』 本校以宋槧 『文集』本, 其祠堂刻 『文集』本及 『稗海』 刻本略有同異, 皆附註之. 又校以宋槧朱子 『名臣言行錄』" 『歸田錄』附錄 夏敬觀跋 참고.

4. 내용 분석

　본 작품은 구양수가 모진 시련을 경험했던 관직 생활과 깊은 관계가 있다. 원래 가난한 집안에서 태어난 구양수는 관직 생활에 들어선 후 정적들의 모해로 인해 폄적 생활 등을 하게 된다. 조정 관리의 부패와 아귀다툼, 특히 경력신정의 실패는 구양수가 관직생활에 대해 더욱 환멸을 느끼고 마음 속 깊은 곳에 자리 잡고 있던 정치상의 웅대한 뜻마저 꺾어버리고 만다. 이러한 환경 속에서 그는 관직 생활을 떠날 것을 결심하게 되고, 관직에서 물러난 후를 생각하며 『귀전록』을 저술하게 된다. 치평 4년에 완성된 『귀전록』은 구양수가 조정에서 있는 동안 보고 들은 인물사적(人物事跡)·직관제도(職官制度)·관리생활(官吏生活)의 일화(逸話) 등이 기록되어 있다. 책이 완성된 후 신종의 검열을 준비하는 과정 중 어쩔 수 없이 삭제를 거치게 되는데 당시 구양수는 작품이 적어 진 것에 불만을 느끼고 작품의 완정성을 갖추기 위해 다시 해학적인 내용과 잡기를 첨가하여 편폭을 늘리게 된다. 때문에 고사 중간 중간에는 해학적인 얘기들과 신변잡기적인 흥미로운 고사들이 등장하게 되었다.

　위에 구양수의 편집 의도에 근거한다면 고사 내용은 크게 인물에 관한 일화(逸話), 정치와 전장제도, 문학과 예술, 풍자와 해학, 기타의 다섯 가지로 나누어 볼 수 있다. 따라서 본고에서는 총 115개 조목(條目)을 앞의 기준에 의거해 아래와 같이 살펴보겠다.

1) 인물에 관한 일화: 총 51개 조[10]

『귀전록』은 문인·사대부를 중심으로 한 상류층 인물의 언행과 일화와 풍류를 반영하고 그들의 사상과 풍모를 나타냈는데, 그 내용이 비교적 사실적일 뿐만 아니라 해학적이고 풍자적이어서 사람들에게 오락과 교훈을 동시에 제시하고 있다. 이러한 체제는 위진남북조(魏晉南北朝) 지인소설(志人小說)[11]의 영향을 받은 것이라 할 수 있다. 지인소설의 묘사수법 특징이라 할 수 있는 간결·함축적인 언어 및 대화와 구어를 활용한 주인공의 성격 및 형상 묘사가 고사에 잘 반영되어 있어 내용을 이해하는데 도움을 주고 있다.

다음은 노숙간공(魯肅簡公)의 정직하고 강직한 성품을 소개하면서, 그의 사후에 지어진 시호가 완정하지 못함을 아쉬워하는 고사이다.

> 노숙간공(魯肅簡公: 魯宗道)은 조정에 있을 때 성품이 정직하고 강직하여 악행을 미워하고 용납하는 바가 적었다. 소인배들이 그를 미워하여 사적으로 별명을 붙여 "생

---

10) 해당 조는 卷1 제2, 4, 9, 10, 18, 19, 20, 21, 22, 23, 25, 27, 28, 30, 31, 32, 36, 40, 41, 42, 43, 44, 45, 46, 47, 48, 50, 55, 56, 57, 58條, 卷2 제61, 62, 63, 73, 75, 76, 77, 80, 84, 90, 93, 96, 97, 98, 102, 103, 106, 110, 111條.

11) 志人小說: 위진남북조의 志怪小說과 대칭적 의미를 가진 뜻으로 주로 人事와 笑話에 관한 내용을 기록하고 있다. 全寅初 著, 『中國古代小說史』 (신아사, 1992), p.332 참고.

선대가리〔魚頭〕"라고 했다. 당시는 장헌(章獻: 章獻明肅
太后)이 수렴청정(垂簾聽政)하던 때였는데, 노숙간공이
여러 번 국정에 도움을 주었고 바른 말과 올바른 논의를
펼쳤기에 사대부들이 대부분 그를 칭송했다. 노숙간공이
죽고 난 뒤에 태상시(太常寺)에서 그의 시호(諡號)를 논하
여 "강간(剛簡)"이라 했는데, 논자들은 그것이 훌륭한 시
호인줄 모르고 그를 비난하는 것이라 여겨 결국 "숙간(肅
簡)"이라 바꿨다. 노숙간공과 장문절공(張文節公: 張知
白)은 장헌이 섭정할 때 중서성(中書省)에 같이 있었다.
두 사람은 모두 청렴하고 직언을 잘하여 한 시대의 명신
(名臣)으로 여겨졌는데, 노숙간공이 특히 대범했으니 만약
그의 시호를 "강간"이라 했다면 그 실상에 더욱 가까웠을
것이다.12)

　노종도(魯宗道)의 강직하고도 올바른 성품을 "정직하고 강직
하여 악행을 미워하고 용납하는 바가 적었다(剛正, 嫉惡少容)"
고 짧게 소개하고 있다. 살아서는 소인배들에 의해 '어두(魚頭)'
라고 불려지고, 사후에는 '강간(剛簡)'이라 불리다가 '숙간(肅
簡)'이라 바뀌게 된 일련의 과정들을 소개하면서 시호가 고인의
평생 공덕을 기리며 정해져야 함에도 불구하고, 일부 논자들의
그릇된 생각으로 그의 인품을 기리기에 부족하게 된 경위를 간
단하면서도 명료하게 얘기하고 있다.

---

12)『歸田錄』卷1 第11條.

다시 왕문정공(王文正公)의 훌륭한 인품을 소개하는 고사 한 조목을 살펴보자.

> 왕문정공(王文正公: 王曾)은 사람됨이 방정하고 진중하여 중서성(中書省)에서 가장 어진 재상이었다. 왕문정공이 한번은 이렇게 말했다.
> "대신(大臣)이 집정하면서 은혜는 자신이 차지하고 원망을 회피하는 것은 부당하다."
> 왕문정공이 한번은 윤사로(尹師魯: 尹洙)에게 말했다.
> "은혜가 자기한테 돌아오기를 바란다면 원망은 누구에게 감당하게 한단 말인가!"
> 이 말을 들은 사람들이 탄복하며 명언이라고 여겼다.[13]

위의 고사에서는 송대의 훌륭한 재상 중 한 사람인 왕증이 윤사로에게 충고하는 일화이다. 그는 "대신(大臣)이 집정하면서 은혜는 자신이 차지하고 원망은 회피하는 것은 부당하다", "은혜가 자기한테 돌아오기를 바란다면 원망은 누구에게 감당하게 한단 말인가!"라는 충고를 통해 그가 얼마나 어질고 고귀한 성품을 가지고 있었는지를 보여주고 있다.

아래 소개되는 고사를 통해 정진공(丁晉公)이 구준(寇準)과 그의 무리들을 폄적시키는 과정 중에 일어나는 얘기들을 보면서 우리는 그의 아름다운 선비정신을 볼 수 있다.

---

13)『歸田錄』卷1 제20條.

구충민(寇忠愍: 寇準)이 귀양을 가게 되자, 평소 그와 친하게 지내던 9명 가운데 성문숙(盛文肅: 盛度) 이하 모든 사람들이 연루되어 쫓겨났다. 그런데 양대년(楊大年: 楊億)은 구공(寇公: 寇準)과 사이가 특히 좋았지만, 정진공(丁晉公: 丁謂)이 그의 재능을 아껴서 곡진하게 보호해 주었다. 논자들이 말하기를, 정진공에 의해 폄적된 조정의 신하가 매우 많았는데 유일하게 양대년만 무사했으니, 대신으로서 인재를 아끼는 절조 하나만큼은 칭찬할 만하다고 했다.[14]

구준과 평소 친분 있는 모든 관리들이 연루되어 폄적되기에 이르렀으나, 인재를 아낄 줄 아는 정진공의 충정으로 양억이 목숨을 부지하게 되었다는 이 고사는 송나라 초기 정치 상황의 일면을 보여주고 있다. 자칫 잘못하면 정진공도 양대년을 감쌌다는 이유로 어려운 상황에 처할 수 있음을 알고 있지만 용감하게 위와 같은 행동을 할 수 있었던 정진공의 올곧은 성품이 짧은 고사 속에 잘 표현되어 있다.

위의 고사들을 통해 알 수 있듯이, 대부분의 고사에 등장하는 인물들은 구양수와 함께 북송을 이끌어 나가던 정치적 영도자들이다. 2006년을 살고 있는 우리 정치인들도 미처 용기 내어 하지 못하는 일을 1067년의 구양수는 정치적 소신을 가지고 그들을 평가하고 읽는 이에게 교훈을 주고 있다.

---

14) 『歸田錄』 卷1 第27條.

2) 정치와 전장제도(典章制度): 총30개 조[15]

『귀전록』은 구양수가 조정에서 관료생활을 하던 중 직접 경험하거나 보고 들은 것을 기록한 것이다. 때문에 송나라의 역사적 사건과 정치적 사건들이 보다 사실적으로 언급되어 있으며, 각종 전장제도가 제도화되는 과정을 실례(實例)를 들어가며 설명하고 있다.

아래의 고사는 태조(太祖) 때 재상(宰相)의 견문이 적어 위촉(僞蜀)의 연호(年號)를 썼었다는 고사이다.

태조(太祖: 趙匡胤) 건륭(建隆) 6년(965)에 장차 연호를 바꾸는 것에 대해 논의했는데, 태조가 재상에게 전대의 옛 연호를 쓰지 말라고 하여 건덕(乾德: 963~968)으로 연호를 바꿨다. 그 후 궁중에서 궁인의 거울 뒷면에 건덕이라는 연호가 있는 것이 발견되어 학사(學士) 도곡(陶穀)에게 물으니, 도곡이 이렇게 말했다.

"이것은 위촉(僞蜀: 前蜀) 때의 연호입니다."

그리하여 궁녀에게 자초지종을 물었더니 바로 옛 촉왕 때의 사람이었다. 태조가 이로 인하여 학자를 더 중히 여기고 재상의 견문이 적은 것을 탄식했다.[16]

---

15) 卷1 제1, 3, 11, 12, 13, 14, 15, 16, 17, 26, 33, 35, 39, 51, 52條,
    卷2 제65, 68, 71, 72, 78, 83, 87, 88, 92, 94, 95, 99, 104, 112, 115條
16) 『歸田錄』 卷1 제16條.

송나라를 개국한 태조 조광윤(趙匡胤: 927~976)은 재위에 올라 무인정치(武人政治)를 폐하고 문치주의(文治主義)를 주장하며 중앙집권적 관료체제를 확립하였다. 절도사(節度使) 지배체제를 폐지하고 중앙에 민정·병정·재정의 3권을 집중하고 금군(禁軍)을 강화하여 황제의 권력을 강화하였다. 지방통치를 위해 전국에 파견하는 관료의 채용을 위한 과거제도를 정비하고 황제가 직접 실시하는 전시(殿試) 또는 어시(御試)를 실시했다. 이러한 개혁을 실행함에 있어 점진적이고 온건한 수단을 사용할 수밖에 없었다. 그런데 재상이 그만 지식이 부족해 위촉의 연호를 사용하게 되자 자신의 정치적 보필자인 재상이 그의 기대에 미치지 못함을 안타까워하며 탄식하고 있다. 여기에서는 마치 태조의 한숨소리가 독자의 귓가를 맴도는 듯 묘사하고 있다.

다음은 조정 내 법제(法制)가 정확히 정해지지 않아 발생한 예(例)를 설명하고 있다.

가우(嘉祐) 2년(1057)에 추밀사(樞密使) 전공(田公: 田況)이 추밀사를 그만두고 상서우승(尙書右丞)과 관문전학사(觀文殿學士) 겸 한림시독학사(翰林侍讀學士)가 되었다. 추밀사를 그만두면 당연히 조서를 내려야 하는데 단지 어명으로만 임명하는 데 그쳤다. 대개 예전에 고약눌(高若訥)이 추밀사를 그만두고 임명된 관직이 바로 전공과 같았는데, 역시 조서를 내리지 않아서 결국 이것이 전례가 되었다. 진종(眞宗: 趙恒) 때 정진공(丁晉公: 丁謂)이 평강군 절도사(平江軍節度使)로부터 병부상서(兵部尙書)와 참지정사(參知政事)에 제수되었는데, 절도사(節度使)는 마땅히 조서를 내려야 하는데도 조정에서 〔조서를 쓰는 데 사용하는〕 황마지(黃麻紙)를 아끼자고 논의하여 결국 어명으로만 임명했다. 최근 진상(陳相: 陳執中)이 사상(使相)을 그만두고 복야(僕射)에 제수되었을 때는 이내 조서를 내렸지만, 방적(龐籍)이 절도사를 그만두고 관문전대학사(觀文殿大學士)에 제수되었을 때는 또 조서를 내리지 않았으니, 대개 정해진 법제가 없었던 것이다.[17]

집에 가법이 서지 않으면 가장(家長)의 위엄이 서지 않게 되고 문제는 확대되어 집안 가풍 전체가 흔들릴 수도 있게 된다. 하물며 한 나라 안의 법제의 중요성은 더 말할 필요도 없는 것이다. 구양수는 이러한 이치를 너무나도 잘 알고 있었기 때문에 정해진 법제 없이 내려지는 조서(詔書)의 문제점을 독자에게 알리고, 더 나아가 당시 법제의 혼란함이 미래에 어떤 재앙을 부르게 될지 모른다는 경고성 메시지를 전하고 있는 것이다.

다음의 고사는 유자의(劉子儀)가 중승(中丞)이 되고 부터 어사대(御史臺)의 제도가 간소화(簡素化) 되었음을 소개하는 고사이다.

어사대(御史臺)의 관례 중에 '삼원(三院)의 어사가 일을

---

17) 『歸田錄』 卷1 第13條.

보고하고자 할 때는 반드시 먼저 중승(中丞)에게 알려야 한다'는 규정이 있었다. 유자의(劉子儀)가 중승이 되고 나서 처음으로 어사대 안에 다음과 같은 방(牓)이 붙었다.

"오늘 이후로 어사가 보고할 일이 있으면 반드시 먼저 중승과 잡단(雜端)에게 알릴 필요는 없다."

지금까지도 이와 같다.[18]

황마지(黃麻紙)를 아끼기 위해 어명으로 임명을 내리게 된다는 고사는 정형화 되지 못하고 상황에 따라 변해 버리는 당시 법제에 대한 아쉬움을, 어사대의 제도가 간소화 되었다는 고사에서는 불필요한 절차는 과감하게 생략해 버렸다는 합리적인 모습을 부각시켜 송대 전장제도의 서로 다른 일면을 보여주고 있다. 또한 권1 제43조에서 전연지역(澶淵之役)·조예지화(曹芮之禍) 등의 실제 정치사건을 기록함으로써 독자들에게 역사기록과 함께 실질적인 교훈을 주고 있다.

3) 문학과 예술: 총 7개 조[19]

『귀전록』에서 많은 부분을 차지하고 있지는 않지만 송대의 문학과 예술에 대한 정보를 얻을 수 있는 고사들이 등장하고 있다. 북송은 태조에 이어 태종(太宗: 976~997재위)에 이르는 동안에 중국을 완전히 통일한 뒤, 당의 쇠망을 중앙정권의 약화

---

18) 『歸田錄』卷1 第39條.
19) 卷1 第29, 49, 59條, 卷2 第66, 67, 69, 82條.

때문이라 보고 여러 가지 제도를 개혁하여 중앙집권을 이룩하고 지방의 병권과 재정권을 모두 중앙으로 거둬들였다. 태종은 한편 숭문원(崇文院)을 세워 장서(藏書)를 모아들이고 여러 문신들에게 명하여 『태평어람(太平御覽)』·『태평광기(太平廣記)』 등을 편찬케 하는 등 문치(文治)에도 힘썼다. 그 결과 중원의 문물은 다시 꽃을 피우기 시작하여 진종·인종에 이르러서는 수많은 명신들이 쏟아져 나오게 되었고, 중국문화는 학술·문학·예술 등 모든 면에 걸쳐 공전의 발전을 이룩하기 시작하였다.[20]

아래 고사는 인종이 여가를 보내는 활동으로 예술적 가치가 뛰어난 비백체를 즐겼음을 소개하고, 필체의 특징을 간단하게 설명하고 있다.

> 인종(仁宗: 趙禎)은 천하를 다스리면서 여유가 생길 때 달리 즐겨 좋아하는 것은 없었으며 오직 친히 글씨를 썼는데, 비백체(飛白體)가 특히 신묘했다. 대개 비백체의 필획은 마치 물체의 형상 같은데 이 점획기법이 가장 어려운 기술이다. 지화(至和) 연간(1054~1056)에 서대조(書待詔) 이당경(李唐卿)이 비백체 300점을 찬하여 바치면서 스스로 물상을 모두 표현한 것이라 생각했다. 인종도 그것을 매우 훌륭하다고 여기며 이내 "청정(淸淨)" 두 글자를 하사했는데, 그 6점획이 특히 절묘했고 또 300점보다 뛰어났다.[21]

---

20) 김학주, 앞의 책, pp.338~339 참고.

비백체는 글자의 획에 희끗희끗한 흰 자국이 나도록 쓰는 것
으로, 아마도 글씨 형태는 '팔분(八分)'과 비슷한 서체의 하나로
여겨진다. 고사를 통해 서대조(書待詔) 이당경(李唐卿)과 인종
의 예술적 유대감은 군신(君臣) 관계에 제한될 수밖에 없었지
만, 이 둘은 비백체를 통해 정치적 현실을 초월한 '예술적 지기
(知己)'가 되었음을 보여주고 있다.

근래의 유명한 그림으로는 이성(李成)과 거연(巨然)의
산수화, 포정(包鼎)의 호랑이 그림, 조창(趙昌)의 꽃과 과
일 그림이 있다. 이성은 벼슬이 상서랑(尙書郎)에까지 이
르렀는데, 그의 산수화와 한림도(寒林圖)는 종종 인가에서
가지고 있다. 거연의 작품은 학사원(學士院) 옥당(玉堂)의
북쪽 벽에만 있기 때문에 세간에서는 더 이상 볼 수 없다.
포씨(包氏: 包鼎)는 선주(宣州) 사람으로 대대로 호랑이
그림의 명문가인데 그 중에서 포정이 가장 신묘하다. 지금
그의 자손들이 여전히 호랑이 그림 그리는 것을 생업으로
삼고 있으나 일찍이 포정을 방불케 하는 자는 없다. 조창
의 꽃그림은 묘사가 핍진하지만 화법이 유약하고 통속적이
어서 옛 사람의 풍격과 운치가 거의 없다. 하지만 당시에
는 또한 그에 필적할 만한 사람이 없었다.[22]

---

21) 『歸田錄』 卷1 第29條.
22) 『歸田錄』 卷2 第66條.

위의 고사에서는 당시 유명한 화가인 이성·거연·포정·조창을 소개하고 있다. 그들 중에서도 특히 포정이 호랑이 그림을 실물과 가깝게 잘 그렸으며 그의 후예들 역시 호랑이 그림을 그리는 것으로 생업으로 삼았지만 포정에 필적할 만 한 자는 없었음을 말하고 있다.

『귀전록』에서 구양수는 당시 문단의 영수라는 명성에 걸맞게 시(詩)·회화(繪畵)·서체(書體) 에 대해 풍부한 지식을 가지고 있었다. 권1 제49·59조에서는 음악에 대해, 권2 제 66조에서는 당시 유명한 화가인 이성·거연·포정을 소개하였다. 69조에서는 임포(林逋)의 「매화시(梅花詩)」가 매화를 읊은 시 중 최고라고 칭찬하고 그가 죽은 뒤 서호의 고산은 적막해졌고 그를 계승할 만 한 자가 없다고 말하고 있다.

4) 풍자와 해학: 총 11개 조[23]

일찍이 임어당(林語堂)은 "나는 중국인의 유머는 서양인이 그 누구도 듣지 못했던 엄청난 것이 있다고 대답하리라. 그것은 보편적이며, 지상에 비교할 만한 것이 없다"[24]고 말했다. 구양수 역시도 이러한 중국 민족의 독특한 유머감각을 작품으로 승화시켜 잘 표현했다.

오대(五代) 때의 일을 능히 말 할 수 있는 노인이 다음과 같

---

23) 卷1 제5, 6, 7, 8, 37, 53, 54條, 卷2 제70, 81, 89, 107條.

24) 林語堂 著, 다나번역실 譯, 『얼굴이란 무엇인가』(도서출판 다나, 1985), p.149 참고.

은 이야기를 했다.

풍상(馮相: 馮道)과 화상(和相: 和凝)이 함께 중서성(中書省)에 있었는데, 하루는 화상이 풍상에게 물었다.
"공께서는 신발을 새로 사셨군요. 값이 얼마나 됩니까?"
풍상이 왼쪽 발을 들어 화상에게 보여주며 말했다.
"900냥이오."
화상은 도량이 좁고 조급했는데, 급하게 하급관리를 돌아보며 말했다.
"내 신발은 어째서 1800냥에 샀느냐?"
그리고는 한참동안 욕하고 꾸짖었다. 그때 풍상이 천천히 오른쪽 발을 들어 올리며 말했다.
"이쪽 역시 900냥이오."
이리하여 모두 박장대소하였다. 당시 재상이라는 사람들이 이와 같았으니, 어떻게 백관들을 위엄으로 복종시킬 수 있었겠는가?[25]

위의 고사는 중국 중학교 교재에 들어가 있을 정도로, 고사의 내용이 쉬우면서도 풍자하는 바가 크다. 풍상과 화상에 대한 고사는 짧으면서도 생동감 있어, 마치 그들의 대화를 실제로 보는 것 같은 느낌이 든다. 작자는 "당시 재상이라는 사람들이 이와 같았으니, 어떻게 백관들을 위엄으로 복종시킬 수 있었겠는가?"

---

25) 『歸田錄』 卷1 第8條.

라는 질책의 말로 끝을 맺으며 자신의 안타까운 마음을 기술했다.

이어지는 고사는 타인의 외모를 가지고 인신공격(人身攻擊)하는 모습을 아주 재미있게 그려내고 있다.

> 관서(官署)에서 왕기(王琪)와 장항(張亢)은 최고 상객으로, 장항은 체격이 크고 비만하였기에 왕기가 그를 소라고 여겼다. 왕기는 파리하여 뼈가 드러났기에 장항이 그를 원숭이라 여겼다. 두 사람은 서로 풍자의 의미를 담고 냉소적으로 비웃었다. 왕기가 일찍이 장항을 조롱하며 말했다.
> "장항이 벽에 부딪치면 팔자(八字)가 된다."
> 장항이 받아쳐 말했다.
> "왕기가 달을 바라보며 구슬피우네 ."
> 앉아 있던 사람들이 모두 크게 웃었다.26)

위 고사는 장항과 왕기의 대화를 통하여 그들의 성격, 사상, 감정 등을 잘 드러내고 있다. 고대 시가 중에 "원제삼성누첨상(猿啼三聲漏沾裳)"이라는 시구가 있는데, 그 뜻은 원숭이가 처량하게 우는 것을 들으면, 자신도 모르게 저절로 자기의 아픈 일들이 생각나 눈물이 흘러 옷을 적신다는 것으로 여기에서는 왕기를 원숭이에 빗대어 조소한 것이다. 송대 최고 상객이라는 사람들이 타인의 신체적 결점을 들춰내며 대화 하는 모습을 실로 눈앞에 펼쳐지고 있는 것처럼 기록하였다.

---

26) 『歸田錄』 卷1 第53條.

다음은 매성유(梅聖兪)와 그의 처인 조씨(刁氏)의 재치(才致) 넘치는 대화가 소개되고 있다.

매성유(梅聖兪: 梅堯臣)는 시(詩)로 세상에 이름을 날렸으나, 30년 동안 끝내 관직(館職)을 얻지 못했다. 그는 만년에 『당서(唐書)』 편찬에 참여했는데 책을 완성한 뒤 미처 상주하기 전에 죽었기에 사대부들 가운데 탄식하며 애석해하지 않은 사람이 없었다. 그가 처음 『당서』를 편찬하라는 칙명을 받았을 때, 부인 조씨(刁氏)에게 말했다.
"내가 책을 편찬하는 것은 원숭이가 포대 속으로 들어가는 것이라 말할 수 있소."
조씨가 대답했다.
"당신은 벼슬길에서 있어서 메기가 대나무 장대 위로 올라가려는 것과 또한 무엇이 다르겠습니까?"
이 말을 들은 사람들은 모두 멋진 대답이라 여겼다.[27]

일찍이 구양수는 「매성유시집서(梅聖兪詩集序)」에서 회재불우한 매성유에 대한 동정을 잘 나타낸 적이 있다. 매성유가 부인 조씨에게 "호손입포대(猢猻入布袋: 원숭이가 포대 속으로 들어가는 것)"라고 말하는데, 이는 활발하게 까불며 움직이기를 좋아하는 원숭이가 포대 속에 들어가 꼼짝 못 하게 되는 것처럼 행동이 구속되거나 제약을 받는 경우를 비유하는 고사성어

---

27) 『歸田錄』 卷2 第89條.

로 이후 사용된다. 이 말을 들은 조씨는 "점어상죽간(鮎魚上竹竿: 메기가 대나무 장대 위로 올라가려는 것)"이라 대답하였다. 이는 몸이 매끄러운 메기가 역시 겉이 매끄러운 대나무 장대를 타고 올라가는 일은 불가능한 일이므로, 남편이 30년간 관직을 얻지 못하다가 『당서』편찬에 참여하게 되었으나 그의 욕심이 부질없음을 빗대어 말한 것이다.

권1 제8조의 풍상과 화상의 고사는 정치적 풍자를 극대화 한 것이라 할 수 있으며, 권2 제73조에 나오는 주인공 전원균(田元均)이 "온안강소(溫顔强笑: 온화한 얼굴로 억지 웃음을 짓다)"하여 "직소득면사화피(直笑得面似靴皮: 웃기만 하면 얼굴이 마치 신발의 가죽처럼 되오)"처럼 되고 말았다는 그의 표현은 먼저 듣는 이로 하여금 자연스럽게 그의 훌륭한 인품을 칭찬하게 하고 더 나아가 숨겨진 해학과 풍자 그리고 골계(滑稽)의 의도까지 느끼게 하고 있다.

5) 기타(차(茶)·생활상식(生活常識)·특산물(特産物) 등): 총 16개 조[28]

『귀전록』은 앞에서 언급한 바와 같이 구양수가 직접 보고 들은 것을 관직에서 물러나 한가할 때 보고자 지은 것이기 때문에, 고사의 내용이 어렵지 않으며 주제가 매우 다양해 독자로 하여금 흥미로움을 유발시킨다. 다양한 고사들을 이곳에서 다 소개하기엔 다소 어려움이 있으므로 간략하게 생활상식과 사묘

---

28) 卷1 제24, 34, 38, 60條, 卷2 제64, 74, 79, 85, 86, 100, 101, 105, 108, 109, 113, 114條.

명칭(祀廟名稱)의 와전(訛傳) 현상, 차에 관한 고사를 통해 그 대략을 살펴보고자 한다.

먼저 소개할 고사는 생활상식 관련 고사로, 금귤의 유통과 보관 방법을 언급하고 있다.

금귤(金橘)은 원래 강서(江西) 일대에서 생산되었는데, 거리가 멀어 수송이 어려워, 도성사람들이 처음에는 금귤을 알지 못하였다. 명도(明道: 1032~1033)와 경우(景祐: 1034-1038) 연간 초에 비로소 죽순과 함께 도성에 들어왔다. 죽순은 그 맛이 새콤하여 사람들이 그다지 좋아하지 않아, 후에는 결국 들어오지 않았다. 그러나 금귤은 그 맛이 상큼하고 좋아서 연회석상에 놓였으며, 색깔과 광택이 밝고 빛나서 마치 금색 탄알 같았으니, 확실히 진귀한 과일이었다. 도성사람들이 처음에는 역시 그다지 귀하게 여기지 않았는데, 그 후에 온성황후(溫成皇后)가 유달리 금귤을 좋아하여, 이로 말미암아 도성에서 그 값이 비싸졌다. 우리 집안은 대대로 강서에 살았는데, 길주(吉州) 사람들이 이 과일을 매우 좋아해서 금귤을 오래도록 보관하려는 사람은 녹두(綠豆) 속에 묻어 보관하는 것을 보았다. 오랜 시간이 지나도 변질되지 않았는데, 그들은 이렇게 말했다. "귤은 그 성질이 뜨거운데 녹두의 성질은 차갑기 때문에 오래도록 보존할 수 있는 것이다."29)

---

29)『歸田錄』卷2 제108條.

위의 고사를 통해 현대를 사는 우리의 모습과 별반 다른 모습을 가지고 있지 않은 송대 사람들의 생활상을 엿볼 수 있다. 귤의 성질이 뜨겁다는 것을 알고 그와 상반되는 차가운 성질을 가진 녹두에 넣어 보관하였던 것이다. 이는 오늘날 우리가 알고 있는 생활상식인 은도금한 수저와 포크 등이 더러워졌을 때 자칫 손질을 잘못하면 도금이 벗겨질 우려가 있기 때문에 우유에 1시간 정도 담갔다가 꺼내 마른 헝겊으로 닦으면 도금도 유지되고 깨끗해진다는 것을 알고 있는 것과 마찬가지로 송대 사람들도 우리와 같이 풍부한 그들만의 생활상식을 가지고 있었음을 추측케 하는 고사이다.

다음에 이어지는 사묘명칭의 와전 현상은 재미있는 예를 통해 독자의 웃음을 자아내고 있다.

세간의 습속에 와전된 것 가운데 사묘(祀廟)의 명칭이 가장 심각하다. 오늘날 도성 서쪽의 숭화방(崇化坊) 현성사(顯聖寺)는 본래 명칭이 포지사(蒲池寺)였는데, 주씨(周氏: 後周) 현덕(顯德) 연간(954~960)에 중축하면서 현성이라 명칭을 바꿨지만, 민간에서는 대부분 그 옛 명칭으로 부르다가 지금은 보리사(菩提寺)로 와전되었다. 강남에 있는 대고산(大孤山)과 소고산(小孤山)은 강물 속에 우뚝 홀로 서 있는데, 민간에서 '고(孤)'가 '고(姑)'로 와전되었다. 강가에 팽랑기(澎浪磯)라고 부르던 암석이 하나 있는데, 그것이 마침내 팽랑기(彭郎磯)로 와전되면서 "팽랑(彭郎)

은 소고(小姑)의 남편이다"는 말이 나왔다. 내가 일찍이 소고산에 간 적이 있는데, 사당에 모셔진 신상(神像)은 바로 부인이고 성모묘(聖母廟)라는 어필(御筆) 편액이 있으니, 어찌 민간의 착오뿐이겠는가! 서경(西京)의 용문산(龍門山)은 이수(伊水) 가에 서 있는데, 단문(端門)에서 바라보면 쌍궐(雙闕) 같기 때문에 "궐새(闕塞)"라고 부른다. 산 입구에 있는 사당을 "궐구묘(闕口廟)"라고 하는데, 내가 일찍이 보았더니 사당에 모셔진 신상이 매우 우람하고 손에 예리한 칼을 든 채 무릎을 짚고 앉아 있었다. 내가 〔그 신상이 누구냐고〕 물었더니 이렇게 말했다.

"이 분은 활구대왕(豁口大王: 이 빠진 대왕)이시오."

이것은 정말 웃긴 일이다.[30]

위의 고사는 명칭이 와전된 경위를 예를 들어 설명하고 이러한 현상이 일반 민중에 그친 것이 아니라 어필(御筆) 편액에까지 쓰여 질 정도로 보편화되었음을 지적해 당시 와전 현상의 심각성이 어느 정도인지를 재미있는 명칭(名稱)을 통해 독자에게 알리고 있다.

아래에는 송대 일주산(日注山)에서 생산되던 차와 백아차(白芽茶)를 소개하고 있다.

납차(臘茶)는 검건(劍建) 지방에서 나온다. 초차(草茶)

---

30) 『歸田錄』 卷2 제113條.

는 양절(兩浙: 浙東과 浙西)에서 풍성한데, 양절의 차 중에서 일주산(日注山)에서 나는 것이 제일이다. 경우(景祐) 연간(1034~1038) 이후부터 홍주(洪州) 쌍정(雙井)의 백아차(白芽茶)가 점차 성행하더니, 요즘은 그 제작이 더욱 정교하다. 붉은 비단으로 만든 주머니에 불과 1~2냥이 담겨 있는데, 보통 차 10여 근을 기를 수 있는 값이다. 그것으로 덥고 습한 기운을 피할 수 있으며, 그 품질은 일주산의 차를 훨씬 능가하여 마침내 초차 가운데 으뜸이 되었다.[31]

경우연간(景祐年間) 이전은 일주산에서 나던 차가 제일이라 칭송받았지만 후에 백아차가 나오면서 제품과 품질의 고급화로 초차(草茶) 가운데 백아차가 으뜸이 되게 되었다는 위의 고사는 오늘날 고액을 주고 향기로운 차를 즐기는 우리 현대인의 삶과 매우 비슷하다.

위에서 살펴보았듯이 『귀전록』 115조목의 고사들은 매우 다양한 소재를 다루고 있다. 독자들은 이 단 한 권의 필기소설을 통해서 송대 사회 전반을 두루 살펴볼 수 있을 것이다.

5. 가치

구양수는 송대(宋代) 필기문 창작의 선구자라고 할 수 있다.

---

31) 『歸田錄』 卷2 제24條.

그의 『귀전록』·『필설(筆說)』·『시필(試筆)』 등은 필기체 문
장이어서 정해진 순서가 없고 제목도 없으며 매 조목의 내용은
간단하다. 그러나 모두 분명한 핵심이 있으며 필력 또한 생동감
이 있어 문학적으로도 그 가치가 높게 평가된다.

　여기에서는 『귀전록』의 가치와 영향을 크게 여섯 가지로 나
누어 살펴보겠다.

　첫째, 송대 사회에서 발생한 자질구레한 일까지도 기록해 놓
았기 때문에 송대를 연구하는 데 훌륭한 연구 사료가 된다. 정
사에 기록되지 않은 아주 소소한 얘기들까지도 소박하고 쉬우
면서도 짧게 기록했다. 이는 바로 필기문학의 가장 큰 특징인
'보사지궐(補史之闕)'의 특징을 잘 보여주고 있다. 그 예로 당
시 동전 사용법을 소개하고 있는 고사를 살펴보자.

　　동전의 사용법은 오대(五代) 이래로 77냥을 100냥으로
　치는데 이것을 '생백(省陌)'이라 한다. 지금은 시장에서 교
　역할 때 또 〔77냥에서〕 5냥을 떼는데 이것을 '의제(依除)'
　라고 한다. 함평(咸平) 5년(1002)에 진서(陳恕)가 지공거
　(知貢擧)로 있을 때 선발된 선비들이 가장 뛰어났는데, 선
　발된 72명 중에서 왕기공(王沂公: 王曾)이 1등이었으며,
　어시(御試: 殿試)에서 그 절반이 탈락하고 급제한 사람 38
　명 중에서도 왕기공이 또 1등을 했다. 그래서 도성에서 이
　를 두고 이렇게 말했다.
　　"남성(南省: 尙書省)에서 100 '의제'를 선발했는데 전시

(殿試)에서 50 '생백'이 합격했다."

이 해에 선발된 인원은 비록 적었지만 훌륭한 인재가 가장 많았으니, 재상이 3명으로 왕기공과 왕공(王公: 王隨)·장공(章公: 章得象), 참지정사(參知政事)가 1명으로 한공(韓公: 韓億), 시독학사(侍讀學士)가 1명으로 이중용(李仲容), 어사중승(御史中丞)이 1명으로 왕진(王臻), 지제고(知制誥)가 1명으로 진지미(陳知微)이다. 왕백청(汪白靑)과 양해(陽楷) 2명은 비록 현달하지는 못했지만 모두 문학으로 당시에 이름이 알려졌다.[32]

> 오대(五代) 이래로 동전이 통용되는 방법은 77냥을 100냥으로 치고 이것을 '생백'이라 하였는데, 지금은 시장에서 매매(賣買)할 때 77냥에서 5냥을 다시 떼고 이것을 '의제'라고 하였다. 올해 전시에 합격한 사람의 수가 50 '생백'으로 그 수가 이전에 비해 적지만 왕수·장득상·한억 같은 훌륭한 인재가 오히려 많이 배출되었음을 얘기하며, 당시 동전 사용법과 연관시켜 합격자수를 알리고 있다. 이를 통해 우리는 송대 동전 사용법과 동시에 그 해에 등용된 사람들의 숫자까지도 알 수 있다. 이는 『신오대사』·『신당서』 사서 편찬의 경험이 바탕이 된 것이다.

둘째, 작품 속에 시를 첨가하여 예술성을 극대화 시켰다. 구

---

32) 『歸田錄』 卷2 제115條.

양수는 비록 고문운동을 완성한 사람이지만, 시문의 장점을 작품에 도입시켜 실용적이고 윤리적인 고사를 예술적인 작품으로 승화시켰다. 처사 임포의 「매화시」 일부를 기록하고 있는 고사를 살펴보도록 하자.

처사(處士) 임포(林逋)는 항주(杭州) 서호(西湖)의 고산(孤山)에 살았다. 임포는 회화에 뛰어났고 시를 잘 지었는데, 예를 들면 "게는 풀이 우거진 늪에서 옆으로 기어가고, 자고새는 구름 위에 걸린 큰 나무 위에서 울어 대네"라는 구절은 사대부들에게 많은 칭찬을 받았다. 또 「매화시(梅花詩)」에서 이렇게 읊었다.

"성근 그림자는 맑고 얕은 물에 비스듬히 기울고, 그윽한 향기는 달빛 어린 황혼에 떠도네."

시를 논평하는 자가 말했다.

"이전 시대에 매화를 읊은 사람이 많았지만 이런 구절은 없었다."

또 임포가 임종 때 시를 지어 이렇게 읊었다.

"훗날 무릉(茂陵)에서 나의 유고(遺藁)를 찾을 테지만, 「봉선서(封禪書)」와 같은 글을 짓지 않은 것이 그래도 기쁘다네."

이 시구는 특별히 사람들에게 칭송받아 널리 암송되었다. 임포(林逋)가 죽은 뒤로 서호의 고산은 적막해졌고 그를 계승할 만 한 자가 없었다.[33]

임포는 서호(西湖) 고산(孤山)에 은거하면서 20년간 산을 내려오지 않았고, 일생동안 독신으로 지냈으며, 매화를 아내로 삼고 학을 자식같이 길렀으므로 매처학자(梅妻鶴子)라고 불렸던 은자(隱者)이다. 구양수는 고사 중간에 청아한 임포의 시 구절을 기록하여 읽는 이로 하여금 무의식중에 고사 속의 임포와 친구가 되어 고산에서 그와 함께 매화 잎 떠 있는 술잔을 부딪치며 생을 논하고 있는 듯한 느낌을 갖게 해주었다.

셋째, 풍자와 해학적인 내용은 독자에게 웃음을 선사할 뿐만 아니라 독자에게 부패한 세상을 돌아보게 하는 기회를 제공했다. 그 예로 아래 호단(胡旦)의 고사를 살펴보도록 하자.

호단(胡旦)은 재주는 뛰어났지만 도리어 그 성격은 사람을 경시하고 깔보았다. 한번은 호언장담하며 말했다.

"시험에 응시하여 장원급제하지 못하고, 사관으로 재상을 하지 못하면 인생 헛산 것이지."

바야흐로 가을이라 밖으로 나가 앉아 기러기 울음소리 들으며 제시(題詩)를 지어 이렇게 말했다.

"내년 봄 빛 속에 다신 한번 돌아감을 얻으리라."

과연 천하의 우두머리가 되었다.[34]

호단은 본래 뛰어난 재주를 갖고 태어났지만 다른 사람을 무

---

33) 『歸田錄』 卷2 제69條.
34) 『歸田錄』 卷2 제150條.

시하고 깔보는 성격을 가진 자였다. 그러나 당시는 성품과 상관없이 관리를 선발했기 때문에 호단과 같은 인격적 소양이 부족한 관리도 천하의 우두머리가 될 수 있었다. "윗자리에 있는 사람이 예(禮)를 좋아하면 백성들은 부리기 쉽다"는 말이 떠올라 안타까움에 한 숨이 절로 나온다.

넷째, 정치적·역사적 사건과 일사와 쇄언이 많이 등장하며 이를 통해 권계(勸戒)의 뜻을 드러냈다. 그 예를 보면 고사 중간에 언급된 '澶淵之役'과 '曹芮之禍'를 들 수 있다.

추밀원(樞密院)의 조시중(曹侍中: 曹利用)은 전연(澶淵)의 전투 때 전직(殿直)의 신분으로 거란(契丹)에 사신으로 가서 화친(和親)을 논의하고 맹약을 맺어 이로 말미암아 중용되었다. 당시는 장헌명숙태후(莊獻明肅太后)가 수렴청정 하던 때였는데, 그는 훈구(勳舊) 대신을 자처하여 권세가 조정 안팎을 좌지우지할 정도였다. 비록 장헌명숙태후일지라도 그를 몹시 어려워하여 시중(侍中)이라고만 부를 뿐 이름을 부르지는 못했다. 무릇 조정에서 [관원에 대해] 은택(恩澤)을 내리면 조시중은 모두 미루면서 시행하지 않았다. 그러나 그가 미뤄둔 일이 너무 많았기 때문에 세 번 미루었을 때 다시 명이 내려오면 그는 그제야 어쩔 수 없이 시행했다. 그렇게 하기를 오래하자 소인배들이 이를 간파하여, 무릇 요청이 있을 경우 조정에서 세 번 명을 내렸으나 시행되지 않을 때는 반드시 다시 요청했다.

그러면 장헌명숙태후가 이렇게 말했다.

"시중이 이미 시행하지 않고 미뤄둔 일이오"

요청하는 사람이 천천히 아뢰었다.

"신이 이미 시중 댁의 부인과 측근에게 고하여 허락을
받았사옵니다."

그리하여 다시 은택의 명을 내렸는데, 조시중은 그 연유
를 모른 채 세 번 미뤄둔 일을 그만 둘 수 없어서 힘써 시
행했다. 이에 태후가 크게 노하여 이때부터 그에게 이를
갈았는데, 마침내 그가 조예(曹芮)의 화(禍)에 연루되게 되
었다. 이에 대신의 공이 높고 권세가 크더라도 환난이 닥
치는 것은 그의 지혜와 계책으로도 예방할 수 없는 것임을
알겠다.35)

위의 고사에서 역사적인 사건을 기록함으로써 고사의 진실성
을 부각시켰을 뿐 아니라, 실례를 통해 독자들에게 고사 중 소
개된 그들의 화(禍)가 단지 먼 이웃집 얘기가 아닌 바로 내 자
신의 일이 될 수도 있음을 느끼게 하여 작품 속으로 몰입하도
록 했다. 여기서 말하는 역사적인 사건이란 '전연지역'을 말하는
것이다. 송 진종 경덕(景德) 원년(1004)에 요숙태후(遼蕭太后)
와 성종(聖宗)이 요군(遼軍)을 이끌고 송 땅 깊숙이 들어와 진
종은 남도(南都)로 천도하기를 원했으나, 후에 구준의 반대로
인해 어쩔 수 없이 전주(澶州)에서 독전(督戰)했다. 후에 전주

---

35) 『歸田錄』 卷1 제43條.

에서 요군은 대패하고 요군의 대장군 소달람(蕭撻攬)은 화살에 맞아 죽고, 요군은 앞뒤로 적의 공격을 받게 되어 강제로 평화 담판을 하게 되는 일련의 사건을 말하는 것이다. 그리고 다시 한 번 결미(結尾)에 조예(曹芮)가 술에 취하여 황포(黃袍)를 입고는 사람들로 하여금 '만세(萬歲)'를 부르게 하여 장형을 당해 죽고 삼촌 조리용까지도 역시 이로 인해 관직에서 파면당하고 방주로 가는 도중에 자살하여 죽고 말았다는 '조예지화'라는 훈계성 짙은 메시지를 기록함으로써 그의 저술 동기를 정리하고 있다.

다섯째, 대화나 남의 말을 인용하여 문장의 단조로움을 피하며 생동감을 불어넣고, 또 사건의 진실성을 확보함과 동시에 자신의 입론(立論)을 공고히 하기도 하였다. 그 예로 왕규(王珪)가 황태자를 세우는 일을 어떻게 처리하는지 살펴보도록 하겠다.

인종(仁宗: 趙禎)초에 지금의 황상(皇上)을 황태자로 세우고자 중서성(中書省)에 학사를 불러 조서를 기초하도록 명했다. 때마침 학사(學士) 왕규(王珪)가 당직 근무를 하고 있었는데, 어명이 중서성에 이르러 그에게 통지되자 왕규가 말했다.

"이것은 중대사이니 반드시 직접 성지(聖旨)를 받아야겠소."

그리하여 대답을 청했다. 왕규는 다음날 아침에 직접 황제를 배알하고 성지를 받고 나서야 조서를 기초했다. 동료

들은 모두 왕규가 진정으로 학사의 풍모를 갖추었다고 여
겼다.36)

인종 때 지금의 황상(皇上)을 황태자로 세우는 조서를 기초
하는데 때마침 학사(學士) 왕규가 당직 근무를 하고 있었다. 그
는 "중대사이기 때문에 직접 성지(聖旨)를 받은 연후에 조서를
기초 하겠다"라고 말한다. 그의 이러한 짧은 대답은 그의 대쪽
같은 성품을 잘 표현해 주고 있다. 또한 뒤에 이어진 왕규에 대
한 동료들의 품평은 다른 이의 입을 빌려 왕규를 칭찬하여 진
실성을 높이고 있다.

　여섯째, 『귀전록』은 송대 필기문화의 선구였을 뿐만 아니라
우리나라의 필기문학에도 영향을 끼쳤다. 즉, 고려말(高麗末)
최자(崔滋)의 『보한집(補閑集)』에 영향을 미쳤는데, 그 상관관
계는 『보한집』의 발문에 직접 나타나있다.

　　"당 나라 이조의 『국사보』 서문에서, '귀신이 장막이나
　　발 쳐 놓은 곳에 가까이 나타났다고 서술한 것은 모두 없
　　앴다'고 하였다. 구양공은 『귀전록』을 지을 때 이조의 이
　　말을 본받았다. 또한 이것은 고금의 유자들이 저술함에 있
　　어 상규가 되었다. 지금 이 글은 감히 문장으로써 나라의
　　빛나는 문화를 더하려는 것도 아니고, 또 거룩한 조정의 빠
　　진 일들을 기록하려는 것도 아니며, 다만 미사여구로 문장

---

36) 『歸田錄』 卷2 第90條.

을 수식한 나머지들을 모아 웃음거리로 제공하려는 것이다. 그러므로 책 마지막 편에 음란하고 괴상한 일 몇 가지를 수록하여 신진 학자들이 애써 공부할 때에 이로써 노닐고 쉬게 하려 한다. 또 자유롭게 쓴 바도 있으나 몇 문장 가운데에는 거울삼아 경계하는 바도 있으니, 독자들이 그것들을 상세히 살피기 바란다."37)

위에서 최자는 『보한집』 발문을 통해 『귀전록』의 영향을 받았음을 확실히 밝히고 있다. 『보한집』과 『귀전록』의 발문이 거의 일치하고 있으며, 내용에 있어서도 골계담적 성격과 국사보적 성격이 있음으로 미루어 『보한집』이 『귀전록』의 영향 아래 지어진 작품이라는 점은 의심의 여지가 없다. 이러한 야사 기록 전통은 『보한집』에서 그치지 않고 더 나아가 후대의 『역옹패설(櫟翁稗說)』과 조선(朝鮮) 초 『태평한화골계전(太平閑話滑稽傳)』에까지 영향을 끼치게 된다. 이러한 작품들 또한 멀게는 『귀전록』의 영향 아래 있다고 할 수 있을 것이다.

---

37) "唐李肇『國史補』序云: '叙鬼神近帷箔悉去之,' 歐陽公作『歸田錄』, 以肇言爲法. 此古今孺子撰述之常也. 今此書非敢以文章增廣國華, 又非撰錄盛朝遺事姑集雕篆之餘, 以資笑語. 故於末篇記數段淫怪事, 欲使新進苦學者, 遊焉息焉. 有所縱也, 且有鑑戒存乎數字中, 覽者詳之."『補閑集』跋文.

6. 맺음말

『귀전록』은 송대 필기문 창작의 선구적인 작품이라고 할 수 있다. 『귀전록』의 다양한 고사 와 다채로운 주제는 구양수의 해박한 지식과 다양한 경험 및 뛰어난 문재에서 기인하였다. 『귀전록』에 실린 수많은 이야기들은 야사에 가까운 것들이 많아 정사의 보충이 될 수 있으며 정사에 버금가는 가치를 가지고 있다. 이러한 야사 기록 전통은 고려시대 우리나라에까지 영향을 끼쳤음은 위에서 살펴본 바와 같다.

구양수는 비록 유가사상(儒家思想)을 숭상(崇尙)하였지만 이전의 '관념 속의 도(道)'가 아닌 문(文)으로써 도(道)를 표현하여 현실을 반영해야 한다는 실용성을 강조하였다. 따라서 구양수의『귀전록』은 현실주의 정신에 입각하여 정치·전장제도, 해학, 쇄언 등을 대담하게 묘사한 현실 의식이 풍부한 작품이라 할 수 있겠다. 그런 그의 생각은『귀전록』의 서(序)에 잘 나타나있다. 즉, "『귀전록』이란 조정의 전해오는 일 중에서 사관이 기록하지 않는 것으로, 사대부들과 담소하는 여가에 기록할 만한 것들을 기록하여 한가로이 거할 때 보려고 한 것이다"라고 말하고 있다. 그러나『귀전록』은 그가 말한 것처럼 그저 담소를 즐기기 위해서 지어진 것이라고는 말할 수 없을 정도로, 문인·사대부를 중심으로 한 상류층 인물의 언행과 일화들로부터 출발하여 宋代의 정치와 전장제도, 문학과 예술, 풍자와 해학

등을 두루 갖춰 놓았다.

　고사는 간략하지만 문장의 어의가 유창하고, 조리가 분명하여 어렵지 않게 작자의 저술 의도를 파악할 수 있도록 하였다. 뿐만 아니라, 고사 중간에는 먼저 의론이나 서사 혹은 대화의 방법을 통하여 문장을 이끌어 간 다음, 문말(文末)에 이르러 주제를 다시 한 번 분명히 하는 수법을 사용해 명확한 주제의식을 가지고 저술하였음을 알 수 있게 하였다.

　『귀전록』의 주요 내용은 앞에서 살펴본 바와 같이 문인·사대부들의 일화를 비롯하여 송대 정치·전장제도, 문화와 예술 등 다양한 주제들을 기록하였다. 따라서 이러한 『귀전록』에 대한 해제와 역주를 통해 송대 문인들의 교유와 습속, 사회현상에 대해 정사의 딱딱한 기록에서 볼 수 있는 모습과는 다른 면모들을 발견할 수 있다. 또한 당대 정치인들의 일상사 내지 뒷이야기들을 알 수 있는 중요한 자료로 활용될 수 있을 것이다.

　또한 기존에 널리 알려진 「추성부(秋聲賦)」·「취옹정기(醉翁亭記)」 등에서 보이는 구양수 산문과는 다른 풍격을 발견할 수 있다. 예를 들면 『귀전록』에 보이는 고사들에 나타난 골계와 해학은 중국 산문의 가장 두드러진 정신이라고 할 수 있다. 기존 중국산문에서 보이는 풍자의 정신이 여전히 구양수 산문 속에서도 살아있음을 발견할 수 있다.

　『귀전록』의 고사(故事)는 송대 정치·사회·문화·경제를 두루 잘 보여주고 있지만, 정사(正史)가 아닌 야사(野史)라

는 이유로 연구가 잘 이루어지지 않은 게 사실이다. 또한 구
양수가 『귀전록』을 저술한 뒤 신종의 검열에 대비해 그가 기
록한 원본과 다르게 증삭을 거쳐 위에 바쳐져야만 했다. 이
러한 이유들 때문에 후세 사람들은 『귀전록』을 과소평가하고
작품 고유의 중요성을 간과한 채 지금까지 지내오게 되었다.
본고는 송대 사회문화에 대한 이해와 기록이라는 측면에서
기존의 『귀전록』에 평가가 부적절한 것이었음을 지적하고,
『귀전록』이 가지는 가치에 대한 재평가를 시도하고자 하였
다. 야사나 일사 등을 기록한 필기문학 전통이 가지는 문학
사상의 의의 뿐 만 아니라 사회사적인 의의 또한 새롭게 조
명되어야 할 것이다.

「자서」

『귀전록』이란 조정의 전해오는 일 중에서 사관이 기록하지 않는 것으로, 사대부들과 담소하는 여가에 기록할 만한 것들을 기록하여 한가로이 거할 때 보려고 갖추어놓았다. 그 소문을 듣고 나를 나무라는 사람이 말했다.

"어찌하여 그렇게 우원(迂遠)하단 말이오! 그대가 공부하는 바는 인의를 닦아 업으로 삼고 『육경』을 암송하여 말로 삼아야 하니, 스스로 기대하는 것이 마땅히 어떠해야 하오? 그대는 다행히 군주의 인정을 받아 조정에서 벼슬자리를 얻어 국론에 참여한지 지금까지 어언 8년이 되었소. 때를 만나 분투하고 일을 당해 발분하여 밝은 계책을 세워 나라에 보탬이 될 수 없었으며, 그렇다고 또한 남에게 아부하고 비위를 맞추어 세속을 따를 수도 없었소. 그러다보니 원망·질시·비방·분노를 한 몸에 모이게 하여 소인배들에게 모욕을 당했소. 맹렬한 바람과 거센 파도가 헤아릴 수 없이 깊은 못에서 갑자기 일어나고 교룡과 악어와 같은 괴이한 짐승들이 바야흐로 머리를 나란히 하고 틈을 엿보고 있는 때를 당했는데도, 그대는 그 사이에 몸을 두어 반드시 죽게 되는 화를 겪었소. 천자께서 어지신 성덕(聖德)으로 측은하고 가엾게 여기시어 그대를 군침 흘리는 괴수의 입에서 빼내 그 남은 생명을 내려주셨는데, 그대는 명주(明珠)를 토해내거나 옥환(玉環)을 물고 와서 뱀과 꾀꼬리의 보답을 본받으려 했다는 말은 들어본 적이 없소. 한창 혈기가 왕성할 때에도 의미 있는 일을 행한 바가 없었고 지금은 이미 늙고 병들었으니, 이는 결국 군주의 은혜를 저버린 채 하릴없이 오랫동안 나라의 돈을 낭비하고 곡물창고의 쥐가 된 꼴이오. 그대를 위한 계책이라면 마땅히 조정에 사직을 청하여 물러나 영화와 총애를 피하고 전원에서 유유자적하면서 천수를 다하는 것이라 생각하니, 그리하면 분수를 안다는 현자의 명예를 얻을 수는 있을 것이오. 그런데도 그대는 여전히 배회하고 머뭇거리면서 오래토록 결정하지 못하고 있으니, 이것도 생각하지 않으면서 무슨 '귀전록'이란 말이오!"

(내가 일어나 사죄하며 말했다.)

"그대가 나를 질책한 것은 모두 옳소. 내 장차 돌아갈 것이니 그대는 잠시만 기다리시오."

(치평(治平) 4년(1067) 9월 을미(乙未)에 여릉(廬陵) 사람 구양수(歐陽修) 씀.)

『歸田錄』者, 朝廷之遺事, 史官之所不記, 與夫士大夫笑談
之餘而可錄者, 錄之以備閑居之覽也. 有聞而誚余者曰: "何其
迂哉! 子之所學者, 修仁義以爲業, 誦『六經』以爲言, 其自待
者宜如何? 而幸蒙人主之知, 備位[1]朝爲, 與聞國論者, 蓋八年
於玆矣. 旣不能因時奮身, 遇事發憤, 有所建明, 以爲補益; 又
不能依阿取容, 以徇世俗. 使怨嫉謗怒, 叢于一身, 以受侮于群
小. 當其驚風駭浪, 卒然起於不測之淵, 而蛟鱷[2]黿鼉之怪, 方
骈首而闞伺, 乃措身其間, 以蹈必死之禍. 賴天子仁聖, 惻然哀
憐, 脫於垂涎[3]之口而活之, 以賜其餘生之命, 曾不聞吐珠銜
環, 效蛇雀之報[4]. 蓋方其壯也,猶無所爲, 今旣老且病矣, 是終
負人主之恩, 而徒久費大農[5]之錢, 爲太倉[6]之鼠也. 爲子計者,

---

1) 備位: 벼슬살이를 스스로 낮춰 부르는 말이다.
2) 蛟鱷: 蛟龍과 鰐魚. 사나운 水中動物을 가리킨다.
3) 垂涎: 먹고 싶어서 군침을 흘리다.
4) 蛇雀之報: 큰 뱀이 明珠를 머금고, 꾀꼬리가 白環을 물고 報恩한 고
사. 옛날 隋侯가 밖에 나갔다가 큰 뱀 하나가 상처를 입어 허리가 잘린
것을 발견하게 되었다. 수후는 그 뱀이 靈異한 것이라 여기고 사람을
시켜 약을 발라 잘 싸매어 주도록 하였다. 뱀은 그제야 제 힘으로 기어
가는 것이었다. 그래서 그 장소를 '斷蛇丘'라 불렀다. 한 해쯤 지난 뒤
에 그 뱀이 明珠를 물고 와서 보답하였다. 그 구슬은 지름이 한 촌 쯤
되며 순백색으로 밤에는 밝은 빛이 비쳐 마치 달빛 같았으며 방안의
촛불 대신 쓸 수 있을 정도였다. 그래서 그 구슬을 '隋侯珠' 혹은 '靈
蛇珠' 또는 '明月珠'라 한다. 楊寶라는 아주 착한 아이가 살고 있었다.
어느 날 양보는 華陰山에서 다친 꾀꼬리 한 마리를 발견하였다. 양보
는 꾀꼬리를 집으로 데려와 잘 치료하여 낫게 한 다음 날려 보내 주었
다. 그런데 어느 날 그 꾀꼬리가 다시 날아와 양보에게 말했다 "저는
西天王母의 使者인데, 그대에게 드릴 네 개의 白玉環을 물고 왔습니
다. 장차 그대의 자손들은 모두 이 백옥처럼 정직하고 고결하여, 높은
벼슬에 오를 것입니다." 훗날 양보의 자손들은 모두 조정의 대관들이
되었다 한다.

謂宜乞身⁷⁾於朝, 退避榮寵, 〔1〕而優游田畝, 盡其天年, 猶足
竊知止之賢名. 而乃裴回俯仰, 久之不決, 此而不思, 尙何歸田
之錄乎!” 余起而謝曰: “凡子之責我者皆是也, 吾其歸哉, 子姑
待.” 治平⁸⁾四年九月乙未廬陵歐陽修序.

【校勘】〔1〕退避榮寵: 祠堂本에는 “作遠引疾去, 以深戒前日之禍” 13字의
夾注가 있다.(夏敬觀 校訂本-이하 간칭 夏校本)

---

5) 大農: 官名. 大司農을 말하는 것으로, 중국 漢나라 때의 관명. 九卿
의 하나로, 중앙 정부의 국가 재정을 관장하였음. 여기서는 국가의 재
정을 뜻한다.
6) 太倉: 고대 京師에 곡식을 저장해 놓은 큰 창고를 말한다.
7) 乞身: 사직원을 내다. 퇴직을 자청하다.
8) 治平: (1064~1067)北宋 英宗의 연호이다.

권1

1. 태조와 찬녕

태조황제(太祖皇帝: 趙匡胤)가 처음 상국사(相國寺)에 행차하여 불상 앞에 이르러 향을 피우고 나서 물었다.

"짐이 응당 절을 해야 하는가 하지 말아야 하는가?"

승관 찬녕(贊寧)이 아뢰었다.

"절을 하지 마시옵소서."

태조황제가 그 까닭을 물었더니 찬녕이 대답했다.

"현재불(見在佛)은 과거불(過去佛)에 절하지 않사옵니다."

찬녕이란 자는 자못 서책을 잘 알고 말재주도 있었는데, 그 말이 비록 배우와 비슷했지만 황제의 뜻에 들어맞았으므로 황제가 미소를 지으며 고개를 끄덕였다. 그리하여 마침내〔황제는 부처에게 절하지 않는 다는 것을〕정해진 법제로 삼게 되었다. 지금까지도 황제는 사원에 행차하여 향은 피우되 모두 절은 하지 않는다. 논자들은 이를 예법에 합당하다고 여긴다.

太祖皇帝[9]初幸相國寺, 至佛像前燒香, 問: "當拜與不拜?"

僧錄[10]贊寧奏曰: "不拜." 問其何故, 對曰: "見在佛不拜過去佛." 贊寧者, 頗知書, 有口辯, 其語雖類俳優[11], 然適會上意, 故微笑而頷之. 遂以爲定制, 至今行幸[12]焚香, 皆不拜也. 議者以爲得禮.

2. 도료장 예호

개보사탑(開寶寺塔)은 도성에 있는 여러 탑 중에서 가장 높고 매우 정밀하게 제작되었는데, 도료장(都料匠) 예호(預浩)가 만든 것이다. 탑이 처음 완성되었을 때, 멀리서 바라보니 똑바르지 않고, 서북쪽으로 약간 기울어져 있었다. 사람들이 이상히 여겨 물어보니, 예호가 말했다.

"도성은 지세가 평탄하고 산이 없는데 서북풍이 많이 부니, 이렇게 바람이 불면 백년이 안 되어서 마땅히 똑 바르게 될 것이오."

---

9) 太祖皇帝: 宋 太祖 趙匡胤 (927~976). 일찍이 後周의 殿前都点檢 (후주 최고의 무관직의 하나로, 황제 친위군의 최고 장수)을 역임하고 있었는데, 陳橋兵變 중에 황제로 옹립되어 송나라의 창시자가 되었다. 17년간 재위하다가 50세에 병으로 세상을 떠났다. 후세 사람들은 그가 동생 趙匡義에게 피살되었다고 의심하기도 한다. 영창릉(永昌陵: 지금의 하남성 恐縣 서남쪽)에 안장되었다.

10) 僧錄: 官名. 사찰과 승려에 관련된 사무를 관리하는 관직으로, 승려가 맡아보았다.

11) 俳優: 옛날 골계・잡희를 연출하던 광대이다.

12) 行幸: 고대 황제의 출행을 가리킨다.

그의 생각의 정교함이 대개 이와 같았다. 우리 송나라가 들어선 이후로 수준 높은 목공은 이 한 사람뿐이다. 지금까지도 목공들은 모두 예도료(預都料: 預浩)를 모범으로 삼고 있다. 『목경(木經)』3권이 세상에 유행하고 있다. 세상 사람들의 말로는, 예호에게는 딸 하나만 있었는데, 그녀는 10여 살 때부터 누울 때마다 가슴 위에서 손을 교차하여 건물 짓는 모양을 만들었으며, 그렇게 몇 년을 하여 『목경』3권을 완성했다. 지금 세상에 유행하고 있는 것이 바로 이것이라고 한다.

開寶寺塔[13]在京師諸塔中最高, 而制度[14]甚精, 都料匠[15]預浩[16]所造也. 塔初成, 望之不正而勢傾西北. 人怪而問之, 浩曰: "京師地平無山, 而多西北風, 吹之不百年, 當正也." 其用心之精蓋如此. 國朝以來木工, 一人而已. 至今木工皆以預都料爲法. 有『木經』三卷行於世. 世傳浩惟一女, 年十餘歲, 每臥則交手於胸爲結構狀, 如此踰年, 撰成『木經』三卷, 今行於世者是也.

---

13) 開寶寺塔: 당시 開封에 있던 목조불탑인데, 지금은 이미 없어졌다.

14) 制度: 제작하다.

15) 都料匠: 공사의 총 우두머리로, 건축의 설계와 지휘를 담당한다.

16) 預浩: (?~989) 沈括의 『夢溪筆談』「技藝」에서는 '喩皓'라고 했고, 아울러 축조기법을 간단히 소개하고 있다. 고층의 목조 건축을 설계하면서 하중에 영향을 주는 풍력까지 주의를 기울인 것은 예호가 처음이다.

3. 시험 보지 않고 임명된 세 사람

우리나라의 관제에 지제고(知制誥)는 반드시 먼저 시험을 본 후에 임명되었다. 건국 이래로 100년 동안 시험을 보지 않고 바로 임명된 사람은 겨우 세 명인데 진요좌(陳堯佐)·양억(楊億), 그리고 내가 외람되게도 그 하나에 끼었다.

   國朝之制, 知制誥17)必先試而後命. 有國以來百年, 不試而 命者纔三人, 陳堯佐18), 楊億19), 及脩忝與其一爾.

4. 충실한 신하 노공

인종(仁宗: 趙禎)이 동궁(東宮: 太子)에 있을 때, 노숙간공 (魯肅簡公: 魯宗道)이 태자의 스승이 되었다. 그는 송문(宋門)

---

17) 知制誥: 官名. 唐·宋代 황제에게 詔書·敎書 등의 글을 지어 바치 던 관리이다.

18) 陳堯佐: (963~1044) 四川省 閬中 사람. 字는 希元, 號는 知余子이 며, 세상에서 穎川先生이라 불렸다. 陳堯叟의 동생이다. 太宗 端 拱 2년(989)에 진사에 급제했다. 參知政事와 樞密副使 등을 역임했 으며, 죽어서 文惠라는 시호를 받았으며, 저서로 文集이 있다.

19) 楊億: (974~1020) 福建 사람으로, 字는 大年. 謚號는 文公이다. 文 才가 뛰어나 11세에 천자로부터 詩才를 인정받고, 17세에 進士로 관 계에 진출하여 翰林學士를 거쳐 工部侍郎에 이르렀다. 『太宗實錄』· 『冊府元龜』 등을 편찬하고, 錢惟演 등과 즐긴 시 200여 수를 모아 『西崑酬唱集』을 편찬했다.

밖에 살았는데, 세간에서 부르기를 욕당항(浴堂巷)이라 했다. 그의 집 옆에 주점이 있었는데, 인화(仁和)라 했다. 그 주점의 술은 도성에서 유명했는데, 노공은 종종 옷을 갈아입고 신분을 숨기고 가서 그 주점에서 술을 마셨다. 하루는 진종(眞宗: 趙恒)이 노공을 급히 불렀는데, 물어볼 것이 있었기 때문이다. 사자가 노공의 집 문에 이르렀지만 노공은 없었다. 그는 얼마 후 인화 주점에서 술을 마시고 돌아왔다. 중사(中使)가 급하게 들어와 아뢰면서 공과 약조하며 말했다.

"황제께서 만약 공께서 늦은 것을 탓하신다면, 마땅히 무슨 일을 핑계로 늦게 왔다고 아뢸까요? 바라건대 먼저 가르침을 내려주시어 저와 공의 말이 다르지 않기를 바랍니다."

노공이 말했다.

"사실대로 고하시오."

중사가 말했다.

"그러면 마땅히 죄를 입게 되실 것입니다."

노공이 말했다.

"술을 마시는 것은 인지상정이지만, 임금을 속이는 것은 신하의 큰 죄이오."

중사가 한숨을 쉬고 탄식하며 돌아갔다. 진종이 과연 묻자, 사자가 공이 대답하라는 대로 갖춰 아뢰었다.

진종이 물었다.

"무슨 까닭으로 사사로이 술집에 들어갔소?"

노공이 사죄하며 말했다.

"신의 집은 가난하여 그릇이 없는데 주점에는 온갖 기물이 갖춰져 있으므로, 손님이 오면 으레 그곳으로 갑니다. 마침 고향의 친한 손님이 멀리서 왔기에 그와 함께 술을 마셨습니다. 하지만 신은 이미 옷을 갈아입었었고, 시장 사람들도 신을 알아보는 사람이 없었사옵니다."

진종이 웃으며 말했다.

"경은 궁중의 신하이니 어사(御史)에게 탄핵될까 걱정되오."

하지만 이 일 이후로 진종은 노공을 훌륭하다 여기고 충실하여 크게 쓸 만하다고 생각했다. 만년에는 장헌명숙태후(章獻明肅太后)가 여러 신하 중 크게 쓸 만한 사람 몇 명을 말했는데, 노공이 그 중 한명이었다. 그 후에 장헌태후는 그들을 모두 등용했다.

仁宗[20]在東宮[21], 魯肅簡公[22](宗道)爲諭德[23]. 其居在宋門外, 俗謂之浴堂巷. 有酒肆在其側, 號仁和. 酒有名於京師, 公往往易服(一作 '衣')微行[24], 飮於其中. 一日, 眞宗急召公, 將

<hr>

20) 仁宗: (1010~1063) 趙禎으로 원래 이름은 受益이다. 眞宗의 아들로 13세의 나이에 제위에 올라 章獻明肅太后가 섭정했다. 仁宗 재위기간은 나라가 비교적 안정되었으며, 그의 나이 54세에 생을 마쳤다.

21) 東宮: 고대 太子가 거주하던 궁전을 가리킨다. 太子가 거주하던 궁전이 皇宮의 동쪽에 있었기 때문에 東宮이라 불렀다. 또는 靑宮, 春宮이라고도 한다.

22) 魯肅簡公: 魯宗道. 亳州 사람으로, 字는 貫之이다. 進士 급제 후에 海鹽令이 되고, 右諫議大夫, 參知政事, 禮部侍郞을 역임했다. 사후 兵部尙書를 추증 받고, 肅簡이라는 諡號를 받았다.

23) 諭德: 官名. 태자의 스승.

有所問. 使者及門而公不在, 移時乃自仁和肆中飮歸. 中使[25]
遽先入白, 乃與公約曰: "上若怪公來遲, 當託何事以對? 幸先
見敎, 冀不異同." 公曰: "但以實告." 中使曰: "然則當得罪."
公曰: "飮酒人之常情, 欺君臣子之大罪(一作'罪大')也." 中使
嗟嘆而去. 眞宗果問, 使者具如公對. 眞宗問曰(一作'公'): "何
故私入酒家?" 公謝曰: "臣家貧無器皿, 酒肆百物具(一作'俱')
備, 賓至如歸, 適有鄕里親客自遠來, 遂與之飮. 然臣旣易服,
市人亦無識臣者." 眞宗笑曰: "卿爲宮臣, 恐爲御史[26]所彈."
然自此奇公, 以爲忠實可大用. 晚年每爲章獻明肅太后[27]言群
臣可大用者數人, 公其一也. 其後章獻皆用之.

5. 손하와 이서기

태종(太宗: 趙光義) 때는 친히 진사를 시험했는데, 매번 답
안지를 가장 먼저 제출하는 사람에게 장원급제를 내렸다. 손하
(孫何)와 이서기(李庶幾)가 함께 시험장에 있었는데 두 사람은

---

24) 微行: '微服潛行'을 말한다.
25) 中使: 官名. 궁중에서 보내는 사신으로 주로 환관이 맡아서 했다.
26) 御史: 官名. 春秋戰國 때 列國에는 모두 御史가 있었는데 君主와
   가장 가까운 직책으로 文書와 記事를 담당했다. 秦代에는 御史大夫
   를 두었는데 직책이 副丞相으로 그 지위가 매우 높았다. 漢代 이후
   로는 御史의 관직에 변화가 있어 탄핵을 전문으로 하게 되었고 문서
   와 記事는 太史가 관장하게 되었다.
27) 章獻明肅太后: 北宋 眞宗의 皇后. 眞宗 사후에는 仁宗의 뒤에서
   섭정했으며, 정권을 장악하여 국가 大小事를 결정했다. 사후에 章獻
   明肅太后라 諡號했으며, 후에 莊獻明肅太后 본래 성은 劉氏이다.

모두 당시에 명성이 있었다. 서기는 구상이 민첩하고 신속했으며, 손하는 특히 고심하고 생각이 늦었다. 때마침 간관(諫官)이 상소하여 말했다.

"요즘 거자(擧子)들은 경박해서 글을 지음에 의리(義理: 經義)를 구하지 않고 오직 민첩하고 신속함을 서로 자랑하옵니다."

그리고 나서 말했다.

"서기는 거자들과 떡집에서 부(賦)를 짓는데, 한 개의 떡이 익을 동안 하나의 운(韻)을 완성하는 자가 이기는 것으로 했사옵니다."

태종이 그것을 듣고 크게 노했다. 그 해의 전시(殿試)에서 서기가 가장 먼저 답안지를 제출하자, 태종은 곧장 그를 꾸짖고 내쫓았다. 그리하여 손하가 장원 급제하게 되었다.

太宗[28]時親試進士, 每以先進卷子者賜第一人及第. 孫何與

---

28) 太宗: 趙匡義로 후에 光義라 하고, 즉위한 뒤에는 다시 炅으로 고쳤다. 太宗은 廟號다. 太祖 趙匡胤의 동생이며, 중국 전토의 통일을 완성하여 형과 함께 송나라의 기초를 확립했다. 그가 즉위한 배경에는 의문점이 있어 太祖를 시역했다고도 하고, 혹은 당시 종실에 내분이 있었다고도 한다. 978년 吳越의 항복을 받았으며, 979년에는 北漢을 멸망시켜 5대 이후 분열되었던 천하를 통일했다. 그 여세를 몰아 契丹을 재차 공격했으나 크게 패하고, 그 뒤 거란의 침입을 받았다. 이 무렵 북서쪽 지방에서는 西夏가 일어났다. 그러나 내정에 있어서는 節度使의 지배권을 회수하여 諸州를 중앙에 직속시켜 藩鎭 체제에 종지부를 찍었고, 지방행정구에서는 지방관의 권한을 분산·억제하여 재정의 중앙집권화를 실현했다. 이 무렵부터 농민을 지배하는 향촌제도가 확립되었고, 이를 바탕으로 과거제도가 확대·충실화되어 많은 문신이 채용됨으로써 송나라의 문치주의가 완성되었다. 또 전

李庶幾同在科場, 皆有時名. 庶幾文思敏速, 何尤苦思遲. 〔1〕
會言事者上言: "擧子29)輕薄, 爲文不求義理, 惟以敏速相誇."
因言: "庶幾與擧子於餅肆中作賦, 以一餅熟成一韻者爲勝."
太宗聞之大怒. 是歲殿試30), 庶幾最先進卷了, 遽叱出之. 由
是何爲第一. 〔2〕

【校勘】〔1〕何尤苦思遲: 宋人의 『分門古今類事』 권18에 『歸田錄』의 이 조
　　가 인용되어 있는데, 이 구절 아래에 "自謂必居其下" 6字가 있다.
　　아마도 이 책의 편자가 덧붙인 것 같다.
　　〔2〕由是何爲第一: 『分門古今類事』 권18에는 이 구절 아래에 "此不
　　謂之命乎" 6字가 있는데, 아마도 역시 이 책의 편자가 덧붙인 것
　　같다.

6. 정공과 조공

　옛 참지정사 정공(丁公: 丁度)과 조공(晁公: 晁宗愨)이 이전
에 같은 관서에 함께 있었는데, 서로 농담하기를 좋아했다. 조
공이 승진하여 정공에게 감사 서신을 보냈는데, 당시 군목판관
(群牧判官)으로 있던 정공이 조공을 조롱하며 말했다.

　"감사 편지에 대해서는 더 이상 답하지 않겠고, 마땅히 지저
분한 벽돌 한 수레로 답장하겠소."

　조공이 대답했다.

　"벽돌을 받는 것이 편지를 받는 것보다 낫겠소."

　이 얘기를 들은 사람들은 조공이 대답을 잘했다고 생각했다.

　매·상세의 제도를 확립하여 재정의 기초를 다졌다.

29) 擧子: 향시에 급제해서 진사시험에 응하는 자.

30) 殿試: 임금이 몸소 보이던 科擧. 곧 최종시험이다.

故參知政事丁公³¹⁾(度), 晁公³²⁾(宗愨)往時同在館中, 喜相
諧謔. 晁因遷職, 以啓謝丁, 時丁方爲群牧判官³³⁾, 乃戲晁曰:"啓
事³⁴⁾更不奉答, 當以糞墼一車爲報." 晁答曰:"得墼勝於得啓."聞
者以爲善對.

7. 석자정

　석자정(石資政: 石中立)은 농담하기를 좋아했는데, 사대부
중에 그런 농담을 잘 하는 사람이 매우 많았다. 한번은 조정에
들어가는데 형왕(荊王: 趙元儼)의 영접행차를 만나는 바람에
동화문(東華門)으로 들어갈 수 없게 되어 결국 좌액문(左掖門)
으로 들어갔다. 해학을 일삼는 것을 좋아하는 어떤 조정 인사가
석자정에게 물었다.
　"무슨 연고로 좌액문으로 들어 왔소?"

---

31) 丁公: 丁度 (990~1053). 北宋 祥符 사람으로, 字는 公雅, 諡號는
　　文簡이다. 仁宗 때 端明殿學士, 이후 參知政事・觀文殿學士・尚
　　書左丞 등을 역임했다. 학술에 정통하여『集韻』・『禮部韻略』이외
　　에 수많은 著書가 있다.

32) 晁公: 晁宗愨 (985~1042). 澶州 淸豊 사람으로, 字는 世良이다. 진
　　사에 급제하고, 仁宗 때 祠部員外郎으로 옮겨 知制誥를 역임했다.
　　康定 원년(1040)에 右諫議大夫를 배수 받고 參知政事가 되었다. 죽
　　어서 文莊이라는 諡號를 받았다.

33) 群牧判官: 官名. 지방장관들을 평가하는 관리이다.

34) 啓事: 문체의 하나로 아랫사람이 윗 상관에게 일의 시말을 보고할 때
　　쓰는 문장.

반열로 나아가고 있던 석자정이 걸어가면서 대답했다.

"태왕의 영접행차 때문이지요."

그 말을 들은 사람 중에 크게 웃지 않은 자가 없었다. 양대년(楊大年: 楊億)이 한창 손님과 바둑을 두고 있을 때, 석자정이 밖에서 들어와 모퉁이에 앉자, 양대년이 가의(賈誼)의 「복부(鵩賦)」를 읊어 그를 놀리며 말했다.

"모퉁이에 앉아 있나니, 그 모습 심히 한가롭구나."

석자정이 곧 바로 대답했다.

"입으로는 말할 수 없으니, 가슴으로 대답하길 청하네."

　　石資政35)(中立)好諧謔, 士大夫能道其語者甚多. 嘗因入朝,
遇荊王36)迎授, 東華門不得入, 遂自左掖門入. 有一朝士, 好事
語言, 問石云: "何爲自左(去聲)掖門入?" 石方趜班37), 且走且
答曰: "秪爲大(音棅)王迎授." 聞者無不大笑38). 楊大年方與客
棋, 石自外至, 坐於一隅. 大年因誦賈誼39)「鵩賦」40)以戲之云:

---

35) 石中立: (972~1049) 洛陽 사람으로, 字는 表臣이다. 尙書·禮部侍
　　郎·史館修撰 등을 역임하고, 仁宗 때 參知政事를 배수 받고 太子
　　少傳로 관직에서 물러났다. 사후에 文定이라는 諡號를 받고, 문집이 있다.

36) 荊王: 趙元儼, 황족 중 한사람이다.

37) 趜班: 趁班과 동일. 옛날에 신하들이 정사를 의논하기 위해 조정에
　　나가 임금을 뵙는 것을 가리킨다.

38) 聞者無不大笑: 掖門은 궁중의 妃嬪이 거처하는 궁문이다. 『孟子』
　　「梁惠王」에 大王(太王)이 妃를 좋아했다는 고사를 이용하여 은근히
　　빗대어 풍자하고 있다.

39) 賈誼: (BC 200~168) 漢나라 河南 洛陽 사람으로, 시문에 뛰어나고
　　제자백가에 정통하여 文帝의 총애를 받아 약관으로 최연소 박사가
　　되었다. 1년 만에 太中大夫가 되어 秦나라 때부터 내려온 율령·관

"止於坐隅, 貌甚閑暇." 石遽答曰:"口不能言, 請對以臆."

8. 풍상과 화상

오대(五代) 때의 일을 능히 말 할 수 있는 노인이 다음과 같
은 이야기를 했다.

풍상(馮相: 馮道)과 화상(和相: 和凝)이 함께 중서성(中書
省)에 있었는데, 하루는 화상이 풍상에게 물었다.

"공께서는 신발을 새로 사셨군요. 값이 얼마나 됩니까?"

풍상이 왼쪽 발을 들어 화상에게 보여주며 말했다.

"900냥이오."

화상은 도량이 좁고 조급했는데, 급하게 하급관리를 돌아보
며 말했다.

제·예악 등의 제도를 개정하고 전한의 관제를 정비하기 위한 많은 의
견을 상주했다. 그러나 周勃 등 당시 고관들의 시기로 長沙王의 太
傅로 좌천되었다. 자신의 불우한 운명을 屈原에 비유하여「鵩鳥賦」
와「弔屈原賦」를 지었으며, 『楚辭』에 수록된「惜誓」도 그의 작품으
로 알려졌다. 4년 뒤 복귀하여 문제의 막내아들 梁王의 태부가 되었
으나, 왕이 낙마하여 急逝하자 이를 애도한 나머지 1년 후 33세의 나
이로 죽었다. 저서에 『新書』10권이 있으며, 秦의 멸망 원인을 추구
한「過秦論」이 널리 알려져 있다.

40)「鵩賦」:"止于坐隅兮貌甚閑暇(자리 모퉁이에 앉은 모양이 심히 한
가롭다)"와 "鵩乃歎息, 舉首奮翼, 口不能言, 請對以臆(복조는 이
에 탄식하고, 머리를 들고 날개를 떨치니, 입으로는 말할 수 없으니,
가슴으로 대답하길 청하네)" 鵩鳥賦의 일부분이다.

"내 신발은 어째서 1800냥에 샀느냐?"

그리고는 한참동안 욕하고 꾸짖었다. 그때 풍상이 천천히 오른쪽 발을 들어 올리며 말했다.

"이쪽 역시 900냥이오."

이리하여 모두 박장대소했다. 당시 재상이라는 사람들이 이와 같았으니, 어떻게 백관들을 위엄으로 복종시킬 수 있었겠는가?

故老能言五代時事者云: 馮相(道), 和相(凝)同在中書, 一日, 和問馮曰: "公靴新買. 其直幾何?" 馮擧左足示和曰: "九百." 和性褊急, 遽回顧小吏云: "吾靴何得用一千八百?" 因詬責久之. 馮徐擧其右足曰: "此亦九百." 於是烘堂大笑[41]. 時謂宰相如此, 何以鎭服百僚?

9. 양대년의 사람보는 눈

전부추(錢副樞: 錢若水)가 한번은 기인을 만나 관상법(觀相法)을 전수받았는데, 그 일이 심히 괴이했다. 전공(錢公: 錢若水)이 후에 양대년(楊大年: 楊億)에게 그 비법을 전수했기 때문에, 세인들은 이 두 사람이 사람을 알아보는 감식안을 가졌다고 칭찬했다. 중간(仲簡)은 양주(揚州) 사람인데, 어려서 명경

---

41) 烘堂大笑: 唐代 御史에는 台院, 殿院, 察院으로 나뉘어져 있었는데, 台院에서 봉록이 제일 높은 자를 主雜事라 하여 '雜端'이라 했다. 무릇 公堂 會食에서 모두 웃지 않다가 만약 雜端이 한 번 웃으면 三院의 사람들이 따라 크게 웃는 것을 일러 '烘堂'이라 했다.

과(明經科) 공부를 하면서 가난하여 양대년의 문하에서 대신 글을 써주고 품삯을 받았다. 양대년이 한번 보고는 그의 훌륭함을 알아보며 말했다.

"그대는 틀림없이 진사에 급제하고, 벼슬도 명망 있는 높은 관직에 이를 것이네."

이에 시부(詩賦)를 가르쳐주었다. 중간은 천희연간(天禧年間: 1017~1021)에 진사 제일갑(第一甲)으로 급제했고, 벼슬은 정랑(正郎)과 천장각대제(天章閣待制)에 이르러 죽었다. 사희심(謝希深)이 봉례랑(奉禮郎)이 되었는데, 양대년은 그의 문장을 특별히 좋아하여 매번 그를 보면 흔쾌히 맞이하여 접견했으며, 그가 가고나면 탄식해 마지않았다. 정천휴(鄭天休)가 양공(楊公: 楊億)의 문하에 있을 때, 이와 같은 것을 보고 괴이하게 여겨 묻자 양대년이 말했다.

"이 사람은 관직이 역시 현귀할 것이나, 목숨이 중간 수명에도 미치지 못할 것이네."

사희심은 관직이 병부원외랑(兵部員外郎)과 지제고(知制誥)에 이르렀으나, 46세로 생을 마감했으니, 모두 양대년이 말한 것과 같았다. 사희심은 처음 봉례랑으로서 과거시험장에서 진사에 응시할 때, 계사(啓事)로 양대년을 알현하고는 말했다.

"허공에 대고 방울을 흔드니, 천자께서는 군자다운 자가 없음을 염려하시네. 사직하고 돌아보지 않는다면, 이 백성을 어찌한단 말인가!"

양대년은 부채에 이 네 구절을 직접 쓰고 말했다.

"이것은 문장 중의 호랑이이다."

이리하여 사회심의 이름이 알려졌다.

　　錢副樞42)(若水)嘗遇異人傳相法, 其事甚怪. 錢公後傳楊大
年, 故世稱此二人有知人之鑒. 仲簡, 揚州人也, 少習明經43),
以貧傭書44)大年門下. 大年一見奇之, 曰: "子當進士及第, 官
至淸顯45)." 乃敎以詩賦. 簡天禧中擧進士第一甲及第, 官至正
郎, 天章閣待制以卒. 謝希深爲奉禮郎, 大年尤喜其文, 每見則
欣然延接, 旣去則歎息不已. 鄭天休在公門下, 見其如此, 怪而
問之, 大年曰: "此子官亦淸要46), 但年不及中壽爾." 希深官至
兵部員外郎, 知制誥, 卒年四十六, 皆如其言. 希深初以奉禮郎
鎖廳應進士擧, 以啓事謁見大年, 有云: "曳鈴其空, 上念無君
子者. 解組47)不顧, 公其如蒼生何!"大年自書此四句於扇, 曰:
"此文中虎也." 由是知名.

42) 錢副樞: 錢若水. 河南 新安 사람으로, 字는 澹成 또다른 字는 長卿
　　이다. 雍熙연간에 進士에 급제하여, 知制誥, 集賢殿學士, 鄭州觀
　　察 등을 역임했고, 사후 戶部尙書를 추증 받았다.
43) 明經: 과거제도의 과목 중 하나로, 進士科와 같은 등급에 해당하며
　　주요 시험분야는 經義이다.
44) 傭書: 글씨를 代筆 해주는 사람으로 고용되다.
45) 淸顯: 관직에 나아가 높은 지위에 오르다, 입신출세하다.
46) 淸要: 현귀한 지위와 중요한 직무를 말한다.
47) 解組: 도장끈을 풀어놓다. 사직하다는 뜻이다.

10. 임금과 신하 사이

태조(太祖: 趙匡胤) 때 곽진(郭進)이 서산순검(西山巡檢)으로 임명되었는데, 당시 어떤 사람이 그가 몰래 하동(河東)의 유계원(劉繼元)과 결탁하여 장차 반란을 일으킬 것이라고 고했다. 태조는 대노하며 그 사람이 충신을 음해한다고 하여, 그 사람을 포박하여 곽진에게 보내 직접 처리하라고 명을 내렸다. 곽진은 그를 얻은 뒤 죽이지 않고 그에게 일러 말했다.

"네가 나를 위해 유계원의 성채 하나를 취하여 오면, 그것으로 너의 죽음을 대속해줄 뿐만 아니라 너에게 상으로 관직 하나를 주도록 조정에 청할 것이다."

1년 뒤에 그 사람은 유계원의 성 하나를 꾀어내 와서 항복했다. 곽진이 그 일을 상세히 갖추어 조정에 보고하고 상으로 관직을 청하자, 태조가 말했다.

"너는 내 충신을 음해했으니, 이 작은 공로로는 겨우 너의 죽음을 대속할 수 있을 뿐 상을 내릴 수는 없다!"

그리고는 그 사람을 곽진에게 돌려보내라고 명하자, 곽진이 다시 청하며 말했다.

"만약 신이 신용을 잃게 된다면, 더 이상 사람을 쓸 수 없사옵니다."

태조는 이리하여 그 사람에게 관직 하나를 상으로 내렸다. 군신의 사이가 대개 이와 같았다.

太祖時, 郭進[48]爲西山巡檢[49], 有告其陰通河東劉繼元[50],
將有異志者. 太祖大怒, 以其誣害忠臣, 命縛其人予進, 使自處
置. 進得而不殺, 謂曰: "爾能爲我取繼元一城一寨, 不止贖爾
死, 當請賞爾一官." 歲餘, 其人誘其一城來降. 進具其事送之
於朝, 請賞以官, 太祖曰: "爾誣害我忠良, 此纔可贖死爾, 賞
不可得也!" 命以其人還進, 進復請曰: "使臣失信, 則不能用人
矣." 太祖於是賞以一官. 君臣之間蓋如此.

11. 노숙간공의 시호

노숙간공(魯肅簡公: 魯宗道)은 조정에 있을 때 성품이 정직
하고 강직하여 악행을 미워하고 용납하는 바가 적었다. 소인배
들이 그를 미워하여 사적으로 별명을 붙여 "생선대가리[魚頭]"

---

48) 郭進: 五代 深州 博野 사람으로, 젊었을 때 집이 가난했지만, 완력이
    있고 호걸들과 사귀기를 좋아했다. 宋 太祖와 太宗시기에 防禦使와
    觀察使를 역임했다. 田欽祚에게 모욕을 당하고 분함을 참지 못하여
    자살했다.
49) 巡檢: 宋 初에 주로 요충지나 위험한 지역에, 순검을 배치했는데, 어
    떤 데에는 여러 州나 縣을 관리했고, 또 어떤 곳은 하나의 州나 縣을
    관리했다. 그들의 주요임무는 도적이나 백성들의 반란을 진압하는 것
    이었다.
50) 劉繼元: 원래 姓은 何氏였는데, 北漢의 임금 劉鈞의 양자가 되었으
    므로 姓을 劉氏로 바꾸었다. 劉繼恩(이 사람도 유균의 양자임)이 害
    를 입자, 북한의 재상 郭無爲가 유계원을 맞아 왕으로 세우고, 당시
    河東 일대를 차지하고, 연호를 바꾸어 '廣運'이라 했다. 나중에 宋
    太祖가 친히 정벌에 나서자 유계원은 송나라에 항복했다.

라고 했다. 당시는 장헌(章獻: 章獻明肅太后)이 수렴청정(垂
簾聽政)하던 때였는데, 노숙간공이 여러 번 국정에 도움을 주
었고 바른 말과 올바른 논의를 펼쳤기에 사대부들이 대부분 그
를 칭송했다. 노숙간공이 죽고 난 뒤에 태상시(太常寺)에서 그
의 시호(諡號)를 논하여 '강간(剛簡)'이라 했는데, 논자들은 그
것이 훌륭한 시호인줄 모르고 그를 비난하는 것이라 여겨 결국
'숙간(肅簡)'이라 바꿨다. 노숙간공과 장문절공(張文節公: 張
知白)은 장헌이 섭정할 때 중서성(中書省)에 같이 있었다. 두
사람은 모두 청렴하고 직언을 잘하여 한 시대의 명신(名臣)으
로 여겨졌는데, 노숙간공이 특히 대범했으니 만약 그의 시호를
'강간'이라 했다면 그 실상에 더욱 가까웠을 것이다.

　　魯肅簡公立朝剛正, 嫉惡少容. 小人惡之, 私目爲"魚頭[51]".
當章獻垂簾時, 屢有補益, 讜言正論, 士大夫多能道之. 公旣
卒, 〔3〕太常諡[52]曰"剛簡", 議者不知爲美諡, 以爲因諡譏之,
竟改曰"肅簡". 公與張文節公(知白)[53]當垂簾之際, 同在中書.
二公皆以淸節直道爲一時名臣, 而魯尤簡易, 若曰"剛簡", 尤
得其實也.

---

51) 魚頭: 사람됨이 너무 강직해 일을 처리하는데 용납하는 바가 적은 사
　　람을 비유한다.
52) 太常諡: '太常'은 太常寺를 말하는 것으로 宗廟禮意를 관장하였고
　　選識博士를 兼官하였다. '諡'는 諡號를 말하는 것으로, 사후에 그
　　생전의 事迹과 褒貶에 따라 주어지는 稱號이나, 적지 않은 諡號가
　　허위적으로 지어졌다.
53) 張文節公(知白): (961~1028)송나라 眞宗·仁宗 때의 명재상으로,
　　晏殊를 조정에 추천하였다. 文節이라는 諡號를 받았다.

12. 선공이 그 뜻을 이루다

송상서(宋尙書: 宋祁)가 평민이었을 때, 아직 사람들에게 알
려지지 않았다. 선공(宣公) 손석(孫奭)은 단번에 그의 뛰어남
을 알아보고 마침내 지기(知己)로 삼았다. 후에 송상서가 진사
(進士)에 급제하여 순식간에 명성을 날리게 되자 세간에서는
선공이 사람을 볼 줄 안다고 칭찬했다. 선공이 한번은 문하의
객들에게 말했다.

"근래의 시호(諡號)는 두 글자를 사용하는데 문신(文臣)의
경우 반드시 '문(文)'자를 사용하는 것은 모두 옛 전통이 아니
오. 내가 죽어서 시호로 '선(宣)'이나 '대(戴)'자를 얻을 수 있다
면 그것으로 족하겠소."

선공이 죽었을 때 송상서가 바야흐로 예관(禮官)이 되어, 마
침내 그의 시호를 '선(宣)'이라 했으니 그 뜻을 이루었다 하겠다.

宋尙書(祁)爲布衣時, 未爲人知. 孫宣公奭一見奇之, 遂爲
知己. 後宋擧進士, 驟有時名, 故世稱宣公知人. 公嘗語其(一
無此字)門下客曰: "近世諡用兩字, 而文臣必諡爲文, 皆非古
也. 吾死得諡曰'宣'若'戴'足矣." 及公之卒, 宋方爲禮官54),

---

54) 禮官: 禮義・教化를 주관하던 관리이다.

遂諡曰 "宣", 成其志也.

13. 조서를 내리는 데에 정해진 법제가 없다

가우(嘉祐) 2년(1057)에 추밀사(樞密使) 전공(田公: 田況)이
추밀사를 그만두고 상서우승(尙書右丞)과 관문전학사(觀文殿
學士) 겸 한림시독학사(翰林侍讀學士)가 되었다. 추밀사를 그
만두면 당연히 조서를 내려야 하는데 단지 어명으로만 임명하
는 데 그쳤다. 대개 예전에 고약눌(高若訥)이 추밀사를 그만두
고 임명된 관직이 바로 전공과 같았는데, 역시 조서를 내리지
않아서 결국 이것이 전례가 되었다. 진종(眞宗: 趙恒) 때 정진
공(丁晉公: 丁謂)이 평강군절도사(平江軍節度使)로부터 병부
상서(兵部尙書)와 참지정사(參知政事)에 제수되었는데, 절도
사(節度使)는 마땅히 조서를 내려야 하는데도 조정에서〔조서
를 쓰는 데 사용하는〕황마지(黃麻紙)를 아끼자고 논의하여 결
국 어명으로만 임명했다. 최근 진상(陳相: 陳執中)이 사상(使
相)을 그만두고 복야(僕射)에 제수되었을 때는 이내 조서를 내
렸지만, 방적(龐籍)이 절도사를 그만두고 관문전대학사(觀文殿
大學士)에 제수되었을 때는 또 조서를 내리지 않았으니, 대개
정해진 법제가 없었던 것이다.

　嘉祐二年, 樞密使[55]田公(況)[56]罷爲尙書右丞, 觀文殿學士

兼翰林侍讀學士. 罷樞密使當降麻[57], 而止以制除[58]. 蓋往時
高若訥[59]罷樞密使, 所除官職正與田公同, 亦不降麻, 遂以爲
故事. 〔4〕眞宗時, 丁晉公(謂)自平江軍節度使[60]除兵部尚書,
參知政事, 節度使當降麻, 而朝議[61]惜之, 遂止以制除. 近者陳
相[62](執中)罷使相[63]除僕射[64], 乃降麻, 龐籍[65]罷節度使除觀

---

55) 樞密使: 그 지위가 재상보다는 낮았지만, 나라 전체의 軍務를 관장하
　　던 최고 장관이었다.

56) 田公: 田況(1005~1063). 冀州 信都 사람으로, 字는 元均이다. 進
　　士甲科에 급제하고 賢良方正에 또 급제했다. 御史中丞·樞密使·
　　尚書右丞 등을 지냈고 사후에 太子太保에 추증되었으며, 宣簡이라
　　는 諡號를 받았다.

57) 降麻: 唐宋代에 장군이나 재상을 任免할 때, 黃白의 麻紙에 詔書를
　　써서 조정에서 선고하는 것으로, '宣麻'라고도 했다.

58) 制除: 御命으로만 임명하는 것을 말한다.

59) 高若訥: (997~1055) 字는 敏之, 幷州 楡次 사람으로, 후에 衛州에
　　서 생활했으며, 醫學者이다. 進士가 되고 龍圖閣直學士·史館修
　　撰 등을 역임하였다. 著書로 『素問誤文闕義』·『傷寒類要』가 있지
　　만 모두 유실되었다.

60) 節度使: 唐代에 설치되었으며, 한 지역의 軍·民·財政을 총괄하고
　　자주권이 보장된 직책. 北宋 初에는 중앙에서 절도사의 병권을 회수
　　하고 종실에 공적이 있는 사람이나 친척을 임명했다. 반드시 부임한
　　것은 아니었으며 혹 부임하더라도 실권이 없었다.

61) 朝議: 조정의 결의나 평의를 가리킨다.

62) 陳相: 陳執中(990~1059). 南昌 사람으로, 字는 昭譽이다. 아버지의
　　공로로 秘書省正學에 부임되고, 많은 建議를 통하여 右正言에 선발
　　된 후 史部尚書·平章事 등을 역임했다. 사후에 太師에 추증되고,
　　恭이라는 諡號를 받았다.

63) 使相: 唐宋代 장군과 재상의 지위를 겸임하던 사람.

64) 僕射: 官名. 戰國時代 秦에 처음 설치했으며 東漢에 와서는 尚書僕
　　射라고 했다. 隋唐 때 左·右僕射로 나뉘었고 모두 宰相의 지위였다.

文殿大學士, 又不降廠, 蓋無定制也.

14. 오늘날 옛 제도를 따르지 않는 경우가 많다

보원(寶元: 1038~1040)・강정(康定: 1040~1041) 연간에 내
가 유배지로부터 돌아와 도성에 들렸을 때, 왕군주(王君貺)가
막 사인(舍人)이 되어 거란(契丹)에 사신으로 갔다가 돌아오는
것을 만났다. 내가 그때 그 자리에 있었는데, 도지(都知)・압반
(押班)・전전마보군(殿前馬步軍)이 말을 나란히 하고 사인의
집 문밖에 서서 "감히 뵙기를 청하지 못하겠습니다"라고 씌어
있는 푯말을 내걸어 놓았다가 사인이 사람을 보내 감사의 뜻을
전하고 나서야 갔다. 경력(慶歷) 3년(1043)에 내가 사인이 되었
을 때는 이러한 예법이 이미 폐지되었다. 하지만 삼아(三衙)의
관군(管軍)과 신료(臣僚)가 도로에서 서로 만났을 때, 사인이
멀리 보이면 길을 트는 사람은 즉시 말을 세우고 앞장서서 행
렬을 이끄는 사람은 "태위(太尉)는 말을 멈추시오"라고 소리쳤

---

65) 龐籍: (988~1063) 字는 醇之, 單州 成武 사람이다. 眞宗 大中祥符
   8년(1015)에 進士가 되어 仁宗 때 廣南東路轉運使에서 福建轉運
   使로 옮겨갔다. 西夏의 침입 때 陝西四路緣邊都總管・經略招討
   使를 역임하고, 서하의 일이 평정된 후에는 樞密副使・參知政事・
   樞密使 등을 역임했다. 嘉祐 8년 그의 나이 76세에 사망했다. 莊敏
   이라는 諡號를 받았다.

다. 그리고는 급히 사람을 보내 감사의 뜻을 전하고 사인의 말이 지나가기를 기다렸다가 그런 연후에야 감히 갈 수 있었다. 나중에 내가 지방에서 10년 동안 관직생활을 하고 돌아와 마침내 한림(翰林)에 들어가 학사(學士)가 되었을 때, 삼아의 길 트는 사람들의 매우 성대한 행렬을 만났는데 더 이상 예전과 같지 않았다. 관군과 신료가 길에서 만나면 서로 길을 나누어 지나갔으며 더 이상 말을 세우고 길을 양보하는 예법은 없어졌다. 대개 사인과 학사는 점차 권세가 약해졌으나 삼아는 점점 그 세력이 강성해진 것이었다.

옛 제도에 따르면, 시위친군(侍衛親軍)과 전전(殿前)이 두 개의 사(司)로 나뉘어져 있었다. 시위사(侍衛司)에 마보군도지휘사(馬步軍都指揮使)를 설치하지 않고 다만 마군지휘사(馬軍指揮使)와 보군지휘사(步軍指揮使)를 설치한 이래로, 시위사(侍衛司) 하나가 두 개로 나뉘어졌기 때문에 전전사(殿前司)와 함께 삼아(三衙)라 불렀다. 오대(五代) 때의 군제에는 이미 이러한 법제가 없어졌고, 오늘날에도 옛 제도를 따르지 않는 경우가 많다.

　　寶元, 康定之間, 余自貶所還過京師, 見王君貺初作舍人[66], 自契丹使歸. 余時在坐, 見都知[67], 押班[68], 殿前馬步[69]軍聯騎

---

66) 舍人: 황제나 태자의 측근 관리를 말한다.
67) 都知: 五代와 宋代의 殿前武官名으로 殿前司에 속했다.
68) 押班: 감군을 관리하는 환관의 우두머리이다.
69) 殿前馬步: 기마보병을 말한다.

立門外, 呈榜子稱 "不敢求見", 舍人遣人謝之而去. 至(一無此字)慶曆三年, 余作舍人, 此禮已廢. 然三衙管軍臣僚於道路相逢, 望見舍人, 呵引者[70]卽斂馬駐立, 前呵者傳聲 "太尉立馬", 急遣人謝之, 比舍人馬過, 然後敢行. 後予官於外十年而還, 遂入翰林爲學士, 見三衙呵引甚雄, 不復如當時, 與學士相逢, 分道而過, 更無斂避[71]之禮, 蓋兩制[72]漸輕而三衙[73]漸重. 〔5〕舊制: 侍衛親軍與殿前分爲兩司. 自侍衛司不置馬步軍都指揮使, 止置馬軍指揮使, 步軍指揮使(一止作馬步軍指揮使)以來, 侍衛一司自分爲二, 故與殿前司列爲三衙也. 五代軍制已無典法, 而今又非其舊制者多矣.

【校勘】〔5〕蓋兩制漸輕而三衙漸重: 이 구절 이하는 『皇宋類苑』권25에는 별도의 1조로 되어 있다.

15. 동전

우리나라 개보(開寶: 968~976) 연간에 주조된 동전에는 '송통원보(宋通元寶)'라고 씌어 있고, 보원(寶元: 1038~1040) 연간에 이르러서는 '황송통보(皇宋通寶)'라고 씌어 있다. 근래의 동전 글자에는 모두 연호를 사용했는데, 오직 이 두 동전만 그

---

70) 呵引者: 길을 트는 사람이다.

71) 斂避: 말을 세우고 길을 양보하다.

72) 兩制: 中書舍人과 翰林學士의 총칭이다.

73) 三衙: 宋代 殿前司·侍衛親軍馬軍司·侍衛親軍步軍司가 禁軍을 나누어 장악했고, 都指揮使를 장관으로 각각 배치했다. 唐代에는 藩鎭의 親兵을 衙兵이라 칭했는데, 五代와 宋의 황제가 대부분 번진으로부터 나왔기 때문에 답습하여 三衙라 했다.

렇게 하지 않은 것은 연호에 '보(寶)'자가 들어 있어서 글자를 중첩할 수 없기 때문이다.

　　　國家開寶中所鑄錢, 文曰 然者, 以年號有 "寶"字, 文不可重故也.

16. 태조가 재상의 견문이 적은 것을 탄식하다

　태조(太祖: 趙匡胤) 건륭(建隆) 6년(965)에 장차 연호를 바꾸는 것에 대해 논의했는데, 태조가 재상에게 전대의 옛 연호를 쓰지 말라고 하여 건덕(乾德: 963~968)으로 연호를 바꿨다. 그 후 궁중에서 궁인의 거울 뒷면에 건덕이라는 연호가 있는 것이 발견되어 학사(學士) 도곡(陶穀)에게 물으니, 도곡이 이렇게 말했다.
　"이것은 위촉(僞蜀: 前蜀) 때의 연호입니다."
　그리하여 궁녀에게 자초지종을 물었더니 바로 옛 촉왕 때의 사람이었다. 태조가 이로 인하여 학자를 더 중히 여기고 재상의 견문이 적은 것을 탄식했다.

　　　太祖建隆六年74), 〔6〕 將議改元, 語宰相勿用前世舊號, 於
　　　是改元乾德. 其後, 因於禁中見內人75)鏡背有乾德之號, 以問

---

74) 太祖建隆六年: 建隆은 太祖의 연호(960~963)이다. '乾隆'이라는
　　연호는 3년 11개월만 사용하고 '乾德'이라는 연호로 바꾸었으므로
　　'建隆六年'은 착오가 분명하다.

學士陶穀76), 穀曰: 〔7〕 "此僞蜀77)時年號也." 因問內人, 乃是故蜀
王時人. 太祖由是益重儒士, 而歎宰相(一有之字)寡聞也. 〔8〕

【校勘】〔6〕太祖建隆六年:『分門古今類事』권2에 인용된 宋 錢易의『洞微
志』와『歸田錄』에는 "建隆末"이라 되어 있고, 또 宋 李攸의『宋朝
事實』권2에서는 이 일을 기록하면서 "建隆四年, 始議改元"이라고
했다. 살펴보니 建隆이란 연호에는 6년이 없으니 "六"은 "末"이나
"四"의 誤記가 아닌지 의심된다.
〔7〕以問學士陶穀穀曰: 이상의 4자는 祠堂本에는 "竇儀, 儀曰"이라
되어 있다.(夏校本) 지금 살펴보니, 이 일은 劉攽의『中山詩話』, 李攸
의『宋朝事實』권2, 李燾의『續資治通鑑長編』권7에 모두 기록되어
있지만 각각 說이 다르다.
〔8〕而歎宰相(一有之字)寡聞也: 以上 3자는 祠堂本에는 "須用讀書
人"5字로 되어 있다.(夏校本)

17. 9개의 연호

인종(仁宗: 趙禎)이 즉위하여 연호를 천성(天聖: 1023~
1032)으로 바꾸었는데, 당시는 장헌명숙태후(章獻明肅太后)가
섭정하던 때였다. 논자들은 연호를 제정한 자가 '천(天)'자를 취
하여 글자를 '두 사람〔二人〕'으로 파악하고 '두 명의 성인〔二人
聖〕'이라고 여겨 태후를 기쁘게 하고자 한 것이었다고 했다. 천
성 9년(1031)에 이르러 연호를 명도(明道: 1032~1033)로 바꿨
는데, 또한 '해와 달이 나란하다〔日月並〕'는 의미에서 '명(明)'

---

75) 內人: 궁인·궁녀를 말한다.
76) 陶穀: (904~971) 邠州 新平 사람으로, 字는 秀實이다. 사후 右僕射
에 추증되었으며, 저서로『淸異錄』이 있다.
77) 僞蜀: 五代十國 중의 前蜀. 宋에 의해 멸망당했기 때문에 僞蜀이라
불렀다. 前蜀 王衍이 乾德(919~925)이라는 연호를 사용했다.

자를 사용했으니, '두 사람〔二人〕'이라고 한 것과 뜻이 같다. 얼마 되지 않아 거란(契丹) 왕의 휘(諱)를 범했다고 하여 다음 해에 급하게 경우(景祐: 1034~1038)로 연호를 바꿨는데, 그 때 는 해마다 천하에 큰 가뭄이 들었기 때문에 연호를 바꾼다는 조서에는 조화로운 기운〔和氣〕을 맞이하기를 바란다는 뜻이 담겨 있었다. 경우 5년(1038)에 하늘에 제사를 드리면서 또 보원(寶元: 1038~1040)으로 연호를 바꿨다. 경우 연간 초부터 군신(群臣)들이 당(唐)나라 현종(玄宗: 李隆基)이 개원(開元)을 존호에 덧붙인 것을 흠모하여 마침내 존호 위에 '경우'자를 덧붙일 것을 주청했고, 보원(寶元)의 연호도 그러했다. 그 해에 조원호(趙元昊)가 하서(河西)에서 반란을 일으키고 성(姓)을 원씨(元氏)로 바꿨는데, 조정에서 그것을 미워하여 급히 연호를 강정(康定: 1040~1041)으로 바꿨으며 연호를 존호에 덧붙이지 않았다. 하지만 호사자(好事者) 들이 또 "강정이라는 연호는 시호 같다"고 하자, 다음해에 다시 경력(慶曆: 1041~1048)으로 연호를 바꿨다. 경력 9년(1049)에 큰 가뭄이 들었는데 하북(河北)이 특히 심하여 죽은 백성이 열 명 가운데 여덟아홉이었다. 그래서 황우(皇祐: 1049~1054)로 연호를 바꿨는데, 경우(景祐)라는 연호와 같은 이치였다. 황우 6년(1054) 4월 초하루에 일식이 일어났는데, 양의 기운이 가장 강한 달로 자고이래로 꺼려했기에 또 지화(至和: 1054~1056)로 연호를 바꿨다. 지화 3년(1056)에는 인종이 편찮았다가 한참 후에야 건강을 되찾았기에 또 가우(嘉祐: 1056~1063)로 연호를 바꿨다. 천성(天聖)에서 지금에 이르기까지 무릇 연호가 9개인데 모두 이유가 있었다.

　　仁宗卽位, 改元天聖, 時章獻明肅太后臨朝稱制. 議者謂撰
號者取天字, 於文爲 "二人", 以爲 "二人聖"者, 悅太后爾. 至
九年, 改元明道, 又以爲明字於文 "日月並"也, 與 "二人"旨
同. 無何, 以犯契丹諱, 明年遽(一作 '遂')改曰景祐, 是時連歲
天下大旱, 改元詔意冀以迎和氣也. 五年, 因郊又改元曰寶元.
自景祐初, 群臣慕唐玄宗以開元加尊號, 遂請加景祐於尊號之
上, 至寶元亦然. 是歲趙元昊[78]以河西叛, 改姓元氏, 朝廷惡
之, 遽改元曰康定, 而不復加於尊號. 而好事者又曰 "康定乃
諡爾", 明年又改曰慶曆. 至九年, 大旱, 河北尤甚, 民死者十
八, 九, 於是又改元曰皇祐, 猶景祐也. 六年, 日蝕四月朔, 以
謂正陽之月, 自古所忌, 又改元曰至和[79]. 三年, 仁宗不豫, 久
之康復, 又改元曰嘉祐. 自天聖至此, 凡年號九, 〔9〕皆有
謂也.

　　【校勘】〔9〕凡年號九:『皇宋類苑』권32에는 "凡年號九易"이라 되어 있다.

---

78) 趙元昊(1004~1048): 西夏의 개국황제이다. 先世는 拓跋氏였고, 唐
末에 功을 세워 姓 '李'를 하사받았다. 그의 祖父인 李繼遷 때 宋이
趙保吉이라는 성과 이름을 하사했다. 德明의 아들인 趙元昊는 서하
를 개국하고 끊임없는 조치를 취하여 정권을 공고히 하는 동시에 경
제 발전에도 노력을 기울였다. 그는 또한 송나라와 요나라와의 잇따
른 전투에서 계속 승리하여 북송 및 遼나라와 함께 대립하며 존재하
는 국면을 형성했다. 또한 서하는 蕃學을 세우고 西夏文字를 창제하
여 점차 강렬한 민족 특색을 갖춘 서하 문화를 발전시켰다.

79) 至和(1054~1056): 仁宗의 연호이다.

18. 구충민공과 정진공

　구충민공(寇忠愍公: 寇準)이 폄적되었는데, 처음에는 열경(列卿)으로서 안주(安州)를 다스렸고, 얼마 후에는 또 형주부사(衡州副使)로 폄적되었으며, 다시 도주별가(道州別駕)로 폄적되었다가 결국에는 뇌주사호(雷州司戶)로 폄적되었다. 그때 정진공(丁晉公: 丁謂)과 풍상(馮相: 馮拯)이 중서성(中書省)에 있었는데, 정진공이 구충민공의 유배문건을 처리하면서 처음에는 그를 애주(崖州)로 폄적시키려다가 문뜩 스스로 의문이 생겨 풍상에게 말했다.

　"애주(崖州)에서 다시 고래 같은 파도를 건너게 하면 어떻겠습니까?"

　풍상은 그저 좋다고만 할 뿐이었다. 그래서 정진공은 구충민공을 뇌주(雷州)로 배정했다.

　나중에 정진공이 폄적되었을 때 풍상이 마침내 그를 애주(崖州)로 배정하자, 당시 호사자(好事者)들이 서로 말했다.

　"만약 정진공이 뇌주에서 구사호(寇司戶: 寇準)를 만난다면, 인생 어디에서인들 만나지 않으랴?"

　정진공이 남쪽에 이를 즈음에 구충민공은 다시 도주(道州)로 옮겨갔다. 구충민공은 정진공이 틀림없이 올 것이라는 소문을 듣고 사람을 보내 찐 양을 준비하여 주의 경계에서 그를 맞이했으며, 아울러 자신의 동복을 거두어 문을 걸어 닫고 밖으로 내보내지 않았다. 그 일을 들은 사람들은 구충민공이 일처리를 잘했다고 여겼다.

寇忠愍公[80](準)之貶也, 初以列卿[81]知安州[82], 旣而又貶衡
州副使[83], 又貶道州別駕[84], 遂貶雷州司戶[85]. 時丁晉公與馮
相(拯)[86]在中書, 丁當秉筆, 初欲貶崖州[87], 而丁忽自疑, 語馮

---

80) 寇忠愍公: 寇準(961~1023). 華州 下邽 사람으로, 字는 平仲. 북송
　　의 정치가이며 시인이다. 太平興國 4년(979)에 진사에 급제하여 大
　　理評事・樞密院直學士・鹽鐵判官 등을 역임하고, 太宗의 두터운
　　신임을 받았으나, 지나치게 강직했기 때문에 지방으로 좌천되었다.
　　眞宗 즉위 후 중앙에 복귀했으며, 1004년 宰相이 되어 거란의 침입
　　때 많은 공을 세웠다. 그 후 萊國公에 봉해져 寇萊公이라고도 했다.
　　그러나 다시 좌천되어 湖南 衡州의 司馬로 있다가 죽었다. 시인으로
　　서는 당시의 고관들 사이에서 유행하던 西崑體와 약간 다른 시풍을
　　가졌으며, 자연의 애수를 읊은 시가 많았다.
81) 列卿: 九卿의 班列이다.
82) 安州: 治所는 安陸에 있으며, 오늘날의 湖北 安陸이다.
83) 衡州副使: 治所는 衡陽에 있으며, 오늘날의 湖南 衡陽이다. 副使는
　　司馬를 말하는 것으로, 州府佐史이다.
84) 道州別駕: 治所는 營道에 있으며, 오늘날의 湖南 道縣이다. 別駕는
　　官命, 漢나라 때 別駕從事史를 설치했는데 이것은 刺史의 佐史로,
　　刺史가 割境을 巡視할 때 다른 수레로 수행했기 때문에 '別駕'라 불
　　려졌다. 宋代에는 모든 주에 通判을 설치했는데 別駕의 직책과 비슷
　　했기 때문에 '別駕'라고 연용 했다.
85) 雷州司戶: 雷州는 地名이다. 司戶는 '司戶參軍事'의 약칭으로 州
　　府에서 民政을 주관하는 관원이다.
86) 馮拯: (958~1023) 河陽 사람으로, 字는 道濟. 太平興國 2년 進士
　　가 되었다. 眞宗 咸平 4년 樞密直學士에서 右諫議大夫가 되고 동
　　시에 知樞密院事가 되었다. 景德 2년 參知政事에 배수되고, 大中
　　祥符 때 河南部를 다스리고, 또 御史中丞을 담당했다. 天禧연간에
　　平章事와 樞密使가 되고 左仆射가 되었고, 仁宗 때 宰相에서 물러

曰: "崖州再涉鯨波, 如何?" 馮唯唯而已. 丁乃徐擬雷州. 及丁
之貶也, 馮遂擬崖州, 當時好事者相語曰: "若見雷州寇司戶,
人生何處不相逢?" 比丁之南也, 寇復移道州[88]. 寇聞丁當來,
遣人以蒸羊逆於(一作'迎於')境上, 而收其僮僕, 杜門不放出.
聞者多以(一作 '公')爲得體.

19. 양문공이 모함을 당하다

양문공(楊文公: 楊億)은 문장으로 천하에 이름을 날렸지만,
성격이 남달리 강직하여 다른 사람과 거의 어울리지 못했다. 그
를 미워하는 어떤 사람이 어떤 일을 가지고 그를 모함했다. 당
시 양대년(楊大年: 楊億)은 학사원(學士院)에 있었는데, 갑자
기 밤중에 궁중 깊숙한 작은 누각으로 부름을 받고 황제를 알
현하게 되었다. 진종(眞宗: 趙恒)은 그를 만나서 차를 내려주고
조용히 주위를 돌아보다가 한참 후에 원고 몇 상자를 꺼내 양
대년에게 보여주며 말했다.

"경은 짐의 필체를 알고 있는가? 이 모두는 짐이 스스로 초안
을 잡았고 신하에게 대신 지으라고 한 적이 없네."

양대년은 황공하여 대답할 바를 알시 못한 채 머리를 조아려
두 번 절하고 나왔다. 그는 그제야 필시 어떤 사람에게 모함 당

나, 河南部에서 나왔다. 사후에 文懿라는 諡號를 받았다.
87) 崖州: 治所는 寧遠에 있으며, 오늘날의 廣東 崖縣 崖城鎭이다.
88) 道州: 湖南의 道縣를 말한다.

했음을 알게 되었다. 이로 인해 그는 거짓으로 미친척하며 양적
(陽翟)으로 도망갔다. 진종은 문장을 애호하여 처음에는 양대
년을 우대함이 비할 데 없었지만 만년에는 은총이 점차 줄어들
었으니 역시 이로 말미암은 것이었다.

楊文公(億)以文章擅天下, 然性特剛勁寡合. 有惡之者, 以
事譖之. 大年在學士院, 忽夜召見於一小閣, 深在禁中. 旣見
賜茶, 從容顧問, 久之, 出文藁數篋, 以示大年云: "卿識朕書
蹟乎? 皆朕自起草, 未嘗命臣下代作也." 大年惶恐不知所對,
頓首再拜而出. 乃知必爲人所譖矣. 由是佯狂, 奔於陽翟[89].
眞宗好文, 初待大年眷顧無比, 晩年恩禮漸衰, 亦由此也.

20. 왕문정공의 사람됨

왕문정공(王文正公: 王曾)은 사람됨이 방정하고 진중하여
중서성(中書省)에서 가장 어진 재상이었다. 왕문정공이 한번은
이렇게 말했다.

"대신(大臣)이 집정하면서 은혜는 자신이 차지하고 원망은
회피하는 것은 부당하다."

왕문정공이 한번은 윤사로(尹師魯: 尹洙)에게 말했다.

"은혜가 자기한테 돌아오기를 바란다면 원망은 누구에게 감
당하게 한단 말인가!"

---

89) 陽翟: 河南의 禹縣을 말한다.

이 말을 들은 사람들이 탄복하며 명언이라고 여겼다.

　　王文正公[90](曾)爲人方正持重, 在中書最爲賢相. 嘗謂 "大
臣執政, 不當收恩避怨." 公嘗語尹師魯[91]曰: "恩欲歸己, 怨使
誰當!" 聞者嘆服, 以爲名言.

21. 이문정공

　이문정공(李文靖公: 李沆)은 재상으로서 그 모습이 중후하고
진중하여 대신의 풍모를 지니고 있었는데 한번은 이렇게 말했다.
　"내가 재상이 되어 달리 잘한 것은 없고 오직 조정의 법제
(法制)를 바꾸지 않은 것뿐이니, 이것으로써 나라에 보답하려고
한다."
　사대부들은 처음에 이 말을 듣고 일에 실제적이지 않다고 생
각했다. 그 후에 국정을 담당한 자가 일의 본체를 생각하지 않

---

90) 王文正公: 王曾(957~1017). 北宋 大名 莘縣 사람으로, 字는 子明
　　이다. 太平興國 5년에 進士가 되었다. 眞宗 咸平 4년에 參知政事
　　에 임명되고, 景德 3년에 宰相에 배수되었다. 그는 일찍이 契丹과
　　西夏의 요구를 거절하고 '天書'등의 활동을 했으며, 반대운동을 하지
　　않아서 그 위치에서 오랫동안 있을 수 있었다. 사후에 太師 · 尙書
　　令 · 魏國公를 추증 받고, 文正이라는 諡號를 받았다.
91) 尹師魯: 尹洙. 河南 洛陽 사람으로, 字는 師魯이다. 문장을 지을 때
　　간결하면서도 법도가 있었다. 젊어서 進士가 되어 여러 관직을 역임
　　했으며, 구양수의 친한 친구이기도 하다. 慶曆 7년(1047) 그의 나이
　　46세에 생을 마쳤다.

거나 성은과 명예를 얻으려고 선대(先代)의 옛 법제를 자주 바꾸는 바람에 결국에는 관병이 쓸데없이 많아져서 그 수를 헤아릴 수 없게 되었고, 무절제하게 제도를 사용하여 국가재정이 궁핍해져서 공사(公私)가 피폐해졌다. 그 일의 진상을 살펴보니 모두 집정자가 옛 법규를 준수하지 않고 함부로 고쳤기 때문에 생겨난 것이었다. 이 지경에 이르러서야 비로소 이문정공의 말이 간결하면서도 그 요체를 터득했음을 알게 되었고, 이로 인해 그의 식견의 면밀함에 탄복했다.

李文靖公[92](沆)爲相沈正厚重, 有大臣體, 嘗曰: "吾爲相無他能, 唯不改朝廷法制, 用此以報國." 士大夫初聞此言, 以謂不切於事. 及其後, 當國者[93]或不思事體, 或收恩取譽, 屢更祖宗舊制, 遂至官兵冗濫, 不可勝紀, 而用度無節, 財用(一作'力')匱乏, 公私困弊. 推迹其事, 皆因執政不能遵守舊規, 妄有更改(一作'改更')所致. 至此始知公言簡而得其要, 由是服其識慮之精.

---

92) 李文靖公: 李沆(947~1004). 肥鄕 사람으로, 이름은 沆, 字는 太初이다. 太平興國 5년 進士가 되었다. 眞宗 年間에 參知政事에 임명되고, 門下侍郞과 尙書右仆射가 더해졌다. 사후에 文靖이라는 諡號를 받았다.

93) 當國者: 국가정권을 관장하는 사람으로 재상을 말한다.

22. 도상서가 명분을 찾다

도상서(陶尙書: 陶穀)가 학사(學士)로 있을 때 한번은 밤에 황제의 부름을 받고 입궐했는데, 태조(太祖: 趙匡胤)가 편전(便殿)에 나와 있었다. 도곡은 도착해서 태조를 바라보더니, 장차 앞으로 나아가려 하다가 다시 물러나기를 서너 번 했다. 좌우에서 재촉하는 명이 매우 다급했지만, 도곡은 끝내 배회하며 앞으로 나아가지 못했다. 그러자 태조가 웃으며 말했다.

"이 선비는 일의 명분을 찾는구나!"

그리고는 태조가 좌우를 돌아보며 포대(袍帶)를 가져오게 하여 띠를 매고 났더니, 도곡이 황급히 달려 들어왔다.

陶尙書(穀)爲學士, 嘗晚召對, 太祖御便殿[94]. 陶至望見上, 將前而復卻者數四. 左右催宣甚急, 穀終彷徨不進. 太祖笑曰: "此措大索事分!" 顧左右取袍帶來, 上已束帶, 穀遽趨入.

23. 설간숙공의 사람보는 눈

설간숙공(薛簡肅公: 薛奎)이 개봉부(開封府)를 다스리고 있을 때 명참정(明參政: 明鎬)이 부조(府曹)의 관리로 있었는데,

---

94) 御便殿: 太祖가 袍帶를 하지 않은 채 편전에서 도곡을 접견하려고 기다리고 있다. 便殿은 제왕이 휴식을 취하고 연회를 베풀던 別殿이다.

설간숙공은 그를 매우 후대하면서 특별히 고관이 될 것이라 기대했다. 그 후 설간숙공은 진익절도사(秦益節度使)가 되었는데, 항상 그를 불러 자신을 수행하게 하면서 특별히 남달리 예우했다. 어떤 사람이 설간숙공에게 물었다.

"공께서는 어떻게 그가 틀림없이 귀하게 될 것을 아셨습니까?"

설간숙공이 말했다.

"그 사람됨이 단아하고 엄숙하며 그 말이 간결하면서도 조리가 있소. 무릇 사람이 간결하고 진중하면 존엄해지니 이는 귀한 신하가 될 상이오."

그 후로 그는 과연 참지정사(參知政事)에 이르러 생을 마쳤다. 당시 사람들은 모두 설간숙공이 사람을 볼 줄 안다고 탄복했다.

薛簡肅公95)知開封府, 時明參政96)(鎬)爲府曹官, 簡肅待之甚厚, 直以公輔97)期之. 其後公守秦, 益, 常辟以自隨, 優禮特異. 有問於公: "何以知其必貴者?" 公曰: "其爲人端肅, 其言簡而理盡. 凡人簡重則尊嚴, 此貴臣相也." 其後果至參知政事以卒. 時皆服公知人.

---

95) 薛簡肅公(967~1034): 絳州 正平 사람으로, 이름은 奎, 字는 宿藝이다. 進士가 되어, 龍圖閣待制·參知政事·資政殿學士 등을 역임했다. 사후에 兵部尙書를 추증 받고, 簡肅이라는 諡號를 받았다.

96) 明參政: 明鎬(989~1048). 密州 安丘 사람으로, 字는 化基이다. 仁宗 때 京東轉運使를 지냈으며, 후에 參知政事의 자리에까지 오른다. 사후에 文烈이라는 諡號를 받았다.

97) 公輔: 三公과 四輔. 함께 천자를 보좌하던 大官이다.

24. 초차 가운데 으뜸

남차(臘茶)는 검건(劍建) 지방에서 나온다. 초차(草茶)는 양절(兩浙: 浙東과 浙西)에서 풍성한데, 양절의 차 중에서 일주산(日注山)에서 나는 것이 제일이다. 경우(景祐) 연간(1034~1038) 이후부터 홍주(洪州) 쌍정(雙井)의 백아차(白芽茶)가 점차 성행하더니, 요즘은 그 제작이 더욱 정교하다. 붉은 비단으로 만든 주머니에 불과 1~2냥이 담겨 있는데, 보통 차 10여 근을 기를 수 있는 값이다. 그것으로 덥고 습한 기운을 피할 수 있으며, 그 품질은 일주산의 차를 훨씬 능가하여 마침내 초차 가운데 으뜸이 되었다.

臘茶[98]出(一作 '盛')於劍, 建[99]. 〔10〕草茶盛於兩浙, 兩浙之品, 日注[100] 〔11〕爲第一. 自景祐已後, 洪州雙井白芽漸盛, 近歲製作尤精. 囊以紅紗, 不過一二兩, 以常茶十數斤養之. 用辟暑濕之氣, 其品遠出日注上, 遂爲草茶第一.

【校勘】〔10〕臘茶出(一作盛)於劍建:『皇宋類苑』권60에는 "臘茶出於福建·이라 되어 있다.

〔11〕日注: 上海師範學院에 소장된 明刻 『稗海』本 『歸田錄』에는 붉은 글씨로 "注"를 "鑄"로 고쳤고, 또한 眉批의 校語에서 "日鑄, 紹興山名, 其地産茶"라 했다.

---

98) 臘茶: 福建지방에서 나는 이름난 茶이다.

99) 劍, 建: 즉 劍建으로 福建을 가리킨다.

100) 日注: 紹興 日注山을 가리킨다.

25. 가시중

인종(仁宗: 趙禎)은 퇴조한 후에 늘 시신(侍臣)에게 명하여 이영각(邇英閣)에서 강독하게 했다. 가시중(賈侍中: 賈昌朝)이 그때 시강(侍講)이 되어 『춘추좌씨전(春秋左氏傳)』을 강독했는데, 매번 제후의 음란한 일이 나오면 생략하고 말하지 않았다. 인종이 그 이유를 묻자 가시중이 사실대로 대답했더니 인종이 말했다.

"『육경(六經)』에 이러한 일을 적어놓은 것은 후대 왕들에게 거울로 삼아 경계하게 하고자 함이니, 어찌 피할 필요가 있겠소?"

> 仁宗退朝, 常命侍臣[101]講讀於邇英閣. 賈侍中[102](昌朝)時爲侍講[103], 講『春秋左氏傳』[104], 每至諸侯淫亂事, 則略而不說. 上問其故, 賈以實對, 上曰: "『六經』[105]載此, 所以爲後王鑒(一作 '監')戒, 何必諱?"

---

101) 侍臣: 임금 옆에 가까이 모시는 신하.

102) 賈侍中: 賈昌朝 (998~1065). 獲鹿 사람으로, 字는 子明이다. 慶曆연간에 中書門下 平章事에 임명되고, 英宗 즉위 후에 左仆射가 더해지고, 魏國公에 봉해졌다. 사후에 文元이라는 諡號를 받았다. '侍中'은 官職名으로 門下省 장관이다. 시중은 中書省의 장관 中書令 과 함께 군국대사를 논의하며 재상의 임무를 맡았다. 2명을 두었으며 正 3品에 해당한다.

103) 侍講: 官名. 北宋 때 侍講·侍讀을 설치했으며, 학식 있는 官員이 겸임했고 직무는 임금 앞에서 글을 강론하는 것이었다.

104) 『春秋左氏傳』: 즉 『左傳』이다. 유가의 경전 중 하나로 春秋 때 左丘明에 의해 지어져 전해지고 있다.

105) 六經: 유가경전으로 즉 『詩經』·『書經』·『禮記』·『樂記』·『易經』·『春秋』의 6가지 經書를 말한다.

26. 정진공의 원망

정진공(丁晉公: 丁謂)은 보신군절도사(保信軍節度使)·지강녕부(知江寧府)에서 참지정사(參知政事)로 부름을 받았다. 중서성(中書省)에서는 정절도사(丁節度使: 丁謂)의 임명 때문에 학사(學士)를 불러 조서(詔書)를 기초하도록 했다. 당시 성문숙(盛文肅: 盛度)이 학사로 있었는데, 참지정사는 사인(舍人)을 임용할 때 조서를 기초하는 것과 같이 한다고 여겨 결국 어명으로만 임명했다. 정진공은 그것을 몹시 원망스러워했다.

> 丁晉公自保信軍節度使, 知江寧府106)召爲參知政事. 中書
> 以丁節度使, 召學士草麻. 時盛文肅107)爲學士, 以爲參知政事
> 合用舍人草制, 遂以制除. 丁甚恨之.

---

106) 江寧府: 西都(서쪽 도성)를 말한다.

107) 盛文肅: (968~1041) 余杭 사람으로, 이름은 盛度, 字는 公量이다. 太宗 端拱 2년 進士가 되어 翰林學士까지 역임했다. 仁宗 景祐 初에 參知政事에 배수되고, 知樞密院事로 옮겨, 應天府를 다스리다 나와 太子少傅로 사직했다. 사후에 太子太保를 추증 받고, 文肅이라는 諡號를 받았다. 일찍이 어명에 의해 楊億 등과 함께 『文苑英華』를 편찬했으며, 저서로 『銀台』·『中書』·『中樞』·『愚谷』이 있다.

27. 정진공이 인재를 아끼다

구충민(寇忠愍: 寇準)이 귀양을 가게 되자, 평소 그와 친하게 지내던 9명 가운데 성문숙(盛文肅: 盛度) 이하 모든 사람들이 연루되어 쫓겨났다. 그런데 양대년(楊大年: 楊億)은 구공(寇公: 寇準)과 사이가 특히 좋았지만, 정진공(丁晉公: 丁謂)은 그의 재능을 아껴서 곡진하게 보호해주었다. 논자들이 말하기를, 정진공에 의해 폄적된 조정의 신하가 매우 많았는데 유일하게 양대년만 무사했으니 대신으로서 인재를 아끼는 절조 하나만큼은 칭찬할 만하다고 했다.

寇忠愍之貶, 所素厚者九(二字一作 '之')人, 自盛文肅以下皆坐斥逐. 而楊大年與寇公尤善, 丁晉公憐其才, 曲保全之. 議者謂丁所貶朝士甚多, 獨於大年能全之, 大臣愛才一節可稱也.

28. 태조와 이한초

태조(太祖: 趙匡胤) 때 이한초(李漢超)를 관남순검사(關南巡檢使)로 삼아 북쪽 오랑캐〔거란〕을 막게 하면서 병사 3천 명만 내주었으며, 그 대신 제주(齊州)의 부세(賦稅)가 가장 많았기에 그를 제주방어사(齊州防禦使)로 삼아 한 주에서 나오는 모든 세금으로 병사를 육성하게 했다. 그런데 이한초는 무인(武人)으로 불법적인 일을 많이 자행했다. 한참 지난 후에 관남의 백성들이 대궐로 와서 이한초가 백성들의 돈을 빌려가서 갚지 않고 딸을 빼앗아 첩으로 삼았다고 고소했다. 태조는 백성들을 불러들여 편전에서 만나보고 술과 음식을 내려 그들을 위로하며 가만히 물었다.

"이한초가 관남에 부임한 후로 거란(契丹) 오랑캐가 쳐들어 온 적이 몇 번이냐?"

백성들이 말했다.

"없사옵니다."

태조가 말했다.

"이전에 거란 오랑캐가 쳐들어오면 변방의 장수가 방어할 수 없어서 하북(河北)의 백성들이 해마다 겁탈과 노략을 당했는데, 너희들은 지금 이때에 재산과 부녀자들을 보전할 수 있지 않느냐? 지금 이한초에게 빼앗긴 것과 거란에게 빼앗긴 것을 비교하면 어떤 것이 더 많으냐?"

또 딸을 첩으로 삼았다고 송사하는 자들에게 물었다.

"너희 집에는 몇 명의 딸이 있고, 어떤 사람에게 시집갔느냐?"

백성이 갖추어 대답하자 태조가 말했다.

"그렇다면 시집간 대상이 모두 촌놈이로다. 이한초는 나의 귀한 신하로 너의 딸을 사랑하여 취했고 일단 취했으면 틀림없이 쫓아내지는 않을 것이니, 그 촌놈에게 시집간 것이 어찌 이한초 가문의 부귀함만 같겠느냐!"

그러자 백성들은 모두 감동하여 기뻐하며 갔다.

태조가 사람을 보내 이한초에게 말했다.

"그대는 돈이 필요하다면 어찌하여 내게 고하지 않고 백성에게서 취했단 말인가!"

그리고는 은(銀) 수백 냥을 하사하면서 말했다.

"그대는 스스로 백성들에게서 빌린 돈을 돌려주어 그들로 하여금 그대에게 감동하게 하라."

이한초는 감격하여 눈물을 흘리며 죽음으로 보답할 것을 맹세했다.

太祖時, 以李漢超[108]爲關南[109]巡檢使捍北虜[110], 與兵三千而已, 然其齊州賦稅最多, 乃以爲齊州防禦使[111], 悉與一州之賦, 俾之養士. 而漢超武人, 所爲多不法. 久之, 關南百姓詣闕訟漢超貸民錢不還及掠其女以爲妾. 太祖召百姓入見便殿, 賜以酒食慰勞之, 徐問曰:"自漢超在關南, 契丹入寇者幾?"百姓(二字一作'對')曰:"無也."太祖曰:"往時契丹入寇, 邊將不能禦, 河北之民, 歲遭劫虜, 汝於此時能保全其貲財婦女乎? 今漢超所取, 孰與契丹之多?"又問訟女者曰:"汝家幾女, 所嫁何人?"百姓具以對. 太祖曰:"然則所嫁皆村夫也. 若漢超者, 吾之貴臣也, 以愛汝女則取之, 得之必不使失所, 與其嫁村夫, 孰

---

108) 李漢超: 宋初의 勇壯으로 周에서 관직생활을 시작으로 宋나라 때 關南兵馬都監이 되고, 太宗 때에 應州觀察使로 옮겨갔다.

109) 關南: 五代 周 顯德 6년(959)에 거란으로부터 瓦矯·益津·游口의 三關과 瀛·莫 등의 州를 收復하고 北宋 때 이 三關 以南地域을 關南이라 칭했다.

110) 北虜: 여진족을 말한다.

111) 防禦使: 官名. 唐 武則天 聖歷(698~700)중에 설치되었다. 安史의 難 기간에 큰 고을의 요충지에 설치되었고, 防禦守捉使라고도 불렸다. 본 지역의 軍事防衛업무를 주관하였고, 직위는 團練使의 밑이다.

若處漢超家富貴!” 於是百姓皆感悅而去. 太祖使人語漢超曰:
“汝須錢何不告我, 而取於民乎!” 乃賜以銀數百兩, 曰:“汝自
還之, 使其感汝也.” 漢超感泣, 誓以死報.

29. 인종이 '청정' 두 글자를 하사하다

인종(仁宗: 趙禎)은 천하를 다스리면서 여유가 생길 때 달리
즐겨 좋아하는 것은 없었으며 오직 친히 글씨를 썼는데, 비백체
(飛白體)가 특히 신묘했다. 대개 비백체의 필획은 마치 물체의
형상 같은데 이 점획기법이 가장 어려운 기술이다. 지화(至和)
연간(1054~1056)에 서대조(書待詔) 이당경(李唐卿)이 비백체
300점을 찬하여 바치면서 스스로 물상을 모두 표현한 것이라
생각했다. 인종도 그것을 매우 훌륭하다고 여기며 이내 '청정
(清淨)' 두 글자를 하사했는데, 그 6점획이 특히 절묘했고 또
300점보다 뛰어났다.

> 仁宗萬機[112]之暇, 無所玩好, 惟親翰墨, 而飛白[113]尤爲神
> 妙. 凡飛白以點畫象物形, 而點最難工. 至和中, 有書待詔李
> 唐卿撰飛白三百點以進, 自謂窮盡物象. 上亦頗佳之, 乃特爲
> '清淨' 二字以賜之, 其六點尤爲奇絶, 又出三百點外.

---

112) 萬機: 국가 원수의 정무. 천자가 보살피는 여러 가지 일, 천하의 일
    을 말한다.
113) 飛白: 飛白體. 漢字 서체의 한 가지로 글자의 획에 희끗희끗한 흰
    자국이 나도록 쓰는 것으로, 글씨 형태는 八分과 비슷하다.

30. 인종의 검소함

인종(仁宗: 趙禎)은 품성이 공손하고 검소했다. 至和 2년 (1055) 봄에 인종의 몸이 불편하자 양부(兩府: 中書省과 樞密 院)의 대신들이 날마다 침전(寢殿)으로 가서 성체(聖體)를 문 안하면서 보았더니, 인종이 쓰는 그릇과 의복이 간단하고 질박 했으며, 흰색 칠기 타구를 사용하고 흰색 자기 잔에 약을 담아 올렸으며, 침상 위의 이불과 요는 모두 누런 깁으로 색이 이미 오래되어 바래있었다. 궁인들이 황급히 새 이불을 가져와 그 위 에 덮었지만 역시 누런 깁이었다. 그러나 외부 사람 중에는 이 사실을 아는 자가 없었고 유일하게 양부(兩府)에서 간병하면서 그것을 봤을 뿐이다.

> 仁宗聖性恭儉. 至和二年春, 不豫[114], 兩府大臣日至寢閣問 聖體, 見上器服簡質, 用素漆唾壺盂子, 素瓷盞進藥, 御榻上衾 褥皆黃紬, 色已故暗, 宮人遽取新衾覆其上, 亦黃紬也. 然外人 無知者, 惟兩府[115]侍疾, 因(一作 '因侍疾')見之爾.

---

114) 不豫: 몸이 불편한 것으로 병에 걸린 것을 가리킨다.
115) 兩府: 中書와 樞密院을 말한다.

31. 기름 파는 노인

진강숙공(陳康肅公: 陳堯咨)은 활을 잘 쏴서 당대에 필적할 만한 사람이 없었고, 그 또한 이것을 자랑스러워했다. 한번은 집 마당에서 활을 쏘고 있었는데, 기름 파는 노인이 어깨 짐을 내려놓고 서서 오랫동안 엿보면서 떠나지 않았다. 노인은 진강숙공이 화살을 쏘아 열에 여덟아홉을 명중시키는 것을 보고도 다만 가볍게 고개만 끄덕일 뿐이었다. 진강숙공이 물었다.

"그대도 활을 쏠 줄 아는가? 내 활 쏘는 솜씨가 대단하지 않은가?"

이에 노인이 말했다.

"다른 특별한 것은 없고 그저 손에 익숙할 따름이지요."

그러자 진강숙공이 화를 내며 말했다.

"네가 어찌 감히 내 활 쏘는 솜씨를 가볍게 여긴단 말인가!"

노인이 말했다.

"제가 기름을 따르는 경험으로 그것을 알지요."

그리고는 호로병 하나를 꺼내 땅에 놓고 엽전을 호로병의 주둥이에 올려놓고서 천천히 국자로 기름을 떠서 호로병에 따랐는데, 기름이 엽전 구멍으로 흘러 들어가는데 엽전은 조금도 젖지 않았다. 이어서 노인이 말했다.

"저 또한 다른 특별한 것은 없고 오직 손에 익숙할 따름입니다."

진강숙공은 웃으면서 그를 보내주었다. 이것은 장생(莊生: 莊子)이 말한 "백정을 소를 잡는 것"이나 "장인이 나무를 깎아 수레바퀴를 만드는 것"과 무엇이 다르겠는가?

陳康肅公[116](堯咨)善射, 當世無雙, 公亦以此自矜. 嘗射於
家圃, 有賣油翁釋擔而立, 睨之久而不去. 見其發矢十中八,
九, 但微頷之. 康肅問曰: "汝亦知射乎? 吾射不亦精乎?" 翁
曰: "無他, 但手熟爾." 康肅忿然曰: "爾安敢輕吾射!" 翁曰:
"以我酌油知之." 乃取一葫蘆置於地, 以錢覆其口, 徐以杓酌
油瀝之, 自錢孔入而(一作'而入')錢不濕. 因曰: "我亦無他, 惟
手熟爾." 康肅笑而遣之. 此與莊生所謂"解牛", "斫輪"[117]者何異?

32. 황제께서 의론을 물으시다

지화(至和) 연간(1054~1056) 초에 진공공(陳恭公: 陳執中)
이 재상을 그만두자, 문공(文公: 文彦博)과 부공(富公: 富弼)

---

116) 陳康肅公: 陳堯咨. 字는 嘉謨, 號는 小由基이다. 일찍이 龍圖閣
    直學士, 翰林學士를 지냈으며, 武信軍節度使·天雄軍知까지 역
    임했다. 隷書에 능했고 弓術이 뛰어났다. 사후에 康肅이라는 諡號
    를 받았다.
117) 莊生所謂"解牛", "斫輪": 莊生은 莊子를 말한다. 이름은 周이며
    戰國時代 宋나라 사람이다. 先秦 道家學派의 대표이다. "解牛"는
    백정이 소를 잡다(-는 고도의 기술). 소잡이가 소를 해체하다. 『莊
    子·養生主』편에 庖丁이 소를 잡으면서도 전혀 칼날이 상하지 않
    은 고사를 말하는 것이며, "斫輪"는 輪扁이 수레바퀴를 만들다
    (-드는 고도의 기술). 『莊子·天道』편에 수레바퀴를 잘 만드는 匠
    人 윤편의 능숙한 솜씨가 적혀 있다. 본문의 "解牛" "斫輪"은 모두
    뒷말이 생략된 歇後語이다.

두 사람을 등용했다. 마침 조정에서 임명 조서를 내리려 할 즈음에 황제께서 소황문(小黃門)을 파견하여 은밀히 백관대신들의 틈에서 그들의 의론을 듣게 했는데, 두 공(公)은 인망(人望)을 얻은 지 오래되었고 하루아침에 다시 등용되자 조정의 인사들이 자주 와서 축하했다. 황문이 그러한 사실을 갖추어 아뢰자 황제께서는 크게 기뻐했다. 나는 그때 학사(學士)로 있었는데, 며칠 후에 수공전(垂拱殿)에서 일을 상주할 때 황제께서 물었다.

"새로 임명된 문언박(文彦博) 등에 대해 조정 밖에서의 의론은 어떠한가?"

내가 조정의 인사들이 서로 축하한다고 대답하자, 황제께서 말했다.

"자고로 군주가 인재를 등용할 때 간혹 꿈으로 점을 치기도 했는데, 만일에 사람됨을 알지 못한다면 마땅히 인망을 따라야지 꿈으로 점치는 것에 어떻게 의지할 수 있단 말인가!"

그리하여 내가 「문공비답(文公批答)」을 지어 "상(商: 殷)나라와 주(周)나라의 기록을 늘 살펴보니 꿈으로 점을 쳐서 현인을 구했는데, 어찌 사대부들의 공정한 말을 듣고 조정과 민간의 인망에 따르는 것만 하겠는가!"라고 하여 황제께서 말씀하신 것을 갖추어 기술했다.

至和初, 陳恭公罷相, 而並用文[118], 富[119]二公.(彦博, 弼)

---

118) 文: 文彦博 (1006~1097). 汾州 介休 사람으로, 字는 寬夫이다. 仁宗 天盛 5년(1027) 進士에 급제했으며, 여러 관직을 거쳐 宰相의 자리에 까지 올랐다. 저서로 『文潞公文集』 40권이 있다.

正衙宣麻[120]之際, 上遣小黃門[121](一有‘三輩’二字)密於百官班中聽其論議, 而二公久有人望, 一旦復用, 朝士往往相賀. 黃門具奏, 上大悅. 余時爲學士, 後數日, 奏事垂拱殿, 上問: "新除彦博等, 外議如何?" 余以朝士相賀爲對, 上曰: "自古(二字一作‘古’者)人君用人, 或以夢卜, 苟不知人, 當從人望, 夢卜豈足憑耶!" 故余作『文公批答[122]』云: "永惟商周之所記, 至以夢卜而求賢, 孰若用搢紳之公言, 從中外之人望"者, 其述上語也.

33. 원고료

왕원지(王元之: 王禹偁)가 한림원(翰林院)에 있을 때, 한번은 하주(夏州) 이계천(李繼遷)의 임명 조서를 기초했는데, 이계천이 보낸 원고료가 보통보다 몇 배나 많았다. 하지만 이계천이 계두서(啓頭書)로 보냈기에 왕원지는 거절하며 받지 않았다. 이는 체통을 중요시했기 때문이었다. 근자에는 사인원(舍人院)에서 임명 조서를 기초할 때, 원고료를 조금 늦게 보내는 자가 있으면 사인원에서는 반드시 잡일 보는 사람을 파견하여

---

119) 富: 富弼 (1004~1083). 河南 洛陽 사람으로, 字는 彦國이다. 벼슬은 同中書門下平章事를 거쳐 文彦博과 함께 宰相이 되었다. 王安石의 新法을 반대하여, 洛陽에 물러나 있을 때 상소를 올려 신법을 폐할 것을 청했다. 문집으로 『富鄭公詩集』이 있다.

120) 宣麻: 唐宋代에 대신을 임명할 때, 黃白麻紙로 조칙을 내려 선고하는 것을 말한다.

121) 黃門: (太監) 환관, 내시를 말한다.

122) 批答: 上疏에 대하여 임금이 내리는 답을 말한다.

그 집에 찾아가 재촉하도록 했는데, 응당 원고료를 보내야 하는
자가 종종 보내지 않기도 했다. 이런 일이 이어진지 오래되다
보니 지금은 원고료를 요구하는 자나 보내는 자나 모두 그러려
니 하면서 이상히 여기지 않는다.

王元之[123]在翰林, 嘗草夏州李繼遷[124]制, 繼遷送潤筆[125]物數
倍於常. 然用啓頭書[126]送(一作'遂'), 拒而不納. 蓋惜事體也. 近時
舍人院[127]草制, 有送潤筆物稍後時者, 必遣院子[128]詣門催索, 而
當送者往往不送. 相承旣久, 今索者, 送者皆恬然不以爲怪也.

---

123) 王元之: (954~1001) 濟州 鉅野 사람으로, 이름은 王禹偁, 字는
元之이다. 太平興國 8년에 進士에 합격하고, 右拾遺에 임명되었
다. 감언을 서슴지 않아 재상의 미움을 사서 黃州의 지부로 나갔다
가 淇州의 지부로 옮기고는 병으로 죽었다. 후진을 많이 양성하였
다고 전해진다.

124) 李繼遷: (963~1004) 夏州 創建 사람으로, 銀州防御史 李光儼의
아들이며, 고대 羌族의 한 줄기로 夏州의 정권통치자이다. 983년
李繼遷은 宋나라로부터 독립하고 李德明을 거쳐, 1028년 李元昊
가 甘肅를 평정하고 大夏 황제라 칭하고 宋나라 지배로부터 완전히
벗어나 당시의 夏州·銀州 등 10여 주의 지역을 영유했다. 이 서하
왕국은 동으로 송나라, 북은 契丹(遼), 서는 위구르, 남은 티베트에
접하고 있었다.

125) 潤筆: 원고료를 말한다.

126) 啓頭書: 시작부분에 收信人 姓名이 기명된 편지이다. 李繼遷을 임
명한 것은 王禹偁이 아닌 황제의 명령에 의거한 것으로, 王禹偁은
단지 代筆한 것이기 때문에 王禹偁의 이름으로 보낸 윤필료를 감히
받지 못한 것이다.

127) 舍人院: 官署名. 宋代 초에 설치되었고, 中書舍人과 知制誥가 공
무를 보던 장소이다.

128) 院子: 舍人院 안의 雜役을 말한다.

34. 불을 옮기는 진군

궁내에는 예전부터 옥석으로 만든 삼청진상(三淸眞像)이 있는데, 처음에는 진유전(眞游殿)에 있었다. 얼마 후 궁내에 큰 화재가 일어나자 마침내 옥청소응궁(玉淸昭應宮)으로 옮겼다. 얼마 후 옥청소응궁에 또 큰 불이 나자 다시 동진궁(洞眞宮)으로 옮겼다. 동진궁에 또 화재가 나자 다시 상청궁(上淸宮)으로 옮겼다. 상청궁에 또 불이 나서 모두 불타 없어져 남은 것이 없게 되자 마침내는 경령궁(景靈宮)으로 옮겼다. 궁사도관(宮司道官)들이 두려워하여 상주했다.

"삼청진상이 이르는 곳마다 화재가 발생하여 경령궁도 반드시 피할 수 없을 것이오니, 다른 곳으로 옮기길 원하옵니다."

드디어 삼청진상을 집희궁(集禧宮) 영상지(迎祥池) 수심전(水心殿)으로 옮겼다. 도성사람들은 그것을 "불을 옮기는 진군〔行火眞君〕"이라 불렀다.

> 內中舊有玉石三淸[129]眞像, 初在眞游殿. 旣而大內火, 遂遷於玉淸昭應宮. 已而玉淸又大火, 又遷於洞眞. 洞眞又火, 又遷於上淸. 上淸又火, 皆焚蕩無孑遺, 遂(一有'又'字)遷於景靈. 而宮司道官[130]相與惶恐, 上言: "眞像所至輒火, 景靈必不免, 願遷(二字一作'乞移')他所." 遂遷於集禧宮迎祥池水心殿. 而都人謂之'行火眞君'也.

---

129) 三淸: 도교의 三神(玉淸元始天尊·上淸靈寶道君·太淸太上老君)을 말한다.

130) 宮司道官: 궁 안에 도교의 일을 맡아보던 직분이다.

35. 궁전명으로 관명을 삼다

정문간공(丁文簡公: 丁度)이 참지정사(參知政事)를 그만두고 자신전학사(紫宸殿學士)가 되었는데, 그것은 바로 문명전학사(文明殿學士)이다. 문명전에는 원래 대학사(大學士)를 두어 재상이 겸직했고, 또 학사를 두어 모든 학사의 으뜸으로 삼았다. 후에 '문명(文明)'이 진종(眞宗: 趙恒)의 묘호(廟號)로 쓰였기 때문에 결국 '자신(紫宸)'으로 바꿨다. 근래의 학사들은 모두 자신이 속한 궁전명으로 관명을 삼았으니, 예를 들면 '단명(端明)'과 '자정(資政)'이 그러하다. 정문간공은 〔자신전학사에〕 임명을 받고 나서 마침내 정자신(丁紫宸)이라 불렸다. 논자들이 또한 자신이라는 호칭은 신하된 자가 부를 바가 아니라고 하는 바람에 급히 '관문(觀文)'으로 바꿨다. 관문전은 수(隋)나라 양제(煬帝: 楊廣) 때의 궁전명이니 이치상 피하는 것이 마땅했지만 대개 당시에는 알지 못했다. 그런즉 조정의 일은 배우지 않으면 안 되는 것이다.

丁文簡公[131](度)罷參知政事[132], 爲紫宸殿[133]學士, 卽文明

---

131) 丁文簡公: 丁度 (990~1053). 송나라 祥符 사람으로 字는 公雅, 仁宗 때 端明殿學士, 이후 參知政事·觀文殿學士·尙書左丞 등을 역임했다. 학술에 정통하여『集韻』·『禮部韻略』이외에 수많은 저서가 있다. 사후에 文簡이라는 諡號를 받았다.
132) 參知政事: 唐宋이래 설치되어 明代에 폐지되었다. 재상 밑에서 국정을 보좌하던 관리이다.

殿學士也. 文明本有大學士, 爲宰相兼職, 又有學士, 爲諸學士
之首. 後以"文明"者, 眞宗諡號[134]也, 遂更曰"紫宸". 近世學
士, 皆以殿名爲官稱, 如端明, 資政是也. 丁旣受命, 遂稱曰
"丁[135]紫宸". 議者又謂紫宸之號非人臣之所宜稱, 遽更曰"觀
文". 觀文是隋煬帝[136]殿名, 理宜避之, 蓋當時不知. 然則朝廷之
事(一作'士'), 不可以不學也.

36. 진종이 왕기공을 총애하다

왕기공(王冀公: 王欽若)이 참지정사(參知政事)를 그만두었
으나, 진종(眞宗: 趙恒)은 그를 예우하는 마음이 쇠하지 않아
특별히 자정전학사(資政殿學士)를 설치하여 그를 총애했다. 당
시 구래공(寇萊公: 寇準)은 중서성(中書省)에 있었는데, 자
정전학사의 반열을 잡학사(雜學士)의 예에 의거하여 한림학
사(翰林學士)의 아래에 두었다. 그러자 왕기공이 황제께 하
소연했다.

---

133) 紫宸殿: 天子가 기거하던 궁전의 이름이다.
134) 眞宗諡號: 廟號는 眞宗, 諡號는 文明武定章聖元孝皇帝이며, 諱
는 恒이다.
135) 丁: 넷째 天干, 천자를 상징한다.
136) 隋煬帝: (596~618) 隋나라의 제2대 黃帝. 이름은 廣 또는 英. 아
버지인 文帝를 죽이고 604년에 卽位. 大運河를 비롯한 토목 공사
를 크게 일으켰고 특히 세 번이나 大軍을 보내어 高句麗에 侵入했
다가 乙支文德에게 대패하였음. 叛亂으로 楊洲의 별궁에서 殺害
되었다.

"신(臣)은 학사에서 참지정사로 임명되었고 지금은 별다른 죄 없이 관직에서 물러났는데 반열은 도리어 한림학사의 아래에 있으니 이것은 강직된 것이옵니다."

이에 진종은 특별히 대학사(大學士)를 덧붙여 그 반열을 한림학사의 위에 두었다. 진종이 그를 총애함이 이와 같았다.

王冀公[137](欽若)罷參知政事, 而眞宗眷遇之意未衰, 特置資政殿學士以寵之. 時寇萊公[138]在中書, 定其班位依雜學士[139], 在翰林學士下. 冀公因訴于上曰: "臣自學士拜參知政事, 今無罪而罷, 班反在下, 是貶也." 眞宗爲特加(一作 '置')大學士, 班在翰林學士上. 其寵遇如此.

---

137) 王冀公: 王欽若(962~1025). 臨江軍 新喩 사람으로, 字는 定國이다. 太宗 때 進士가 되고 太宗 初, 參知政事에 임명되고, 景德 元年 遼가 송을 공격했을 때, 비밀리에 남쪽으로 천도할 것을 청하였으나, 寇準에 의해 저지당하고, 후에 구준을 면직시키고, 황제에게 "天書"를 만들고, 태산에서 封禪을 행할 것을 주장했다. 號는 '大功業'이며, 후에 재상을 그만두고 杭州를 떠났으며, 仁宗 初 다시 재상에 올랐다.

138) 寇萊公: 寇準(961~1023). 陝西 華州 下邽 사람으로. 字는 平仲이다. 太平興國 4년(979) 進士에 급제하고 大理評事・樞密院直學士・鹽鐵判官 등을 역임하고, 太宗의 두터운 신임을 받았으나, 지나치게 강직하였기 때문에 지방으로 左遷되었다. 眞宗 즉위 후 중앙에 복귀했으며 景德 1년(1004) 재상이 되어 契丹의 침입 때 많은 공을 세웠다. 그 후 萊國公에 봉해져 寇萊公이라고도 했다. 그러나 다시 좌천되어 湖南省인 衡州의 司馬로 있다가 생을 마쳤다. 저서로 시집 『寇忠愍公詩集』이 있다. 사후에 忠愍이라는 諡號를 받았다.

139) 依雜學士: '각 학사의 반위(班位: 같은 지위에 있음)에 의거하여'라는 뜻이다.

37. 피중용이 놀림을 당하다

경우(景祐) 연간(1034~1038)에 낭관(郎官) 피중용(皮仲容)
이란 자가 우연히 큰길에 나갔다가 어떤 한량에게 놀림을 당했
는데, 그가 황급히 피중용에게 다가오더니 축하의 말을 했다.

"듣자하니 당신이 헌대(憲臺: 御史)에 임명될 것이라고 하더
군요."

피중용이 말을 세우고 한참을 겸연쩍어 하다가 천천히 그에
게 어떻게 그것을 알았는지 물었더니, 그가 대답했다.

"오늘 새로 대관(臺官: 御史)을 임명할 것인데 필히 희귀한
성(姓)을 가진 사람이 등용될 것이기 때문에 당신의 성으로 그
것을 알 수 있었지요."

대개 그때 삼원(三院)의 어사는 중간(仲簡)·논정(論程)·
장우석(掌禹錫)이었다. 그 얘기를 들은 사람들은 그것을 전하
여 웃음거리로 삼았다.

> 景祐中有郎官皮仲容者, 偶出街衢, 爲一輕浮子所戲, 遽前
> 賀云: "聞君有臺憲[140]之命." 仲容立馬媿謝久之, 徐問其何以
> 知之. 對曰: "今新制臺官[141], 必用稀姓者, 故以君姓知之爾."
> 蓋是時三院[142]御史乃仲簡, 論程, 掌禹錫也. 聞者傳以爲笑.

---

140) 臺憲: 尙書를 中臺, 御史를 憲臺라고 칭했다.
141) 臺官: 尙書 혹은 御史의 별칭이다.
142) 三院: 어사대에 속하는 臺院·殿院·察院을 말한다.

38. 호몽이 시를 지어 예견하다

　태종(太宗: 趙光義) 때 송백(宋白)·가황중(賈黃中)·이지(李至)·여몽정(呂蒙正)·소이간(蘇易簡) 다섯 사람이 동시에 한림학사(翰林學士)로 임명되었기에 승지(承旨) 호몽(扈蒙)이 그들에게 시를 지어주며 말했다.

　"다섯 마리 봉황이 나란히 한림으로 날아 들어갔네."

　그 후 여몽정은 재상이 되었고, 가황중·이지·소이간은 모두 참지정사(參知政事)에 이르렀으며, 송백은 상서(尙書)에 이르러 승지(承旨)로 늙었으니, 모두 명신(名臣)이었다.

　太宗時宋白[143], 賈黃中[144], 李至[145], 呂蒙正[146], 蘇易簡五

---

143) 宋白: 開封 사람으로, 字는 太素이다. 建隆 2년 進士가 되었다. 太宗에 左拾遺에 발탁되고, 充州를 다스렸다. 翰林學士로 전직되고 李昉 등과 함께 『文苑英華』·『太平御覽』 등을 편찬하도록 명을 받았다. 刑部尙書로 사직하고, 사후에 左仆射를 추증 받고, 文安이라는 諡號를 받았다. 저서 『廣平集』이 있다.

144) 賈黃中: (941~996) 滄州 사람으로, 字는 媧民이다. 여섯 살에 童子科에 급제하고, 열다섯에 進士에 급제했다. 太平興國에 知制誥와 翰林學士로 들어가고, 端公 初에 中書舍人 겸 史官修撰직이 더해졌으며, 淳化 2년에 參知政事를 배수 받았다. 30여 권의 문집이 있으나, 이미 유실되었다.

145) 李至: 眞定 사람으로, 字는 言几이다. 進士에 급제하고, 太平興國 중에 翰林學士가 되고, 參知政事를 배수 받고 秘書監을 겸직하여 國子監을 판가름했다. 眞宗 때, 工部尙書에 배수되어 河南府를 다스리고, 사후에 侍中을 하사받았다.

146) 呂蒙正: 太祖 때에 재상을 지냈다. 가난하고 어려운 집안 출신으로,

人同時拜翰林學士, 承旨扈蒙贈之以詩云: "五鳳齊飛入翰林."
其後呂蒙正爲(一作 '至')宰相, 賈黃中, 李至, 蘇易簡皆至參知
政事, 宋白官至尙書, 老於承旨[147], 皆爲名臣.

39. 유자의가 어사대 안에 방을 붙이다

어사대(御史臺)의 관례 중에 "삼원(三院)의 어사가 일을 보
고하고자 할 때는 반드시 먼저 중승(中丞)에게 알려야 한다"는
규정이 있었다. 유자의(劉子儀)가 중승이 되고 나서 처음으로
어사대 안에 다음과 같은 방(牓)이 붙었다.

"오늘 이후로 어사가 보고할 일이 있으면 반드시 먼저 중승
과 잡단(雜端)에게 알릴 필요는 없다."

지금까지도 이와 같다.

御史臺[148]故事: 三院[149]御史言事, 必先白中丞[150]. 自(一有
'中山'二字)劉子儀爲中丞, 始牓臺中: "今後御史有所言, 不須

공명정대하고 대담했다.

147) 承旨: 宋代 翰林學士承旨는 正三品이며, 항상 배치되어있는 것이
    아니고, 학사 가운데 久次者(오랫동안 지위가 오르지 않음)를 승지
    로 삼았다.

148) 御史臺: 官署名. 監察機構를 말한다.

149) 三院: 宋 어사대에는 台院·殿院·察院의 三院이 설치되어 있었다.

150) 中丞: 官名. 漢代 御史臺 밑에 御使丞과 中丞 등 두 명의 丞을
    두었는데 中丞이 궁전에 거처한다 하여 東漢때 中丞을 御史臺의
    長官으로 삼았다.

先白中丞雜端[151]."〔12〕至今如此.

【校勘】〔12〕不須先白中丞雜端: 宋 孫逢吉의『職官分紀』권14와 宋 祝穆,
元 富大用·祝淵의『事文類聚』「新集」권18에 인용된『歸田錄』의
이 條에는 모두 '雜端' 2자가 없다.
'雜端' 2자는 착오가 아닌가 한다. 살펴보니『宋史』「劉筠本傳」에서
는 "毋白丞雜"이라 했는데, 宋代의 관제에는 中丞 다음이 知雜御使
이기 때문에 丞과 雜을 함께 거론한 것임을 알 수 있다. 여기에서
中丞을 언급했으니 그 아래의 '雜端'은 마땅히 '知雜'의 착오이다.
(夏校本)
지금 살펴보니 '雜端' 2자는 오류가 없다. 唐宋代에는 知雜事御使를
중시하여 '雜端' 혹은 '端公'이라 했으며, 宋代 元豊年間의 제도개혁
이전의 문헌 중에는 이런 용어가 많다.

40. 정진공이 「재승소」를 짓다

정진공(丁晉公: 丁謂)은 남쪽으로 폄적되어 담주(潭州)를 지
나다가 스스로 「재승소(齋僧疏)」라는 글을 지어 말했다.

"중산의 곤룡포를 깁는 것은 천하의 뛰어난 솜씨보다 정교하
지만, 부열(傅說)의 국을 간 맞추는 것은 실로 많은 사람의 입
에 맞추기 어렵네."

그는 어려서부터 문장으로 칭찬을 받았고 만년에는 시필(詩
筆)이 특히 정교했다. 그가 해남(海南)에서 읊은 시편들이 특히
많았는데, 예를 들면 "풀 중에 '망우(忘憂)'라는 게 있는데 대체
무슨 일을 근심한단 말인가? 꽃 중에 '함소(含笑)'라는 게 있는

---

151) 雜端: 官名. 唐나라 侍御史중 年次가 가장 오래된 관원이 御史臺
의 일을 결정했는데 어사대 안의 雜事를 알았기 때문에 '雜端'이라
불렀다. 權任이 매우 중했고, 후에 侍御史의 별칭으로 사용되었다.

데 대체 누구를 웃긴단 말인가?"라는 구절이 특히 사람들에게
전송(傳誦)되고 있다.

　　丁晉公之南遷也, 行過潭州[152), 自作「齊僧疏」(一有 '文'字)
　　云: "補仲山之袞[153), 雖曲盡於巧心, 和傅說[154)之羹, 實難調
　　於衆口." 其少以文稱, 晚年詩筆尤精. 在海南篇詠尤多, 如
　　"草解忘憂[155)憂底事, 花名含笑[156)笑何人",(一有 '之句'二字)
　　尤爲人所傳誦.

41. 장복야와 안원헌공

　　장복야(張僕射: 張齊賢)는 몸집이 비대하여 다른 사람보다
훨씬 많이 먹었는데, 특히 살찐 돼지고기를 좋아하여 매번 몇

---

152) 潭州: 지금의 湖南 長沙市 이다.

153) 補仲山之袞: 袞은 고대 제왕 혹은 上公의 예복을 가리킨다. 여기에
　　서는 제왕을 의미한다.

154) 傅說: 殷代 高宗의 宰相이다. 전설에 의하며 부열이 傅岩의 담을
　　쌓는 토목공사에서, 武丁의 추천에 의해 재상이 되었기 때문에 姓
　　을 傅氏로 했다고 전한다.

155) 忘憂: (忘憂草, 萱草)원추리를 말하는 것으로, 외떡잎식물 백합목
　　백합과의 여러해살이풀이다.

156) 含笑: 含笑花를 말한다. 상록관목의 대략 50개의 종이 알려져 있으
　　며, 이 식물은 열대와 아열대 지방 동남아시아가 원산지이다. 꽃 색
　　은 아이보리 색으로 감미로운 바나나 향기로 뒤덮는다. 꽃에서 정유
　　를 추출하여 향수에 이용하기도 한다. 또한 큰 나무는 건축의 골재
　　에 이용하기도 한다.

근을 먹었다. 천수원(天壽院)의 중풍약 혹신환(黑神丸)은 일반인들이 복용할 때는 탄환 1알 정도의 양에 불과했지만, 장공(張公: 張齊賢)은 항상 5~7냥을 크게 1제(劑)로 만들어 호떡에 끼어서 순식간에 먹어 치웠다. 순화(淳化) 연간(年間: 990~994)에 그는 재상을 그만두고 안주(安州)를 다스리게 되었는데, 안륙(安陸)은 산골 군(郡)인지라 동네사람들은 아직 현달한 관리를 본 적이 없었다. 장공이 먹고 마시는 것이 일반인과 다른 것을 보고는 모든 군민들이 깜짝 놀랐다. 한번은 장공이 빈객과 함께 모여 식사를 했는데, 요리사가 청사 옆에 금칠한 커다란 통 하나를 놓아두었다. 사람들이 몰래 장공이 식사하는 것을 엿보았더니 마치 음식물들을 통속에 던져 넣는 것 같았는데, 저녁이 되자 술과 음료가 통을 가득 채우고 흘러 넘쳤다. 군민들은 크게 놀라면서 부귀를 누리는 사람은 반드시 일반사람들과 다름이 있다고 여겼다. 그렇지만 안원헌공(晏元獻公: 晏殊)은 마치 깎아 놓은 것처럼 비쩍 말랐고 그 먹는 음식량이 매우 적었다. 그는 매번 호떡을 반으로 잘라 젓가락으로 그것을 만 다음 젓가락을 빼내고 대신 꽈배기 한 가닥을 집어넣어 먹었는데, 이 역시 일반 사람들과는 달랐다.

　　張僕射[157](齊賢)體質豐大, 飮食過人, 尤嗜肥豬肉, 每食數

---

157) 張僕射: 張齊賢 (943~1014). 冤句 사람으로, 字는 師亮이다. 太宗의 寵臣으로, 관직은 眞宗 때 兵部尙書·同中書門下平章事를 지냈고, 후에 司公에 이르렀다. 사후에 文定이라는 諡號를 받았다. 僕射는 官名. 戰國時代 秦에 처음 설치했으며 東漢에 와서는 尙

斤. 天壽院風藥158)黑神丸, 常人所服不過一彈丸, 公常以五七
兩爲一大劑, 夾以胡餠而頓食之. 淳化中罷相知安州159), 安陸
山郡160), 未嘗識達官, 見公飮啗不類常人, 擧郡驚駭. 嘗與賓
客會食, 廚吏置一金漆大桶於廳側, 窺(一作'竊')視公所食, 如
其物投桶中, 至暮, 酒漿浸漬, 漲溢滿桶, 郡人嗟愕, 以謂享富
貴者, 必有異於人也. 然而晏元獻公161)淸瘦如削, 其飮食甚微,
每析半餠, 以筯卷之, 抽去其筯, 內捻頭162)一莖而食(一有'之'
字). 此亦異於常(一無此字)人也.

42. 송선헌공과 하영공

송선헌공(宋宣獻公: 宋綬)과 하영공(夏英公: 夏竦)이 함께
어린 행자(行者)들의 불경 암송 시험을 주재했다. 한 행자(行
者)가『법화경(法華經)』을 암송했지만 통과하지 못하자 그에게
물었다.
"몇 년간 공부했는가?"

書僕射라고 했다. 隋唐 때 左・右僕射로 나뉘었고 모두 宰相의
지위였다.

158) 風藥: 중풍약을 말한다.

159) 安州: 治所는 安陸에 있으며, 지금의 湖北 安陸이다.

160) 郡: 옛날 행정구획의 하나이다.

161) 晏元獻公: 撫州 臨川 사람으로, 字는 同叔이며, 이름은 晏殊이다.
參知政事・尙書左丞을 역임하고 사후에 元獻이라는 諡號를 받았다.

162) 捻頭: 捻具라고도 함. 꽈배기를 말하는 것으로, 기름에 튀겨낸 밀가
루 음식이다.

행자가 말했다.

"10년간 공부했습니다."

두 공은 웃는 한편 그를 딱하게 여기면서 각각 『법화경』 1부를 외우기로 했는데, 송선헌공은 10일 만에, 하영공은 7일 만에 한 글자도 빼지 않고 외웠다. 사람의 품성이 서로 차이나는 것이 이와 같다.

> 宋宣獻公[163](綬), 夏英公[164](竦)同試童行[165]誦經. 有一行者[166], 誦『法華經』不過, 問其: "習業幾年矣?" 曰: "十年也." 二公笑且閔之, 因各取『法華經』一部誦之, 宋公十(一作 '五')日, 夏公七日, 不復遺一字. 人性之相遠(一有 '也'字)如此.

---

163) 宋宣獻公: 宋綬(991~1041). 趙州 平棘 사람으로, 字는 公垂이다. 翰林學士 겸 侍讀學士·中書舍人·兵部尙書 겸 參知政事 등을 역임했다. 사후에 宣獻이라는 諡號를 받았다.

164) 夏英公: 夏竦. 지금의 강서성 九江市 사람으로, 字는 子喬이다. 太宗에서 仁宗에 이르는 동안 樞密使까지 역임했고 英國公으로 봉해졌다. 그러나 王欽若, 丁謂와 더불어 나쁜 일을 하여 당시 사람들로부터 간사하다는 평을 받았다. 그러나 문장은 매우 뛰어났다. 사후에 文莊이라는 諡號를 받았다.

165) 童行: 소년 수행자이다. 宋代에는 度牒을 하사했다는 기록이 많이 있는데 여기에서 "試童行誦經"은 불경의 암송여부에 따라 당락이 결정되는 것으로 度牒을 받은 사람은 정식 스님이 된다.

166) 行者: 여기에서는 불교 사원에서 잡무를 보면서 아직은 머리를 깎지 않은 出家人을 말한다.

43. 조시중

추밀원(樞密院)의 조시중(曹侍中: 曹利用)은 전연(澶淵)의 전투 때 전직(殿直)의 신분으로 거란(契丹)에 사신으로 가서 화친(和親)을 논의하고 맹약을 맺어 이로 말미암아 중용되었다. 당시는 장헌명숙태후(莊獻明肅太后)가 수렴청정 하던 때였는데, 그는 훈구(勳舊) 대신을 자처하여 권세가 조정 안팎을 좌지우지할 정도였다. 비록 장헌명숙태후일지라도 그를 몹시 어려워하여 시중(侍中)이라고만 부를 뿐 이름을 부르지는 못했다. 무릇 조정에서 〔관원에 대해〕 은택(恩澤)을 내리면 조시중은 모두 미루면서 시행하지 않았다. 그러나 그가 미뤄둔 일이 너무 많았기 때문에 세 번 미루었을 때 다시 명이 내려오면 그는 그제야 어쩔 수 없이 시행했다. 그렇게 하기를 오래하자 소인배들이 이를 간파하여, 무릇 요청이 있을 경우 조정에서 세 번 명을 내렸으나 시행되지 않을 때는 반드시 다시 요청했다. 그러면 장헌명숙태후가 이렇게 말했다.

"시중이 이미 시행하지 않고 미뤄둔 일이오."

요청하는 사람이 천천히 아뢰었다.

"신이 이미 시중 댁의 부인과 측근에게 고하여 허락을 받았사옵니다."

그리하여 다시 은택의 명을 내렸는데, 조시중은 그 연유를 모른 채 세 번 미뤄둔 일을 그만 둘 수 없어서 힘써 시행했다. 이에 태후가 크게 노하여 이때부터 그에게 이를 갈았는데, 마침내 그가 조예(曹芮)의 화(禍)에 연루되게 되었다. 이에 대신의 공이 높고 권세가 크더라도 환난이 닥치는 것은 그의 지혜와 계책으로도 예방할 수 없는 것임을 알겠다.

樞密曹侍中[167](利用), 澶淵之役[168]以殿直使[169]於契丹, 議定盟好, 由是進用. 當莊獻明肅太后時, 以勳舊自處, 權傾中外, 雖太后亦嚴憚之, 但呼侍中[170]而不名. 凡內降恩澤, 皆執不行. 然以其所執旣多, 故有三執而又降出者(一無此字), 則不得已而行之. 久之爲小人(一有 '之'字)所測, 凡有求而三降不行者, 必又請之. 太后曰: "侍中已不行矣." 請者徐啓曰: "臣已告得侍中宅嬭婆或其親信爲言之, 許矣." 於是又降出, 曹莫知其然也, 但以三執不能已, 〔13〕儳俛行之. 於是太后大怒, 自此切齒, 遂及曹芮之禍[171]. 乃知大臣功高而權盛, 禍患之

---

167) 曹侍中: 曹利用. 趙州 寧晉사람으로, 字는 用之이다. 樞密使와 同中書門下平章事을 역임하고, 귀향길에 핍박에 못 이겨 자살하고 만다.

168) 澶淵之役: 宋 眞宗 景德 元年(1004), 遼蕭太后와 聖宗이 遼軍을 이끌고 송 땅 깊숙이 들어왔다. 송 眞宗은 남도로 천도하기를 원했으나, 후에 구준의 반대로 인해 어쩔 수 없이 澶州에서 督戰했다. 후에 澶州에서 遼軍은 대패하고 遼軍의 대장군 蕭撻攬은 화살에 맞아 죽고 遼軍은 앞뒤로 적의 공격을 받게 되어, 강제로 평화 담판을 하게 되었다. 이것이 바로 澶淵의 役이다.

169) 殿直: 황제의 侍從官이다. 五代 때에는 殿前承旨라 불렸으나, 後晉 때 殿直이라 개칭하였다.

170) 侍中: 秦 때 설치된 관직으로, 顧問에 대답하는 것으로, 그 지위가 점차 무거워졌다. 魏晉 이후 실제상 宰相에 맞먹는 직위이다.

171) 曹芮之禍: 曹芮는 曹利用의 조카로, 술에 취하여 黃袍를 입고는 사람들로 '萬歲'를 부르게 하여 杖刑을 당해 죽고, 曹利用도 역시 이로 인해 관직에서 파면당하고 房州로 가는 도중에 자살하여 죽고 말았다.

來, 非智慮所能防也.

【校勘】〔13〕但以三執不能已:『說郛』本에는 '執'자 뒤에 '所'자가 있다.

44. 조시중과 나숭훈

조시중(曹侍中: 曹利用)은 추부(樞府: 樞密院)에 있을 때 관리들이 교묘한 수단으로 사리사욕을 취하는 풍조를 개혁하는 데 힘썼는데, 중관(中官: 太監)들이 특히 심하게 제재당했다. 나숭훈(羅崇勛)은 당시 공봉관(供奉官)으로서 후원 공사를 감독했는데, 연말에 공적을 평가할 때 지나치게 많은 은상을 요구했으며 조정안에서도 당돌한 행동을 계속했다. 장헌태후(莊獻太后)가 노하여 수렴 앞에서 조시중에게 훈시하면서 그에게 나숭훈을 불러 엄하게 경고하고 꾸짖으라고 했다. 조시중은 추밀원으로 돌아와 청사에 앉아 나숭훈을 불러 뜰에 세워놓고는 그의 두건과 허리띠를 벗게 한 뒤 한참동안 곤욕을 치르게 하고 나서 진술서를 써서 태후께 아뢰도록 했다. 나숭훈은 그 수모를 참을 수 없었다. 그 후 조예(曹芮)의 사건이 일어나 진주(鎭州)에서 급히 상주하여 조예의 모반 상황을 아뢰자 인종(仁宗: 趙禎)과 장헌태후는 크게 놀랐다. 나숭훈이 마침 옆에 있다가 자신이 사건을 처리하겠다고 청했다. 나숭훈은 명을 받고 나서 얼굴에 희색을 띠며 밤낮으로 급히 그곳으로 달려가서 갖은 수단을 동원하여 옥사(獄事)를 처리했다. 조예는 이미 주살 당했고 조시중은 처음 수주(隨州)로 폄적되었다가 다시 방주(房州)로 펌적되었다. 가던 중에 양양(襄陽)의 도북진(渡北津)에 이르렀을 때, 그의 호송을 감독하던 내신(內臣: 太監) 양회민(楊懷敏)이 강물을 가리키며 조시중에게 말했다.

"시중, 정말 멋진 강물이오."

대개 양회민은 조시중이 스스로 물에 빠져 죽기를 바라서 한 말이었는데, 두세 차례 그렇게 말했지만 조시중은 알아듣지 못했다. 양양역에 도착하자 양회민은 마침내 조시중에게 강요하여 스스로 목매달게 했다.

> 曹侍中在樞府, 務革僥倖, 而中官[172]尤被裁抑. 羅崇勳時爲供奉官[173], 監後苑作歲滿敍勞, 過求恩賞, 內中唐突不已. 〔14〕莊獻太后怒之, 簾前譖曹, 使召而戒勳. 曹歸院坐廳事, 召崇勳立庭中, 去其巾帶, 困辱久之, 乃取狀以聞. 崇勳不勝其恥. 其後曹芮事作, 鎭州急奏, 言芮反狀, 仁宗, 太后大驚, 崇勳適在側, 因自請行. 旣受命, 喜見顔色, 晝夜疾馳, 鍛[174]成其獄. 〔15〕芮旣被誅, 曹初貶隨州[175], 再貶房州[176], 行至襄陽渡北津, 監送內臣楊懷敏指江水謂曹曰: "侍中, 好一江水." 蓋欲其自投也, 再三言之, 曹不諭. 至襄陽驛, 遂逼其自縊.

【校勘】〔14〕內中唐突不已:『皇宋類苑』권71에는 '內中'이 '入內'로 되어 있다.
　　　　〔15〕鍛成其獄: 祠堂本에는 '鍛'이 '煉'으로 되어 있다.(夏校本)

---

172) 中官: 宦官・太監을 말한다.
173) 供奉官: 황제 신변의 拱職者를 말한다.
174) 鍛: 각종 수단과 방법을 동원하여 사람에게 죄를 씌우다.
175) 州: 湖北 隨縣 일대.
176) 房州: 湖北 房縣 일대.

45. 송정공이 이름을 바꾸다

송정공(宋鄭公: 宋庠)은 처음 이름이 교(郊), 자(字)가 백상(伯庠)이었으며, 그의 동생 송기(宋祁)와 함께 평민 시절부터 천하에 명성을 날려 "이송(二宋)"으로 불렸다. 그가 지제고(知制誥)로 있을 때 인종(仁宗: 趙禎)은 그를 특별히 총애하여 곧장 크게 기용하고자 했다. 그런데 그가 먼저 승진하는 것을 시기하는 어떤 자가 그를 참소하여, 그의 "성(姓)은 국호와 부합하고 이름은 교천(郊天)에 상응 한다"고 했다. 그러면서 또 말했다.

"교(郊)는 교(交)로서 교(交)는 조대(朝代)의 교체를 이르는 것이니, '송교(宋交)'는 그 말이 상서롭지 않사옵니다."

인종이 황급히 송정공에게 이름을 바꾸라고 명하자, 그는 못마땅해 하면서도 하는 수 없이 이름을 상(庠), 자를 공서(公序)로 바꿨다. 송정공은 후에 다시 이부(二府: 中書省과 樞密院)에서 20여 년간 벼슬하고 사공(司空)으로 관직에서 물러나 복(福)과 장수(長壽)를 아울러 누리다가 생을 마쳤다. 송정공을 참소한 자는 끝내 등용되지 못하고 죽었으니, 가히 소인배들의 경계로 삼을 만하다.

宋鄭公[177](庠)初名郊，字伯庠，與其弟(祁)自布衣時名動天

---

[177] 宋鄭公: 宋庠(996~1066). 安州 安陸 사람으로, 字는 公序, 이름은 庠이다. 후에 開封의 雍丘로 이사했다. 天聖 2년에 장원급제하여 翰林에 들어가 學士가 되었다. 檢校太尉 · 平章事 · 樞密使를 역

下, 號爲 "二宋". 其爲知制誥, 仁宗驟加獎眷, 便欲大用. 有忌
其先進者譖之, 謂其 "姓符國號, 名應郊天[178])". 又曰: "郊者
交也, 〔16〕 交者, 替代之名也, '宋交', 其言不詳." 仁宗遽命改
之, 公怏怏不獲已, 乃改爲庠, 字公序. 公後更踐二府二十餘
年, 以司空[179])致仕, 兼享福壽而(一作'以')終. 而譖者竟不見
用以卒, 可以爲小人之戒也.

【校勘】〔16〕郊者交也: '者' 뒤에 夏校本에서는 "宋本作'音'"이라고 했다.
지금 살펴보니, 『四部叢刊』 影印元刊 『歐陽文忠公集』과 『稗海』本 및
『皇宋類苑』 권10에는 모두 "郊音交也"라 되어 있는데 이것이 더
타당하다.

46. 명장 조무혜왕

조무혜왕(曹武惠王: 曹彬)은 우리나라의 명장(名將)으로 공
훈이 대단하여 비교할 만한 사람이 없었다. 조무혜왕이 한번은
이렇게 말했다.

"내가 장군이 된 후로 사람을 많이 죽였지만 사적인 감정으
로는 한 사람도 죽인 적이 없다."

___

임하였고, 司空으로 사직했다. 사후에 太尉와 侍中을 하사받고, 元
憲이라는 諡號를 받았다.

178) 郊天: 周代에는 冬至에 南郊에서 하늘에 제사지내는 것을 '郊'라
했고, 夏至에 北郊에서 땅에 제사지내는 것을 '社'라 하여, 合稱
'郊社'라 했다. 본문 중 "名應郊天"은 송상의 원래 이름인 '郊'자가
祭天儀式의 명칭과 같음을 말한 것이다.

179) 司空: 官名. 唐代 太尉·司徒·司空을 3公이라 불렀는데, 司空은 이 중에
서 品級이 가장 높은 사람을 말한다. 후에 工部尙書의 別稱으로 불리게 되
었다.

그가 거처하는 집이 허름하고 붕괴되어 자제들이 수리할 것을 청하자 조공(曹公: 曹彬)이 말했다.

"지금은 바야흐로 한 겨울인지라 담벼락과 기왓장 속에서 온갖 벌레들이 동면(冬眠)하고 있으니 그 살아있는 것을 죽일 수는 없다."

그 인자한 마음으로 만물을 사랑함이 이와 같았다. 그는 강남을 평정하고 돌아온 뒤 궁중에 나아가 황제를 알현하면서 방자(牓子: 摺帖)에 이렇게 썼다.

"칙명을 받들어 공사(公事)를 대충 처리하고 돌아왔사옵니다."

그가 겸손하고 공손하며 자랑하지 않음이 또 이와 같았다.

曹武惠王[180](彬), 國朝名將, 勳業之盛, 無與爲比. 嘗曰: "自吾爲將, 殺人多矣, 然未嘗以私喜怒輒戮一人." 其所居堂室弊壞, 子弟請加脩葺, 公曰: "時方大冬, 牆壁瓦石之間, 百蟲所蟄[181], 不可傷其生." 其仁心愛物蓋如此. 旣平江南回, 詣閤門入見, 牓子[182]稱"奉勅江南勾當公事回". 其謙恭不伐又如此.

---

180) 曹武惠王: 曹彬. 字는 掬華이며, 宋 太祖를 따라 전쟁터를 다니며 많은 공을 세워 樞密使·檢校太尉·忠武軍節度使를 역임했다. 太宗 즉위 후에는 同平章事를 더해주고, 魯國公에 봉해졌으나 咸平 2년(999)에 사망하고 만다. 사후에 中書令을 추증 받고, 濟陽郡王이라 追封되고, 武惠라는 諡號를 받았다.

181) 蟄: 동물의 冬眠을 말한다.

182) 牓子: 摺帖의 한 종류. 신하가 임금에게 올리던 간단한 서식의 상소문을 말한다.

47. 진종의 사람보는 눈

진종(眞宗: 趙恒)은 문장을 좋아하여 비록 문장으로 인재를 선발했지만 반드시 그 사람의 도량을 보았다. 매번 숭정전(崇政殿)에 납시어 진사(進士) 급제자를 선발할 때는 반드시 높은 점수를 획득한 서너 명을 불러 뜰에 나란히 세워놓고 재차 그들의 풍모와 기량을 살펴보고 나서야 비로소 장원 급제자를 결정했다. 간혹 시험 본 문장 중에서 이치가 담겨 있는 것을 뽑기도 했는데, 서석(徐奭)의 「주정상물부(鑄鼎象物賦)」에서는 이렇게 말했다

"발이 아래에서 똑바르니 어찌 음식물이 기울겠는가? 귀가 위에 달려있으니 실로 왕과 신하의 위중(威重)함을 얻었네."

마침내 그를 일등으로 삼았다. 또 채제(蔡齊)가 「치기부(置器賦)」에서 이렇게 말했다.

"엎어진 대접처럼 천하를 안정시키니 그 공이 가히 크도다."

마침내 그를 일등으로 삼았다.

眞宗好文, 雖以文辭取士, 然必視其器識. 〔17〕每御崇政賜進士及第, 必召其高第三, 四人並列於庭, 更察其形神磊落[183]者, 始賜第一人及第. 或取其所試文辭有理趣者, 徐奭『鑄鼎象物賦』云: "足惟下正, 詎[184]聞公餗[185]之欹[186]傾? 鉉[187]乃上

---

183) 磊落: (마음 바탕이) 광명정대하다.
184) 詎: 副詞로 사용되어 "설마 …… 하겠는가", "그래 …… 란 말인가?"로 사용되었다.

居, 實取王臣之威重." 遂以爲第一. 蔡齊[188]「置器賦」云: "安
天下於覆盂[189], 其功可大." 遂以爲第一人.

【校勘】〔17〕然必視其器識: '器' 다음에 朱熹의『五朝名臣言行錄』권5에는
'形神' 2자가 있다.(夏校本)

48. 전사공의 순수한 품덕

전사공(錢思公: 錢惟演)은 부귀한 집안에서 자랐지만 성품
이 검약하여 집안의 지출을 매우 엄격하게 규정했다. 그의 자제
들은 때가 아니면 한 푼의 돈도 받을 수 없었다. 전사공은 산호
붓걸이 하나를 가지고 있었는데, 평생 몹시 애지중지하여 항상
그것을 책상 위에 올려놓았다. 자제 중에서 돈을 쓰고자 하는
자가 매번 그 붓걸이를 훔쳐서 숨겼는데, 그러면 전사공은 곧
망연자실하면서 집안에 방을 붙여 만 냥의 현상금을 걸었다. 하
루 이틀이 지나서 그것을 훔친 자제가 그것을 찾은 척하면서
바치면, 전사공은 흔쾌히 만 냥의 돈을 그에게 주었다. 그 후로

---

185) 餗: 鼎안에 있는 음식물을 말한다.
186) 攲: (傾斜)기울어져 있다.
187) 鉉: 鼎의 귀를 이용해 정을 들어 올리는 부분이다.
188) 蔡齊: (988~1039) 萊州 膠水 사람으로, 字는 子思이다. 大中祥符
8년에 進士에 1등으로 급제하고, 仁宗 때, 禮部侍郎・參知政事를
배수 받고, 조정에서 나와 潁州를 다스렸다. 사후에 兵部尙書를 추
증 받고, 文忠이라는 諡號를 받았다.
189) 覆盂: 覆杅라고 하며 "견고하게 하다", "안정시키다"를 비유하는 말
이다.

도 돈이 필요한 사람은 또 붓걸이를 훔쳐갔다. 1년 중 대개 5~
7번 이런 일이 일어났지만 전사공은 끝내 알아차리지 못했다.
내(구양수)가 서도(西都: 河南府)에서 관직생활을 할 때 전사
공의 막부에서 이런 일을 직접 보았는데, 매번 동료들과 함께
그의 순수한 품덕에 탄복하곤 했다.

　　錢思公[190]生長富貴, 而性儉約, 閨門用度, 爲法甚謹. 子弟
輩非時不能輒取一錢. 　公有一珊瑚筆格, 平生尤所珍惜, 常置
之几案. 子弟有欲錢者, 輒竊而藏之, 公卽悵然自失, 乃牓于家
庭, 以錢十千贖(一作 '購')之. 居一, 二日, 子弟佯爲求得以獻,
公欣然以十千賜之. 他日有欲錢者, 又竊去. 一歲中率五, 七
如此, 公終不悟也. 余官西都[191], 在公幕親見之, 每與同僚歎
公之純德也.

---

190) 錢思公: (962~1034) 이름은 惟演, 字는 希聖이다. 五代 吳越의
　　왕 錢俶의 아들로 宋朝에 귀순한 후 장상을 지냈다. 그는 또 화려한
　　문사로 대표되는 '西崑派'의 지도자 가운데 한 사람이다. 사후에 日
　　思라는 諡號를 받고 후에 바꿔 文僖라 했다. 저서로는 『伊川集』
　　등이 있다.
191) 西都: 당시의 河南府를 말한다. 五大 晉 天福 3년(938) 汴州로 천
　　도하고, 汴州를 東京으로 삼고 東都 河南府를 바꿔 西京이라 했
　　다. 五代 漢, 周와 北宋은 沿襲하여 바꾸지 않았다.

49. 음악을 만드는 일의 어려움

우리나라의 아악(雅樂)은 바로〔後周의〕왕박(王朴)이 제정한 주악(周樂)을 사용했다. 태조(太祖: 趙匡胤) 때 화현(和峴)은 주악의 음이 높다고 여겨 마침내 한 음율(音律)을 낮췄다. 그러나 오늘날 음악을 논하는 자들은 여전히 음이 높다고 여기면서 지금의 황종(黃鐘)이 바로 옛날의 협종(夾鐘)이라고 말한다. 경우(景祐) 연간(年間: 1034~1038)에 이조(李照)가 새로운 아악을 제정하면서 그 음을 또 낮췄다. 태상시(太常寺)의 악공들은 새로운 아악의 음이 너무 탁하여 노래를 부를 때 그 소리가 화음을 이루지 못한다고 생각하여, 종(鐘)을 주조할 때 주조하는 장인에게 몰래 뇌물을 주어 구리 성분을 조금 적게 넣도록 했는데, 그제야 종의 소리가 약간 청아해져서 노래를 부르면 화음을 이루어 아름다운 소리를 냈다. 하지만 이조는 결국 그 사실을 알지 못했다. 이로써 음을 알아내고 음악을 만드는 일이 얼마나 어려운지 알 수 있다. 이조가 매번 사람들에게 말했다.

"음이 높으면 다급하고 촉박하게 느껴지며 음이 낮으면 편안하고 느긋하게 느껴지는 법이니, 내가 만든 음악을 오래 연주하다 보면 사람들이 마음으로 그것을 느껴 모두 편안하고 온화해지며 사람들의 생김새도 당연히 풍만하고 크게 됩니다."

왕시독(王侍讀: 王洙)은 몸이 특히 작고 왜소했는데 자주 이조에게 농담으로 말했다.

"당신의 음악이 완성된 후에 나를 크게 만들 수 있습니까?"

그 말을 들은 사람들은 모두 재미있다고 웃었다. 하지만 이조의 음악은 완성된 후에도 끝내 채택되지 못했다.

國朝雅樂[192], 卽用王朴[193]所製周樂. 太祖時, 和峴[194]以爲聲高, 遂下其一律. 然至今言樂者, 猶以爲高, 云今黃鐘[195]乃古夾鐘[196]也. 景祐中, 李照[197]作新(二字一作 '所作')樂, 又下其聲. 太常歌工以其(一作 '爲')太濁, 歌不成聲, 當鑄鐘時, 乃私賂鑄匠, 使減其銅齊[198], 而聲稍淸, 歌乃叶[199]而成聲, 而照竟不知. 以此知審音作樂之難也. 照每謂人曰: "聲高則急促, 下則舒緩, 吾樂之作, 久而可使人心感之皆舒和, 而人物之生亦當豐大." 王侍讀[200](洙)身尤短小, 常戲之曰: "君樂之成,

---

192) 雅樂: 좁은 뜻으로는 文廟祭禮樂 만을 가리키고, 넓은 뜻으로는 궁중 밖의 民俗樂에 대하여 궁중 안의 의식에 쓰던 당악·향악·아악 등을 총칭하는 말로 쓰이기도 한다. 본디 '아악'은 正雅한 음악이란 뜻에서 나온 말로, 중국 周나라 때부터 궁중의 제사음악으로 발전하여 變改를 거듭하다가 1105년 宋나라의 大晟府에서 「大晟雅樂」으로 편곡 반포함으로써 제도적으로 확립되었다.

193) 王朴: (905~959) 五代 때의 律學家인데, 周나라 東平 사람이다. 欽天曆을 만들고 또 律準을 만들어 음률을 교정했다.

194) 和峴: 浚儀 사람으로, 字는 晦仁이다. 음악적 재주가 뛰어났으며, 主客郎中을 역임하였다. 저서로는 『奉常集』·『秘閣集』이 있다.

195) 黃鐘: 고대에는 음을 十二律로 나누었는데, 十二律 중에서 제 一律이다.

196) 夾鐘: 十二律 중에서 제 四律이다.

197) 李照: 北宋 仁宗 때 사람으로, 일찍이 胡瑗과 함께 雅樂을 개선했으나, 樂이 완성된 후 채택되지 못했다.

198) 銅齊: 鑄銅할 때 넣은 합금성분. 齊는 '劑'와 같으며, 合金을 가리킨다.

199) 叶: '協'의 고문. 和洽: 相合으로, "협력하다"이다.

能使我長(一有 '大'字)乎?" 聞者以爲笑. 而樂成竟不用.

50. 구래공과 두기공

등주(鄧州)의 화촉(花燭)은 천하에 유명했는데 도성에서도 만들어낼 수 없었다. 전하는 바에 의하면, 그것은 구래공(寇萊公: 寇準)의 화촉 제조법을 사용한 것이라 한다. 구래공은 일찍이 등주를 다스렸는데, 그는 어려서부터 부유하게 자라 유등(油燈)을 태우지 않았고 특히 밤에 연회를 열어 실컷 마시는 것을 좋아했으며, 침실에도 화촉을 아침까지 밝혀놓았다. 그가 매번 관직에서 물러나 떠나고 후임자가 관사에 이르면, 화장실에서 촛농이 바닥에 떨어져 종종 무더기로 쌓여있는 것을 볼 수 있었다. 두기공(杜祁公: 杜衍)은 사람됨이 청렴하고 검소하여 관직에 있을 때 관부의 화촉을 사용한 적이 없었으며, 단지 한 심지의 유등을 켜놓은 채 꺼질 듯 말듯 한 불빛 아래서 손님과 청담을 나눌 뿐이었다. 두 공은 모두 이름난 신하였지만 사치함과 검소함의 같지 않음이 이와 같았다. 하지만 두기공은 장수하고 편안하게 세상을 떠났으나, 구래공은 만년에 남쪽으로 폄적되는 화

---

200) 王侍讀: 王洙. 應天 宋城 사람으로, 字는 原叔이다. 進士에 급제
하고, 龍圖閣과 同判太常寺를 담당하였고, 후에 일에 연루되어 쫓
겨나 濠州를 다스리다가 襄州로 옮겨갔고, 다시 부름을 받고 돌아
가 翰林學士를 역임하고 始讀으로 바뀌고는, 侍講學士를 겸임했
다. 사후에 文이라는 諡號를 받았다.

(禍)를 만나 결국에는 돌아오지 못했으니, 비록 그것은 불행한 일이지만 역시 경계로 삼을 만하다.

鄧州[201]花蠟燭名著天下, 雖京師不能造, 相傳云(一作 '亦')
是寇萊公燭法. 公嘗知鄧州, 而自少年富貴, 不點油燈, 尤好夜
宴劇飮, 雖寢室亦燃燭達旦. 每罷官去, 後人至官舍, 見廁溷間
燭淚在地, 往往成堆. 杜祁公[202]爲人淸儉, 在官未嘗燃官燭,
油燈一炷, 熒然欲滅, 與客相對淸談而已. 二公皆爲名臣, 而奢
儉不同如此, 然祁公壽考終吉, 萊公晚有南遷之禍[203], 遂歿不
返, 雖其不幸, 亦可以爲戒也.

51. 관원 한 명이 길을 인도하다

옛 관례에 따르면, 학사(學士)가 궁에 들어오면 붉은 옷을 입은 원리(院吏) 두 명이 양쪽에서 길을 인도했다. 태조(太祖: 趙匡胤) 때 이방(李昉)이 학사가 되었을 때 태종(太宗: 趙光義)이 남아(南衙)에 있었는데, 붉은 옷을 입은 관원 한 명이 길을 인도할 뿐이었으므로 이방도 그 중 한 사람을 없앴다. 지금까지도 이와 같다.

---

201) 鄧州: 지금의 河南 鄧縣이다.
202) 杜祁公: (978~1057) 北宋 趙州 사람으로, 字는 世昌, 이름은 衍이다. 大中祥符 進士에 급제하고 宰相의 자리에 까지 오른다. 慶歷 新政을 지지하였고, 사후에 正獻이라는 諡號를 받았다.
203) 南遷之禍: 天禧 初 寇準이 궁정 내 권력투쟁에 참여하여 丁謂 등에게 배척당해 雷州와 衡州로 폄적된 것을 말한다.

故事: 學士在內中, 院吏[204]朱衣[205]雙引. 太祖朝李昉[206]爲學士, 太宗在南衙[207], 朱衣一人前引而已, 昉(一有'因'字)亦去其一人, 至今如此.

52. 학사가 차자에 성을 기록하다

예전에는 학사가 차자(箚子)를 올릴 때 성(姓)을 적지 않고 다만 "학사 신 아무개"라고만 적었다. 선대(先代)의 성도(盛度)와 정도(丁度)가 함께 학사가 되었을 때 마침내 성(姓)을 기록해 구별했다. 그 후부터는 마침내 모두 성을 기록했다.

往時學士入箚子[208]不著姓, 但云"學士臣某". 先朝盛度, 丁度並爲學士, 邃著姓以別之, 其後邃皆著姓.

---

204) 院吏: 고대 중앙 일부 관서의 屬官이다.
205) 朱衣: 진홍색 옷을 입고 앞장서서 길을 인도하거나 명을 전하던 말단 관리를 말한다.
206) 李昉: (925~996) 深州 饒陽사람으로, 字는 明遠이다, 后漢 乾祐 연간에 進士가 되고 翰林學士에까지 이른다. 宋代에 들어와 翰林 侍讀學士를 역임하고 中書侍郎平章事를 배수 받고, 特進司空으로 관직에서 물러난다. 사후에 司空을 추증 받고, 文正이라는 謚號를 받았다. 『太平御覽』·『太平廣記』 등을 편찬했다.
207) 南衙: 北宋 때에 습관적으로 開封府의 官署를 南衙라고 했다.
208) 箚子: 간단한 서식의 상소문을 말한다.

53. 왕기와 장항이 서로 조롱하다

안원헌공(晏元獻公: 晏殊)은 문장으로 세상에 이름을 날렸다. 그는 유년에 부귀한 환경에서 자랐고 성격이 호방하고 영민했다. 가는 곳마다 빈객을 맞이했는데, 당시 천하의 명사 가운데 대부분이 그의 문하에서 나왔다. 그가 추밀부사(樞密副使)를 그만두고 남경유수(南京留守)가 되었을 때 그의 나이 38세였다. 그의 막료 중에서 왕기(王琪)와 장항(張亢)이 상객(上客)으로 대우받았다. 장항은 몸이 비대했기에 왕기가 그를 소 같다고 품평했으며, 왕기는 비쩍 말라 뼈만 남았기에 장항이 그를 원숭이 같다고 품평했다. 두 사람은 이런 외모를 가지고 서로를 놀려댔다. 왕기가 한번은 장항을 조롱하며 말했다.

"장항이 벽에 부딪치면 여덟 팔자(八字)가 되네."

장항이 받아쳐 말했다.

"왕기가 달을 바라보며 세 번 울부짖네."

온 좌중의 사람들이 그 때문에 크게 웃었다.

晏元獻公[209])以文章名譽, 少年居富貴, 性豪俊, 所至延賓客,

---

209) 晏元獻公: 晏殊 (991~1055). 撫州 臨川 사람으로, 字는 同叔이다. 1005년 張知白의 추천으로 眞宗에게 발탁되어 官界에 진출했고 仁宗 즉위 후에도 요직에 임명되었다. 잠시 관직을 그만두고 五代 이래 쇠퇴해진 학교를 부흥시키는 일에 노력하다가 다시 三司使·樞密使 등을 거쳐 재상이 되었다. 후학 양성에 힘을 기울여 范仲淹·孔道輔 등이 그의 문하에서 나왔고 韓琦·富弼·歐陽修 등 도 그의 추천에 의해 등용되었다. 詩文에도 뛰어나 五代 馮延巳

〔18〕一時名士多出其門. 罷樞密副使, 爲南京留守210), 時年
三十八. 幕下王琪, 張亢最爲上客. 亢體肥大, 琪目爲牛; 琪瘦
骨立, 亢目爲猴. 二人以此自相譏誚211). 琪嘗嘲亢曰: "張亢觸牆
成八字212)", 亢應聲曰: "王琪望月叫三聲213)." 一坐爲之大笑.

【校勘】〔18〕 所至延賓客: 『皇宋類苑』 권63과 『事文類聚』 別卷 권20에는
　　　모두 "至"자가 없다.

54. 양문공이 표문을 고치다

　양문공(楊文公: 楊億)이 일찍이 그의 문하생들에게 훈계하면
서, 문장을 지을 때 마땅히 속어(俗語)를 피해야 한다고 말했
다. 얼마 후 양문공이 표문을 지어 말했다
　그러자 양문공의 문하생인 정전(鄭戩)이 급히 양문공을 뵙고
말했다.

　　의 영향을 받은 고아한 풍격의 詞를 지었다. 宋詞를 융성하게 한
　　사람으로 추앙받는다. 『文集』(240권) 외에 백과사전인 『類要』를
　　편찬했지만, 대부분 전하지 않고 「珠玉詞」·「元獻遺文」 등이 남아
　　있을 뿐이다. 사후에 元獻公이라는 諡號를 받았다.
210) 留守: 황제가 순행하거나 친히 출정하였을 때, 親王 또는 대신이 京
　　城에 남아서 집정하는 것을 이른다.
211) 譏誚: 풍자의 의미를 담고 냉소적으로 비웃다.
212) 張亢觸牆成八字: 장항의 비대함이 마치 소 같았는데, 소의 머리에
　　는 두 개의 뿔이 있으므로 八字形이 된다고 조롱한 것이다.
213) 叫三聲: 典故가 있는 것으로, 고대 시가 중에 "猿啼三聲漏沾裳"가
　　있는데, 그 뜻은 원숭이가 처량하게 우는 것을 들으면, 자신도 모르
　　게 저절로 자기의 아픈 일들이 생각나 눈물이 흘러 옷을 적신다는
　　것이다. 여기에서는 왕기를 원숭이에 빗대어 조소한 것이다.

"언제 생야채를 팔게 될지 모르겠습니다."

이리하여 양문공은 크게 웃으며 표문을 고쳤다.

楊文公嘗戒其門人, 爲文宜避俗語. 旣而公因作表云: "伏惟
陛下德邁九皇.214)" 門人鄭戩215)遽請於公曰: "未審何時得賣
生菜?" 於是公爲之大笑而易之.

55. 하영공의 표문

하영공(夏英公: 夏竦)의 부친은 하북(河北)에서 벼슬하다가
경덕(景德) 연간(年間: 1004~1007)에 거란(契丹)이 하북을 침
범했을 때 결국 진영에서 죽었다. 후에 하영공이 사인(舍人)으
로 있을 때 모친상 중에 다시 기용되어 거란으로 출사(出使)하
라는 명이 내려왔지만, 하영공은 가지 않겠다고 사양하면서 표

---

214) 伏惟陛下德邁九皇: 이것은 당시 일반적으로 사용되던 상투적인 스
타일의 말이었다. 양억은 그 문하생들에게 상투적인 스타일을 따르
지 말아야한다고 훈계하고는 도리어 자신은 상투적인 말을 하자 정
전이 그에게 농담으로 그의 잘못을 지적한 것이다. '伏惟'는 敬詞,
'德邁九皇'은 덕행이 역대 성군을 초월한다는 것으로 이 '德邁九皇
(demaijiuhuang)'과 '得賣韭黃'은 同音이다. 生菜는 韭黃(겨울철에
움 또는 온실에서 키운 누런색의 연한 부추)이라고도 칭할 수 있다.
215) 鄭戩: (992~1053) 吳縣 사람으로, 字는 天休이다. 進士에 급제하
고 右諫議大夫·樞密副使를 역임하고, 資政殿學士로 항주를 다
스리다가 다시 陝西四路按撫使가 되었고 奉國公節度使에 배수되
었다. 사후에 太尉를 추증 받고, 文肅이라는 諡號를 받았다.

문(表文)에서 이렇게 말했다.

"신의 부친은 왕사(王事)를 위해 죽었고 신은 지금 모친상을 당했사옵니다. 도의상 거란과는 같은 하늘 아래서 살 수 없으므로 오랑캐의 천막에서 절을 하기 어려우며, 예법상 모친을 위해 흙 베개를 베어야 마땅하므로 오랑캐의 음악 소리는 차마 듣지 못하겠사옵니다."

당시 사람들은 이를 사륙문(四六文)의 대우(對偶) 중에서 가장 뛰어나다고 여겼다.

夏英公(竦)父官於河北, 景德216)中契丹犯河北, 遂歿于陣. 後公爲舍人, 丁217)母憂218)起復219), 奉使契丹, 公辭不行, 其表云: "父歿王事, 身丁母憂. 義不戴天, 難下穹廬220)之拜, 禮當枕塊221), 忍聞夷樂之聲."〔19〕當時以爲(一作 '謂')四六222)偶對, 最爲精絶.

【校勘】〔19〕思聞夷樂之聲: 『皇宋類苑』 권40과 宋 王正德의 『余師錄』 권4 에 인용된 『歸田錄』에는 '夷樂之聲'이 '禁鞰之音'으로 되어 있으며, 宋 費袞의 『梁溪漫志』 권6에 인용된 『歸田錄』에는 '鞰鞹之音'이라 되어 있다. 宋 王銍의 『王公四六話』 上에서는 "夏英公「辭奉使表」

216) 景德: (1004~1007)眞宗의 연호이다.

217) 丁: 나쁜 일을 만나다.

218) 母憂: 母親喪을 말한다.

219) 起復: 옛날 관리가 服喪 중에 기용되는 것을 말한다.

220) 穹廬: 파오(몽골 유민의 천막식 가옥으로 뜯어서 이동하기 쉽게 되어 있음)를 말한다.

221) 枕塊: 고대에는 상을 당하였을 때 부모상이라면 흙덩어리를 베개로 사용했는데, 그것은 극도로 애통해함을 상징하는 것이다.

222) 四六: 변려문을 말하는 것으로 네 자, 여섯 자로 對偶를 맞추는 것으로 유명하다.

56. 손근의 「여산시」

손하(孫何)와 손근(孫僅)은 모두 문장으로 한 시대에 명성을
날렸다. 손근은 섬서전운사(陝西轉運使)로 있을 때 「여산시(驪
山詩)」 2편을 지었는데 그 후편(後篇)에서 이렇게 말했다.

"진제(秦帝: 秦始皇)의 묘가 완성되자 진승(陳勝)이 들고 일
어났고, 명황(明皇: 唐玄宗)의 궁이 지어지자 안록산(安祿山)
이 쳐들어왔네."

당시 바야흐로 옥청소응궁(玉淸昭應宮)을 건축하고 있었는
데, 손근을 미워하는 어떤 자가 그를 모함하려고 그의 「여산시」
를 기록해서 황제에게 상주했다. 진종(眞宗: 趙恒)이 그 전편
(前篇)을 읽다가 "진홍색 공복을 입은 관리가 인도하여 여산을
오르네"라는 구절을 보고는 급히 말했다.

"손근은 작은 그릇이니, 이것을 어찌 족히 자랑할 만하겠는가!"

그리고는 다 읽지 않고 버림으로써 진승과 안록산이 나오는
구절은 결국 보지 않았으니, 사람들은 불행 중 다행이라고 생각
했다.

孫何223), 孫僅224)俱以能文馳名225)一時. 僅爲陝西轉運

使226), 作 『驪山詩』二篇, 其後篇有云: "秦帝墓成陳勝起227),
明皇228)宮就祿山來229)." 時方建玉清昭應宮, 有惡僅者, 欲中
傷之, 因錄其詩以進. 眞宗讀前篇云: "朱衣吏引上驪山230)",
遽曰: "僅小器也, 此何足誇!" 遂棄不讀, 而陳勝, 祿山之語,
卒得不(一作 '不得')聞, 人以爲幸也.

---

223) 孫何: (961~1004) 蔡州 汝陽사람으로, 字는 漢公이다. 太宗 淳化
3년 進士에 급제하고 여러 관직을 역임하다가, 景德 元年에 知制
誥가 되어 三班院을 장악했다. 문집이 40여 권이 있었으나 이미 유
실되었다.

224) 孫僅: (969~1017) 蔡州 汝陽사람으로, 字는 隣幾이다. 孫何의 아
우로 咸平年間에 進士가 되었고, 관직은 給事中까지 올랐다. 유학
에 독실했으며, 문집 50여 권이 있었으나 이미 유실되었다.

225) 馳名: 이름이 널리 알려지다.

226) 轉運使: 재화와 부세를 장악하였고, 지방 관리를 감독할 수 있는 권
리를 가졌으며, 후에는 府州 이상의 行政長官이 되었다.

227) 陳勝起: BC 209년 중국 秦나라 말기에 始皇帝가 죽은 뒤 진승이
반란을 일으킨 것을 말한다.

228) 明皇: 唐 玄宗 (685~762). 이름은 隆基, 睿宗의 셋째 아들로 아버
지 睿宗에게 황위를 선양받았다. 44년간 재위하다가 안록산의 난 후
에 아들에게 선위한 후 우울증에 시달리다 78세를 일기로 세상을 떠
났으며, 泰陵에 안장되었다.

229) 祿山來: 중국 唐나라 중기에 安祿山과 史思明 등이 일으킨 반란
(755~763)을 말한다.

230) 驪山: 陝西 西安에 臨潼縣에 위치한다.

57. 문호 양대년

　양대년(楊大年: 楊億)은 매번 글을 짓고자 할 때면 문인(門人)·빈객들과 함께 술내기 노름이나 투호(投壺)·바둑을 즐기면서 시끄럽게 웃고 떠들었지만, 자신의 작품을 구상하는 데에는 전혀 방해받지 않았다. 그는 네모난 작은 종이에 깨알 같은 글씨를 쓰면서 나는 듯이 붓을 휘둘렀지만 문장은 수정할 필요가 없었다. 글씨가 종이 한 장에 가득차면 문인들에게 명하여 베껴 쓰도록 했는데, 문인들은 명을 따르느라 지쳤지만 양대년은 잠깐 사이에 수 천 자를 썼으니 진정 한 시대의 문호이다.

　　楊大年每欲(一作'遇')作文, 則與門人賓客飮博231), 投壺232), 奕棋233)(二字一作'乃至'), 語笑諠譁, 而不妨構思. 以小方紙細書, 揮翰如飛, 文不加點, 每盈一幅, 則命門人傳錄, 門人疲於應命, 頃刻之際, 成數千言, 眞一代之文豪也.

---

231) 博: 고대의 도박성을 띤 놀이의 일종. 후에 도박으로 범칭 됨. (말판에 12갈래의 길이 있으며, 말은 흑백 각각 6개임. 상고 때 烏曹가 발명했다고 함.)
232) 投壺: 옛날 궁중이나 양반집에서 항아리에 화살을 던져 넣던 놀이이다.
233) 奕棋: 두 사람이 흑백의 바둑돌을 바둑판의 임의의 점 위에 교대로 놓으면서 집을 많이 차지하는 승부놀이이다.

58. 양대년이 해직을 청하다

양대년(楊大年: 楊億)이 학사로 있을 때, 「답거란서(答契丹書)」를 기초(起草)하면서 이렇게 말했다.

"땅을 이웃하면서[鄰壤] 기쁨을 교환하다."

초고를 완성해 올리고 난 뒤에 진종(眞宗: 趙恒)이 친히 그 옆에 주(注)를 달았다.

"후양(朽壤: 부식토)·서양(鼠壤: 부드럽고 덩어리가 없는 토양)·분양(糞壤: 똥거름 토양)."

그래서 양대년은 황급히 [鄰壤을] '인경(鄰境)'으로 고쳤다. 다음날 아침에 양대년은 당나라의 관례를 인용하여, 학사가 지은 문서 중에 고칠 것이 있으면 이는 관직을 담당하기에 부족한 것이므로 마땅히 그만두어야 한다면서, 한사코 해직(解職)을 청했다. 이에 진종이 재상에게 말했다.

"양억(楊億)은 상의가 통하지 않으니, 정말 성깔 있는 사람이구려."

　　楊大年爲學士時, 草『答契丹書』云: "鄰壤交歡." 進草旣入, 眞宗自注其側云: "朽壤, 鼠壤, 糞壤." 大年遽改爲 '鄰境'. 明旦, 引唐故事: 學士作文書有所改, 爲不稱職, 當罷, 因亟求解職. 眞宗語宰相曰: "楊億不通商量, 眞有氣性."(一作 '性氣')

59. 왕박과 호원의 편종

태상시(太常侍)에서 사용한 것은 왕박(王朴)의 음악이었는데, 편종(編鍾)이 모두 타원형이었고 비스듬히 늘어뜨려져 있었다. 이조(李照)와 호원(胡瑗)의 무리들은 모두 그것을 〔아악(雅樂)의 기준에〕 미치지 못한다 생각했다. 그리하여 이조는 새로운 음악을 만들고자 장차 편종을 주조하려고 주사무(鑄瀉務)에 구리를 지급했는데, 〔지급된 구리 중에서〕 옛 편종 하나가 나왔다. 공인은 감히 그것을 녹여 없애지 못하고 결국 태상시에 숨겨놓았다. 그 편종은 어느 시대에 만들어진 것인지 알 수 없었지만 그 명문(銘文)에 이렇게 새겨져 있었다.

"아! 짐의 선조 황제의 보배로운 화종(龢鍾)이니, 만년토록 자자손손 영원히 보배롭게 사용하라."

그 편종을 치면 소리가 왕박의 〔十二律 중〕 이칙(夷則)의 청아한 소리와 화음을 이루었고 그 형태가 타원형으로 비스듬히 늘어뜨려져 있어서 정작 왕박의 편종과 동일했다. 그런 후에야 왕박이 옛일에 해박하고 학문을 좋아하며 근거가 없는 일은 하지 않음을 알게 되었다. 그 후에 호원이 편종을 고쳐 주조하면서 마침내 그 형태를 원형으로 하고 아래로 곧장 늘어뜨렸는데, 그것을 치면 소리가 둔탁하여 울려 퍼지지 않았다. 그 박종(鎛鍾) 또한 길쭉하고 떨림이 심하여 그 소리가 화음을 이루지 못했다. 저작좌랑(著作佐郎) 유희수(劉羲叟)가 은밀히 사람들에게 말했다.

"이것은 주(周)나라 경왕(景王)의 무야종(無射鐘)과 다름이
없으니, 필시 현혹의 괴로움이 있을 것이오."

오래지 않아 인종(仁宗: 趙禎)이 병을 얻자, 사람들은 유희수
의 말이 영험하다고 생각했다. 호원의 음악 역시 곧 폐기되었다.

太常所用王朴樂, 編鐘[234]皆不圓而側垂. 自李照, 胡瑗[235]
之徒, 皆以爲非及. 照作新樂, 將鑄編鐘, 給銅(一有 '於'字)鑄
瀉務[236], 得古編鐘一枚, 工人不敢銷毀, 遂藏於太常. 鐘不知
何代所作, 其銘曰(一作 '云'): "粤朕皇祖寶龢鐘, 粤斯萬年, 子
子孫孫永寶用." 叩其聲, 與王朴夷則[237]淸聲合, 而其形不圓
(一有 '而'字)側垂, 正與朴鐘同, 然後知朴博古好學, 不爲無據
也. 其後胡瑗改鑄編鐘, 遂圓其形而下垂, 叩之揜鬱而不揚, 其
鎛鐘[238]又長甬而震掉, 其聲不和. 著作佐郞[239]劉羲叟竊謂人
曰: "此與周景王[240]無射[241]鐘無異, 必有眩惑之疾." 未幾, 仁

---

234) 編鐘: 악기 중 金部에 속하는 有律打樂器이다.
235) 胡瑗: (993~1059) 字는 翼之, 太州 如皐 사람으로, 송대 理學의
    선구자이다. 일생동안 교육에 종사했으며, 世稱 '安定先生'이라 불
    렸다.
236) 鑄瀉務: 宋代 '鑄瀉務'는 銅樂器를 제조하던 곳이며, '大晟府'는
    악기를 제조했고, '敎坊'은 敎學機構, 樂師의 특기에 따라 13部로
    나뉘어 있었다.
237) 夷則: 十二律 가운데 아홉째 음으로, 陽律에 속한다. 〔12음계로는
    陽인 六律과 陰인 六呂로 되어 있고, 육률은 黃鐘·太簇·姑洗·
    蕤賓·夷則·無射이며, 육려는 林鐘·南呂·應鐘·大呂·夾
    鐘·仲呂임〕
238) 鎛鐘: 열두 개의 쇠 종을 틀에 단 악기를 말한다.
239) 著作佐郞: 宋代 著作郞은 日歷을 修撰하는 일을 했다. 著作郞 밑
    에는 著作佐郞과 校書郞 등이 있다.
240) 周景王: (?~BC 520) 原性은 姬, 이름은 貴, 東周 君王이다. 그는

宗得疾, 人以義叟之言驗矣. 其樂亦尋廢.(一有'不用'二字)

60. 과거시험

태종(太宗: 趙光義)이 유학을 존숭한 이래로 높은 점수로 갑작스럽게 발탁되어 재상이 된 사람이 많았다. 무릇 태평흥국(太平興國) 2년(977)부터 천성(天聖) 8년(1030)까지 23번의 과거가 있었는데, 여문목공(呂文穆公: 呂蒙正) 이하로 27명이 중용되었다. 그러나 3명이 나란히 양부(兩府: 中書省과 樞密院)에 등용된 해는 오직 천성 5년(1027)의 과거 한 번뿐이었는데, 이 해에 왕문안공(王文安公: 王堯臣)이 1등, 지금의 소문상공(昭文相公) 한복야(韓僕射: 韓琦)와 서청참정(西廳參政) 조시랑(趙侍郎: 趙槩)이 2등과 3등이었다. 내가 외람되게도 두 공(公)과 같은 부(府)에 있게 되었는데, 매번 그 일을 언급할 때마다 과거시험장의 훌륭한 일이라고 생각했다. 경우(景祐) 원년(1034) 이후로 지금 치평(治平) 3년(1066)에 이르기까지 30여 년간 12번의 과거가 있었는데, 5등 이상 가운데 단 1명도 양부에 등용된 사람이 없으니 이 또한 이상하다.

自太宗崇獎儒學,　驟擢高科[242]至輔弼[243]者多矣.　蓋(一作

周 靈王의 둘째 아들로, 靈王이 사망한 후 왕의 자리에 올라 25년
간 재위했으며 사후에 翟泉에 안장되었다.
241) 無射: 十二律 중 육률의 하나이다.

'(自)'太平興國二年至天聖八年二十三榜[244], 由呂文穆公(蒙正)
而下, 大用二十七(一作 '五')人. 而三人並登兩府, 惟天聖五年
一榜而已, 是歲王文安公[245](堯臣)第一, 今昭文相公韓僕射[246]
(琦), 西廳參政趙侍郎[247](槩)第二, 第三人也. 予忝與二公同
府, 每見語此, 以爲科場盛事. 自景祐元年已後, 至今治平三
年, 三十餘年十二榜, 五人已上未有一人登兩府者, 亦可怪也.

---

242) 高科: 과거 시험에서 좋은 성적으로 급제한 사람을 말한다.

243) 輔弼: 재상을 말한다.

244) 榜: 시험에 응시하여 합격한 사람의 명단을 게시하는 것을 말한다.
여기에서는 과거를 말한다.

245) 文安公: 王堯臣(1003~1058). 字는 伯庸, 應天府虞城(오늘날의
河南 虞城) 사람이다. 仁宗 天盛 5년(1027)에 進士가 되고 翰林
學士・知制誥・參知政事 등을 역임했다. 사후에 文安이라는 諡
號를 받았다.

246) 韓僕射: 韓琦(1008~1075). 河南 安陽 사람으로 字는 稚圭이다,
젊어서 進士에 합격, 知州按撫使로서 四川의 飢民 190만 명을 구
제하고, 이어 西夏의 침입을 격퇴하여 변경 방어에도 역량을 과시함
으로써, 30살에 이미 文武에 명성을 떨쳐 樞密副使가 되었다. 그러
나 자청하여 지방관을 역임하고, 1056년 三司使, 1058년에는 재상
에 올라 약 10년간 국정에 참여했다. 神宗 즉위 후 다시 지방으로
나갔으며, 王安石의 靑苗法 실시를 맹렬히 비난하고, 또 거란이 요
구해온 영토 할양에도 반대하며 왕안석과 정면 대립함으로써 관직
에서 물러났다. 조정의 신임이 두터워 魏國公에 봉해졌고, 사후에
忠獻이라는 諡號를 받았다.

247) 趙侍郎: 趙槩(996~1083). 字는 叔平, 처음 이름은 里, 虞城(지금
의 河南 虞城北) 사람이다. 仁宗 天盛 5년(1027)에 進士가 되고
樞密使・參知政事를 역임하고 太子太師로 관직에서 물러났다.
神宗 元豊 6년에 사망해 康靖이라는 諡號를 받았다.

권2

61. 정진공이 「응제시」를 짓다

진종(眞宗: 趙恒)은 재위에 있으면서 해마다 꽃놀이와 낚시를 했고 그때마다 신하들은 천자의 명을 받들어 시문(詩文)을 지었다. 한번은 어느 해에〔진종이 낚시를 하면서〕연못가에서 한참을 기다려도 물고기들이 미끼를 물지 않자, 이때 정진공(丁晉公: 丁謂)이 「응제시(應制詩)」를 지어 이렇게 읊었다.

"앵무새는 봉연(鳳輦: 御輦)에 놀라 꽃 사이로 들어가고, 물고기는 용안(龍顔)을 두려워하여 미끼를 늦게 무네."

진종이 듣고 칭찬했으며, 신료들은 모두 그에게 미치지 못한다고 스스로 생각했다.

眞宗[1]朝歲歲賞花釣魚, 羣臣應制[2]. 嘗一歲, 臨池久之, 而

---

1) 眞宗: (968~1022) 宋나라의 제3대 황제(997/998~1022/23 재위) 이름은 趙恒이다. 유교를 강화하고 북쪽의 유목민족인 거란족과 휴전조약을 체결하여 몇 십 년간 지속되던 전쟁을 종결시켰다. 이때 체결한 山海關 조약(1044)으로 송은 만리장성 이남의 燕云 16주를 영구히 포기하는데 동의했다. 眞宗은 신의 계시라고 하여 잇달아 새로운 祭式

御釣不食, 時丁晉公(謂)「應制詩」云: "鶯驚鳳輦3)穿花去, 魚畏龍顔上釣遲." 眞宗稱賞, 羣臣皆自以爲不及也.

62. 조원호가 여색에 빠져 화를 만나다

조원호(趙元昊)에게는 2명의 아들이 있었는데, 장남은 영영수(佞令受)이고 차남은 양조(諒祚)였다. 양조의 모친은 비구니였으나 미모를 지니고 있어서 총애를 받았는데, 영영수의 모자는 그들을 원망했다. 양조 모친의 오라비인 몰장와방(沒藏訛嗭)이란 자는 교활한 자로 영영수에게 그 부친을 시해하는 역모를 교사했다. 조원호가 살해되고 나자, 몰장와방은 마침내 군주를 시해한 반역죄로 영영수 모자를 주살했다. 그리하여 양조가 왕위에 올랐으나 나이가 너무 어렸기 때문에 몰장와방이 마침내 서하국(西夏國)의 정권을 독차지하게 되었다. 그 후 양조가 점차 장성하여 결국 몰장와방을 죽이고 그의 일족을 멸했다. 조원호는 10여 년 동안 서쪽 변방의 근심거리였으므로, 국가〔宋〕에서 천하의 병력을 기울여 이 한 곳에서 전쟁을 치르면서

들을 만들었는데, 그것들은 유교의 경쟁 상대였던 불교와 도교의 혼합물이었다. 또한 유교의 영향력을 강화시켜 1011년 모든 지방 도시들에 공자의 사원을 세우라는 명을 내렸다. 이러한 개혁으로 백성들에게 천자의 정통성을 더욱 강하게 인식시킬 수 있었다. 그러나 그는 말년에 정신이상이 생겨 그의 황후가 권력을 잡았다.

2) 應制: 천자의 명령을 받들어 詩文을 짓다.
3) 鳳輦: 鳳輦, 龍顔 모두 고대 황제의 代稱이다.

패배한 군사와 살해된 장군이 셀 수 없을 정도로 많았지만, 일찍이 그 예봉을 조금도 꺾은 적이 없었다. 그러나 그가 여색에 빠지게 되자 부자지간에 화(禍)가 생겨나 그 몸을 죽음에 이르게 했다. 이것은 예로부터 현명하고 지혜로운 군주도 면할 수 없었는데 하물며 오랑캐임에랴! 몰장와방은 남의 아들을 교사해 그 부친을 살해하는 것이 자신에게 이익이라 생각했지만 끝내는 역시 멸족의 화를 당했으니, 모두 이치상 당연한 것이다.

趙元昊4)二子: 長曰俟令受, 次曰諒祚5). 諒祚之母, 尼也, 有色而寵, 俟令受母子怨望. 而諒祚母之兄曰沒藏訛嗙6)者, 亦黠虜7)也, 因敎俟令受以弒逆8)之謀. 元昊已見殺, 訛嗙遂以弒逆之罪誅俟令受子母, 而諒祚乃得立, 而年甚幼, 訛嗙遂專夏國之政. 其後諒祚稍長, 卒殺訛嗙, 滅其族. 元昊爲西鄙9)患者十

---

4) 趙元昊: (1004~1048)西夏의 개국황제이다. 先世는 拓跋氏였고, 唐末에 功을 세워 姓 '李'를 하사받았다. 그의 祖父인 李繼遷 때 宋이 趙保吉이라는 성과 이름을 하사했다. 德明의 아들인 趙元昊는 서하를 개국하고 끊임없는 조치를 취하여 정권을 공고히 하는 동시에 경제 발전에도 노력을 기울였다. 그는 또한 宋나라와 遼나라와의 잇따른 전투에서 계속 승리하여 北宋 및 遼나라와 함께 대립하며 존재하는 국면을 형성했다. 또한 西夏는 蕃學을 세우고 西夏文字를 창제하여 점차 강렬한 민족 특색을 갖춘 서하 문화를 발전시켰다.

5) 諒祚: (1047~1068) 西夏의 毅宗. 元昊의 아들이다. 1048~1068년 재위했으며, 일찍이 宋으로부터 『九經』 등의 책을 취하고자 했고, 여러 차례 병사를 이끌고 宋을 공격했다.

6) 沒藏訛嗙: 人名. '嗙'의 音은 '忙(máng)'이다.

7) 黠虜: 교활한 적을 말한다.

8) 弒逆: 군주를 살해하고 뜻을 거스르다.

9) 西鄙: 西夏. 11세기에 건립되어 13세기 初까지 번영을 누린 티베트

餘年, 國家困[10]天下之力, 有事於一方, 而敗軍殺將, 不可勝
數, 然未嘗少挫其鋒. 及其困於女色, 禍生父子之間, 以亡其
身, 此自古賢智之君或不能免, 況夷狄[11]乎! 訛唲教人之子殺
其父, 以爲己利, 而卒亦滅族, 皆理之然也.

63. 안원헌공이 시를 평하다

안원헌공(晏元獻公: 晏殊)은 시를 논평하길 좋아했는데, 한
번은 이렇게 말했다.

"허리에 만 관(貫)의 동전은 늘 무겁게 느껴지고, 평소 베는
옥침(玉枕)은 서늘하네'라는 구절은 부귀를 표현하기에 부족하
니, '생가(笙歌)를 들으며 정원으로 돌아오고, 밝은 등불 아래로 누
대를 걷노라'는 구절만 못하다. 이 구절이 부귀를 잘 표현했다."

사람들이 모두 식견 있는 말이라고 여겼다.

> 晏元獻公喜評詩, 嘗曰: "老覺腰金重, 慵便枕玉涼[12]', 未是富貴語,
> 不如笙歌[13]歸院落, 燈火下樓臺[14]'. 此善言富貴者也." 人皆以爲知言.

계 탕구트족의 왕국을 말한다.

10) 困: 여기에서는 '窮盡(다하다)'라는 의미로 사용되었다.

11) 夷狄: 고대 소수민족의 칭호로 경멸하는 정서가 담겨있다.

12) 老覺腰金重, 慵便枕玉涼: "허리에 만관의 동전은 늘 무겁게 느껴지
고, 평소 베는 玉枕은 차갑기만 하네"는 이 구절은 비록 부유함을 상
징한 말이기는 하지만, 너무 직접적이다.

13) 笙歌: 笙簧반주에 맞추어 부르는 노래이다.

14) 笙歌歸院落, 燈火下樓臺: "笙歌를 들으며 정원으로 돌아오고, 밝은

64. 거란의 아보기

거란(契丹)의 아보기(阿保機)는 당말(唐末) 오대(五代) 때 가장 강성했다. 〔後梁〕 개평(開平) 연간(907~910)에 여러 차례 양(梁: 後梁)나라에 사자를 파견하여 빙문(聘問)했으며, 양나라도 사자를 파견하여 답방했다. 지금 세상에 전해지는 이기(李琪)의 『금문집(金門集)』에 「사거란조(賜契丹詔)」가 있는데, 거기에는 아포기(阿布機)라 되어 있다. 당시 조서를 쓸 때는 응당 착오가 있지 않았을 텐데, 오대 이후로 다른 책에 보이는 것은 모두 아보기라 되어 있으니, 비록 오늘날의 거란 사람들이 스스로 그를 아보기라 부른다 하더라도 응당 잘못된 것은 아니다. 또 조지충(趙志忠)이라는 자가 있는데, 그는 본래 화인(華人: 漢族)이다. 어린 나이에 오랑캐〔거란〕에게 잡혀갔으나 사람됨이 총명하고 영민하여 오랑캐 나라에서 진사에 급제하고 높은 관직에 올랐다. 나중에 그는 탈출하여 고국으로 돌아와서 오랑캐 나라 군신(君臣)의 세대 차례와 산천풍물을 매우 상세하게 기술할 수 있었는데, 그가 또 이렇게 말했다.

"아보기를 오랑캐 사람들은 실제로 아보근(阿保謹)이라 부른다."

도대체 누가 맞는 건지 모르겠다. 이는 성인이 의심스러운 것을 전하는 데 신중했던 까닭이다.

등불 아래로 누대를 걷노라"라는 이 구절에는 부유한 모습을 나타내는 문구는 없지만 부귀한 일상을 오히려 눈앞에 생생하게 표현해 냈다.

契丹阿保機15), 當唐末五代時最盛. 開平16)中, 屢遣使聘17)
梁, 梁18)亦遣人報聘. 今世傳(一有 '學士'二字)李琪19) 『金門
集』有「賜契丹詔」乃爲阿布機, 當時書詔不應有誤, 而自五代
以來, 見於他書者皆爲阿保機, 雖今契丹之人, 自謂之阿保機,
亦不應有失. 又有趙志忠者, 本華人20)也, 自幼陷虜21), 爲人明
敏, 在虜中擧進士, 至顯官. 旣而脫身歸國, 能述虜中君臣世
次, 山川風物甚詳, 又云: "阿保機虜人實謂之阿保謹." 未(一
作 '莫')知孰是(一作 '也'字). 此聖人所以愼於傳疑22)也.

---

15) 阿保機: (872~926) 즉 遼의 太祖로, 遼왕조의 건립자로, 성은 耶律
氏, 漢名은 億이다. 907~926년에 재위했다. 10세기 초에 거란을 통
일하고 한족 韓延徽 등을 등용, 낡은 풍습을 개혁하고, 성곽을 건축
했으며, 거란문자를 만들고, 농업과 상업을 발전시켜 거란족의 封建
化 과정을 촉진시켰다. 926년에 渤海를 공격하여 멸망시켰다.

16) 開平: 五代 後梁 太祖의 연호(907~910)이다.

17) 聘: 자국의 정부를 대표하여 友邦을 방문하다.

18) 梁: 五代 後梁(907~923)을 말한다.

19) 李琪: 五代 때 隴西 敦煌 사람으로, 字는 台秀, 李珽弟이다. 문장으
로 세상에 이름을 날렸으며, 唐 昭宗 때 進士가 되고, 後梁에 翰林
學士가 되었으며, 末帝 때 宰相에 배수된다. 後唐 庄宗 때 國計使
가 되고, 明宗 때 御史中丞에 임명되고 太子太傅로 관직에서 물러
나, 60세에 생을 마쳤다. 저서로 『金門集』이 있다.

20) 華人: 華夏人(중국의 옛 명칭), 즉 華族(지금의 漢族) 사람을 말한다.

21) 虜: 여기에서는 거란을 의미한다. 宋나라의 거란에 대한 폄칭이다.

22) 傳疑: 학문상 의심스러운 것을 함부로 논단하지 않고 남겨두어 다른
사람이 해결하기를 기다리다.

65. 진종이 진사시험을 주재하다

진종(眞宗: 趙恒)은 특히 유학을 중시했는데, 지금의 과거시험 규정과 제도는 모두 당시에 정해진 것이다. 지금도 황제가 매번 친히 진사시험을 주재하며 급제자가 발표된 후에 10등 이상은 황제가 직접 그 답안지를 점검하고 아울러 부본을 진종의 영전(影殿) 앞에서 태우는데, 제과(制科)에 급제한 경우도 그렇게 한다.

> 眞宗尤重儒學, 今科場條制, 皆當時所定. 至今每親試進士, 已放及第, 自十人已上, 御試卷子並錄本於眞宗影殿[23]前 焚燒, 制擧[24]登科者亦然.

66. 유명한 화가 다섯 명

근래의 유명한 그림으로는 이성(李成)과 거연(巨然)의 산수화, 포정(包鼎)의 호랑이 그림, 조창(趙昌)의 꽃과 과일 그림이 있다. 이성은 벼슬이 상서랑(尙書郎)에까지 이르렀는데, 그의 산수화와 한림도(寒林圖)는 종종 인가에서 가지고 있다. 거연의 작품은 학사원(學士院) 옥당(玉堂)의 북쪽 벽에만 있기 때

---

23) 影殿: 임금의 초상을 모신 전각을 말한다.
24) 制擧: 制科. 황제가 직접 주재하던 과거시험이다.

문에 세간에서는 더 이상 볼 수 없다. 포씨(包氏: 包鼎)는 선주
(宣州) 사람으로 대대로 호랑이 그림의 명문가인데 그 중에서
포정이 가장 신묘하다. 지금 그의 자손들이 여전히 호랑이 그림
그리는 것을 생업으로 삼고 있으나 일찍이 포정을 방불케 하는
자는 없다. 조창의 꽃그림은 묘사가 핍진하지만 화법이 유약하
고 통속적이어서 옛 사람의 풍격과 운치가 거의 없다. 하지만
당시에는 또한 그에 필적할 만한 사람이 없었다.

　　近時名畫, 李成25), 巨然26)山水, 包鼎27)虎, 趙昌28)花果. 成

---

25) 李成: (919~967) 唐나라 宗室 사람으로, 李營丘라고 했다. 유학으
로 관직을 역임한 명문출신으로 唐末에 進士에 급제하였으나, 五代
의 난으로 여러 곳을 전전하며 불우한 처지를 詩와 술로 달래고 뜻을
山水에 의탁했다. 五代의 關同을 스승으로 하고, 寒林의 경관을 그
렸는데, 그의 樹法은 寒林蟹爪描라고 하여 그 이후로 北宗畫風의
寒嚴한 성격으로 오랫동안 전해졌다. 또 화북의 광대한 풍토에 알맞
은 본격적인 구성으로, 平遠描寫에 主山을 배치하지 않고 近景과
원경과의 극단적인 대비를 찾아내는 등, 후에 郭熙에 의하여 이념화
된 北宗山水畫의 중요한 일면을 전하고 있다. 작품으로 『喬松平遠
圖』 등이 있다.
26) 巨然: 江寧 사람으로, 승려였으나 그림에 뛰어났고 南唐의 李後主가
송나라로 항복해왔을 때 그와 함께 송나라의 수도였던 지금의 開封
인 汴京으로 가 開寶寺에서 살았다. 그의 山水畫는 董源의 화법을
익혀 妙境에 들어섰다. 畫風은 숲 속의 산길과 같은 소박한 정취를
그리는 데 주력하였고, 산 속 樓亭人物의 묘사가 빼어났다. 宋 초기
의 산수화가로 荊浩ㆍ關同 다음으로 동원과 거연이 있다고 전하여진다.
이들은 송나라 산수화파의 대표로서 후세에 커다란 영향을 끼쳤다.
27) 包鼎: 宣州 宣城 사람으로, 이름은 包貴子이다. 호랑이를 잘 그리는
집안으로 알려져 있고, 그중에서도 포정이 그린 호랑이 그림이 가장

官至尙書郎29), 其山水寒林30), 往往人家有之. 巨然之筆, 惟學士院玉堂北壁獨存, 人間不復見也. 包氏宣州人, 世以畵虎名家, 而鼎最爲妙, 今子孫猶以畵虎爲業, 而曾不得其髣髴也. 昌花寫生逼眞, 而筆法頓俗(一作 '劣'), 殊無古人格致, 然時亦未有其比(一作 '未有過此者').

67. 구래공과 양대년

   구래공(寇萊公: 寇準)이 중서성(中書省)에 있을 때 같은 반열의 동료들과 함께 장난삼아 말했다.

   "물 속에 있는 해는 하늘 위에 있는 해이라네."

   아직 응대하는 사람이 없을 때, 양대년(楊大年: 楊億)이 마

   뛰어나다 칭송받고 있다.

28) 趙昌: 四川 劍南 (일설에는 廣漢)사람으로, 字는 昌之이다. 蜀나라 岌昌祐의 문하에서 배우고 黃筌風의 花鳥畵를 그렸는데, 후에 상경하여 徐熙風의 沒骨描를 절충했다. 骨法보다도 채색에 특징이 있는 사생적인 花鳥畵로, 아침, 저녁으로 꽃밭을 돌아다니며 초화와 벌레 등을 손에 잡고 그 형태와 색채를 연구했다고 한다. 그 화풍은 徽宗 때의 畵院에도 영향을 끼쳤다. 折枝畵에도 뛰어났던 듯, 절지화의 傳承作品이 많으나 확증 있는 것은 없다. 天性이 강직하여 권세나 물욕에 굽히지 않아 그의 작품을 얻기가 매우 어려웠다고 한다.

29) 尙書郎: 尙書에는 각 侍郎·郎中·等官이 있으며, 통괄하여 관리하는 것으로 통칭 尙書郎이라 한다.

30) 寒林: 한림도를 말하는 것으로, 주로 화북계 산수화가에 의해 한림만이 그려지거나 혹은 산수화의 주경으로 그려졌다. 이 한림도는 흔히 풍설에 부대껴 끝이 게발톱처럼 된 나뭇가지가 특징이다. 해조묘라 불리는 이러한 수법은 송대의 李成의 작품에서 그 예를 볼 수 있다.

침 일을 보고하러 왔기에 그에게 대구(對句)를 지어보라고 청했더니, 양대년이 곧바로 말했다.

"눈 속에 있는 사람은 얼굴 앞에 있는 사람이라네."

온 좌중의 사람들이 적절한 대구라고 칭찬했다.

寇萊公在中書, 與同列戲云: "水底日爲天上日." 未有對, 而 會楊大年適來白事, 因請其對, 大年應聲曰: "眼中人是面前 人." 一坐稱爲的對.

68. 우연히 발생한 사건이 관례가 되다

조정의 제도 중에는 이따금 우연히 발생하는 사건 때문에 결국 관례가 되는 일이 있다. 거란 사신이 알현하고 나서 조정에서 연회를 베풀었는데, 잡학사(雜學士)들은 비록 그 수가 많더라도 모두 참석시켰지만, 한림학사(翰林學士)는 당직자 한 사람만 부르고 나머지는 모두 참석시키지 않았다. 여러 왕궁의 교수(敎授)가 입조하여 사례를 올릴 때 조종(祖宗: 太祖 趙匡胤)이 때마침 우연히 편전(便殿)에서 어포(御袍)와 어대(御帶)를 착용하지 않은 채 그들을 접견했는데, 지금도 교수가 입조하여 사례를 올리면 반드시 황제가 내전에 들어가 어포와 어대를 벗고 다시 나오기를 기다렸다 접견한다. 담당 관리들은 모두 이것을 정해진 제도로 여긴다.

朝廷之制, 有因偶出一時而遂爲故事者. 契丹人使見辭賜宴[31), 雜學士員雖多皆赴坐, 惟翰林學士祗召當直一員(一作 '人'), 餘皆不赴. 諸王宮教授[32)入謝, 祖宗[33)時偶因便殿不御袍帶見之, 至今教授入謝, 必俟上入內解袍帶復出見之. 有司皆以爲定制也.

69. 처사 임포

처사(處士) 임포(林逋)는 항주(杭州) 서호(西湖)의 고산(孤山)에 살았다. 임포는 회화에 뛰어났고 시를 잘 지었는데, 예를 들면 "게는 풀이 우거진 늪에서 옆으로 기어가고, 자고새는 구름 위에 걸린 큰 나무 위에서 울어 대네"라는 구절은 사대부들에게 많은 칭찬을 받았다. 또 「매화시(梅花詩)」에서 이렇게 읊었다.

"성근 그림자는 맑고 얕은 물에 비스듬히 기울고, 그윽한 향기는 달빛 어린 황혼에 떠도네."

시를 논평하는 자가 말했다.

"이전 시대에 매화를 읊은 사람이 많았지만 이런 구절은 없었다."

또 임포가 임종 때 시를 지어 이렇게 읊었다.

---

31) 賜宴: 나라에서 잔치를 베풀어 사람들을 초대함, 또는 그 잔치를 말한다.
32) 敎授: 학관 이름으로, 宋代 각 路의 州·縣의 모든 학교에는 교수를 두었으며 학교의 課試 등의 일을 장악했다.
33) 祖宗: 여기서는 宋나라를 창건한 太祖를 말하는 것이다.

"훗날 무릉(茂陵)에서 나의 유고(遺稿)를 찾을 테지만,「봉
선서(封禪書)」와 같은 글을 짓지 않은 것이 그래도 기쁘다네."
　이 시구는 특별히 사람들에게 칭송받아 널리 암송되었다. 임
포(林逋)가 죽은 뒤로 서호의 고산은 적막해졌고 그를 계승할
만 한 자가 없었다.

　　　處士34)林逋35)居於杭州西湖之孤山.〔1〕逋工筆畫,〔2〕善
　　爲詩, 如"草泥行郭索36), 雲木叫鉤輈37)", 頗爲士大夫所稱.
　　又「梅花詩」云:"疏影橫斜水淸淺, 暗香浮動月黃昏.38)"評(一
　　作'能')詩者謂:"前世詠梅者多矣, 未有此句也."又其臨終爲
　　句云:"茂陵他日求遺稿,〔3〕猶喜曾無「封禪書39)」."〔4〕尤
　　爲人稱(一作'傳')誦. 自逋之卒, 湖山寂寥(一作'寞'), 未有繼者.

---

34) 處士: 才學이 있음에도 불구하고 은거하며 벼슬하지 않는 선비를 말
　　한다.
35) 林逋: (968~1028) 錢塘 사람으로, 字는 君復이다. 西湖의 孤山에
　　은거하며, 梅花와 鶴을 사랑하면서 독신으로 생애를 마쳤다. 그의 시
　　는 風花雪月을 平淡한 표현으로 읊은 것이 많다. 사후에 和靖선생
　　이라는 諡號를 받았다.
36) 郭索: 게가 옆으로 걷는 모양을 말한다.
37) 鉤輈: 자고새가 우는 소리이다.
38) 疏影橫斜水淸淺, 暗香浮動月黃昏: "성근 그림자는 맑고 얕은 물에
　　비스듬히 기울고, 그윽한 향기는 달빛 어린 황혼에 떠도네."
39) 茂陵他日求遺稿, 猶喜曾無「封禪書」: "훗날 茂陵에서 나의 遺稿
　　를 찾을 테지만,「封禪書」와 같은 글을 짓지 않은 것이 그래도 기쁘다네."
　　「封禪書」: 司馬遷이 쓴『史記』중 '書'에 기록되어 있다. '書'는 禮書·
　　樂書·律書·歷書·天官書·封禪書·河渠書·平準書로 구성되어있
　　다.「封禪書」는「酷吏列傳」·「孝武本紀」등과 같이 지배층의 잔학성에
　　대해서 비판을 서슴지 않았다. 사마천은 역대 제왕들의 업적을 들춰 지적
　　했을 뿐만 아니라 當代의 황제인 武帝에 대해서도 냉엄하게 비판했다.

〔1〕處士林逋居於杭州西湖之孤山: 宋 阮閱의 『詩話總龜』 後集 권
　　　 19와 『五朝名臣言行錄』 권10에 인용된 『歸田錄』에는 모두 "林逋字
　　　 君復, 居杭州西湖之孤山, 眞宗聞其名, 賜號和靖居士, 詔長吏歲時勞
　　　 問"이라 되어 있다.
　　　〔2〕逋工筆畫: 『詩話總龜』에는 "逋工於畫"라고 되어 있는데, 의미
　　　 상 더 낫다.
　　　〔3〕茂陵他日求遺槀: 『五朝名臣言行錄』과 『皇宋類苑』 권35에는
　　　 '槀'가 모두 '藁'로 되어 있다.
　　　〔4〕猶喜曾無封禪書: 『五朝名臣言行錄』과 『皇宋類苑』에는 '曾'이
　　　 모두 '初'로 되어 있다.

70. 조세장이 유대에서 생을 마치다

　속담 중에 "조로(趙老)가 등대(燈臺)를 작별한 뒤, 한 번 떠
나서는 다시 돌아오지 않네"라는 것이 있다. 이것이 무슨 말인
지는 모르겠지만 사대부들도 종종 그 말을 했다. 천성(天聖) 연
간(1023~1032)에 상서랑(尙書郎) 조세장(趙世長)이라는 사람
은 늘 골계(滑稽)를 잘한다고 자부했는데, 그는 늙었음에도 불
구하고 서경유대어사(西京留臺御吏) 직을 청했다. 그러자 어
떤 경박한 자가 그에게 시를 보내 이렇게 말했다.
　"이번엔 정말로 등대를 작별하겠네."
　조세장은 그 시를 몹시 싫어했지만, 적당한 응대를 할 수 없
어서 한스러워했다. 그 후에 조세장은 결국 유대(留臺)에서 생
을 마쳤다.

　　俚諺云: "趙老送燈臺40), 一去更不來." 不知是何等語, 雖士

大夫(一作 '君子')亦往往道之. 天聖中有尙書郞[41]趙世長[42]者, 常以滑稽自負, 其老也求爲西京留臺御史. 有輕薄子送以詩云: "此回眞是送燈臺." 世長深惡之, 亦以不能酬酢[43]爲恨. 其後竟卒於留臺也.

71. 명칭의 와전

관제가 폐지된 지 오래되어 지금은 그 명칭이 잘못된 것이 많지만, 사대부들은 모두 시속(時俗)을 따르면서 이상하게 여기지 않는다. 황제의 딸은 공주가 되면 그 남편은 반드시 부마도위(駙馬都尉)에 임명했기 때문에 그를 부마(駙馬)라 부른다. 그 밖의 종실의 딸 중에서 군주(郡主)에 봉해진 자는 그 남편을 군마(郡馬)라 부르고, 현주(縣主)에 봉해진 자는 그 남편을 현마(縣馬)라고 하는데, 도대체 뜻인지 모르겠다.

官制(一作 '稱')廢久矣, 今其名稱訛謬者多, 雖士大夫皆從俗, 不以爲怪. 皇女爲公主, 其夫必拜駙馬都尉, 故謂之駙馬[44]. 宗室女[45]

---

40) 燈臺: 바닷가나 섬 같은 곳에 높이 세워 밤에 다니는 배에 목표·뱃길·위험한 곳 따위를 알려 주려고 불을 켜 비추어 주는 곳이다.

41) 尙書郞: 官名. 東漢 이후에 설치되었으며, 尙書의 屬官으로 처음 부임하면 郞中, 滿 1년이 되면 尙書郞, 3년이 되면 侍郞이라 했다.

42) 趙世長: 涿郡 사람으로, 宋 眞宗 때 河南府陵臺令 겸 永安令. 解州防禦使의 관직까지 오른다.

43) 酬酢: 여기에서는 시문으로 唱和하는 것을 뜻한다.

44) 駙馬: 漢나라 때 말을 관리하던 관직을 '駙馬都尉'라고 했는데, 魏晉

封郡主者, 謂其夫爲郡馬, 縣主者爲縣馬, 不知何義也.

72. 사색관

당나라의 제도에 따르면, 삼위관(三衛官)에 사계(司階)·사과(司戈)·집간(執干)·집극(執戟)을 두어 사색관(四色官)이라 했다. 지금 삼위는 폐지되었고 소속 관원도 없지만, 오직 금오위(金吾衛)에 한 사람을 두어 매일 정전(正殿)에서 조회가 끝났음을 소리쳐 알리고 당직을 서지 않는데도 사색관이라고 부르니 매우 우스운 일이다.

唐制: 三衛官46)有司階, 司戈, 執干, 執戟, 謂之四色官47). 今三衛廢, 無官屬48), 惟金吾有一人, 每日於正衙49)放朝喝, 〔5〕不坐直, 謂之四色官, 尤可笑也. 〔6〕

【校勘】〔5〕每日於正衙放朝喝:『職官分紀』권35에는 "放朝喝"이 "候朝謁"

이후에는 왕의 사위들이 '駙馬都尉'를 제수 받았으므로, 후대에는 오로지 왕의 사위를 가리키는 말이 되었다.

45) 室女: 宗室의 딸을 말한다.

46) 三衛官: 宋나라 徽宗 4년(1105)에 唐나라의 親衛·勳衛·翊衛 등의 三衛官을 모방해 설치한 것으로, 殿階의 宿衛를 담당했다.

47) 四色官: 唐 天授 2년(691) 諸衛諸率府에 司階·中候·司戈·執戟 등의 관직을 설치하였는데, 이들을 四色官이라 했다.

48) 官屬: 주요관원의 소속관리(부하 사무원)이다.

49) 正衙: 正殿. 임금이 臨御하여 朝參을 받고, 정령을 반포하고, 외국의 사신을 맞이하던 궁전이다.

이라 되어 있다.

〔6〕 이 條와 위의 條는 『皇宋類苑』 권26에는 1條로 되어 있다.

73. 전원균의 인품

도성의 여러 관서의 고무(庫務)는 모두 삼사(三司)에서 추천
한 관리가 감독했다. 당시 권문귀족 집안의 자제와 친척들이 연
줄을 통해 청탁하는 일이 그 수를 헤아릴 수 없을 정도로 많아
삼사사(三司使)가 늘 그것을 근심거리로 여겼다. 전원균(田元
均)은 사람됨이 관대하고 후덕하며 점잖았는데, 그는 삼사에 있
을 때 청탁하러 오는 사람을 특히 미워했다. 비록 청탁을 들어
줄 수는 없었지만 그렇다고 냉정하게 거절 할 수도 없었기 때
문에 늘 얼굴에 온화한 빛을 띠고 억지로 웃으며 그들을 돌려
보냈다. 그가 한번은 사람들에게 이렇게 말했다.

"삼사사로 몇 년간 있으면서 억지로 너무 많이 웃었기 때문
에 웃기만 하면 얼굴이 마치 신발의 가죽처럼 되오."

사대부 가운데 그 말을 들은 자들이 전하여 담소거리로 삼았
지만, 모두 전원균의 덕망과 도량에 탄복했다.

京師諸司庫務[50], 皆由三司[51]擧官監當. 而權貴之家子弟親

---

50) 諸司庫務: 宋代에는 三司가 전국의 財賦를 담당하였고, 三司의 밑
    에 鹽鐵使·度支使·戶部使 등을 설치했다. 三司 下屬기관으로
    京城諸司庫務와 京畿倉場庫務가 있다. 庫는 화물을 전매하는 관아
    의 창고, 務는 물품을 전매하고 세금을 거두어들이는 (稅收)관부의

戚, 因緣請托, 不可勝數, 爲三司使[52]者常以爲患. 田元均[53]爲
人寬厚長者, 其在三司, 深厭干請者, 雖不能從, 然不欲峻拒
之, 每溫顏强笑以遣之. 嘗謂人曰: "作三司使數年, 强笑多矣,
直笑得面似靴皮." 士大夫聞者傳以爲笑, 然皆服其德量也.

74. 용봉차의 귀함

차의 품질은 용(龍)・봉(鳳)보다 귀한 것이 없는데, 이를 단
차(團茶)라 부르고 무릇 8덩이가 1근(斤)이 나갔다. 경력(慶曆)
연간(1041~1048)에 채군모(蔡君謨: 蔡襄)가 복건로전운사(福
建路轉運使)로 있을 때 비로소 작은 조각의 용차(龍茶)를 만
들어 진상하기 시작했는데, 그 품질은 최고급으로 소단(小團)이
라 부른다. 무릇 20덩이가 1근이 나가는데 그 값이 황금 2냥이
나 되었다. 비록 황금을 가지고 있더라도 그 차는 구할 수 없었
는데, 매번 남교(南郊)에서 제사를 지낼 때 중서성(中書省)과
추밀원(樞密院)에 1덩이를 하사하면 4명이 그것을 나누었다.
궁인들이 종종 그 차 위에 금꽃을 수놓기도 했으니, 그 귀중함

기구로, 市易務・榷貨務 등이 있다.

51) 三司: 北宋 초기 五代의 제도를 沿襲하였는데, 三司使는 재정을 주
    관하는 조정의 기구였다. 三司는 三司使가 있던 官署이다.
52) 三司使: 三司의 首長으로 천자에게 직속되어 있었다.
53) 田元均: 田況. 字는 元均이다. 일찍이 進士가 되고, 仁宗 慶曆年間
    에 三司使를 지냈다. 사후에 太子太傅를 추증 받고, 宣簡이라는 諡
    號를 받았다.

이 이와 같았다.

　茶之品, 莫貴於龍, 鳳, 謂之團茶[54], 凡八餠重一斤. 慶曆中
蔡君謨[55]爲福建路[56]轉運使, 始造小片龍茶以進, 其品絶精(一
作 '精絶'), 謂之小團, 凡二十餠重一斤, 其價直[57]金二兩. 然
金可有而茶不可得, 每因南郊致齋[58], 中書, 樞密院各賜一餠,
四人[59]分之. 宮人往往縷(一作 '覆')金花[60]於其上, 蓋其貴重
如此.

---

54) 團茶: 동전모양으로 만들면 錢茶, 둥글게 만들면 團茶, 인절미모양으
　　로 만들면 餠茶라고 한다.
55) 蔡君謨: 蔡襄(1012~1067). 福建 仙遊 사람으로, 字는 君謨이다.
　　서예가로서 시문에 밝고 史學에 정통했으며, 書法에 능했다. 19세에
　　進士가 되고 仁宗 때 西京留守・福建路轉運使・翰林學士 등을
　　지냈고, 英宗 때에는 端明殿學士와 禮部侍郎을 지냈다. 仁宗의 하
　　문을 받고 茶錄을 지어 바쳤고 仁宗으로부터 君謨라는 字를 하사받
　　기도 했으며 그가 죽자 神宗은 忠惠라는 諡號를 내려 주었고 墓碑
　　銘은 구양수가 썼다.
56) 福建路: 지금의 福建 福州市에 소재한다.
57) 直: '値'字와 通한다.
58) 南郊致齋: 封建王朝 때 매년 冬至날에 圜丘에서 하늘에 제사를 지
　　냈는데, 南郊(북경의 남쪽 교외)에서 거행되었기 때문에 南郊大祀라
　　불렀다.
59) 四人: 中書省의 中書令과 中書侍郎, 樞密院의 樞密使와 樞密副
　　使 4명을 말한다.
60) 金花: 금박을 입힌 조화, 금으로 한 꽃 장식, 아름다운 꽃이라는 뜻이
　　있다.

75. 바둑의 오묘함

　　태종(太宗: 趙光義)때 대조(待詔) 가현(賈玄)은 기공봉(棋供奉)으로서 국수(國手)로 불렸는데, 지금껏 수십 년간 그를 계승할 만 한 자가 없었다. 근래에 이감자(李憨子)라는 자가 사람들에게 자못 칭송을 받았는데, 온 세상에 그의 적수가 없다고들 말했다. 그러나 그 생김새가 미련해 보일 뿐 아니라 더러워서 곁에 갈 수조차 없었으니, 대개 골목길의 평범한 사람으로 연회에 참석하기에는 부족했다. 그러므로 호단(胡旦)이 한번은 사람들에게 이렇게 말했다.

　　"만일 바둑을 이해하기 쉽다고 여긴다면 나처럼 총명한 사람도 오히려 능할 수 없으며, 이해하기 어렵다고 여긴다면 이감자처럼 우둔한 소인도 종종 최고의 경지에 이를 수 있다."

　　정말로 그 말과 같다.

　　　　太宗時有待詔[61]賈玄[62], 以棋供奉[63], 號爲國手, 邇來數十
　　年, 未有繼者. 近時有李憨子者, 頗爲人所稱, 云擧世無敵手,
　　然其人狀貌昏濁, 垢穢不可近, 蓋里巷庸人也, 不足置之罇俎

---

61) 待詔: 여기에서는 황제의 바둑담당 비서와 같은 직책을 말한다.
62) 賈玄: 중국 唐나라 말기에서 宋나라 초기에 활약한 바둑 고수. 宋나라 太宗(976~997)의 棋待詔로 唐宋八大家인 宋의 王安石, 歐陽脩 모두 그를 唐宋代 최고수로 꼽았다.
63) 棋供奉: 供奉은 官名으로 임금의 측근에서 보좌하는 벼슬이다. 棋는 바둑을 말하는 것이므로 棋供奉은 임금의 옆에서 바둑 시중을 들던 관료로 대개 겸직했다.

間. 故胡旦[64]嘗語人曰: "以棋爲易解, 則如旦聰明尙或不能, 以爲難解, 則愚下小人往往造於精絶." 信如其言也.

76. 매성유의 명성

왕부추(王副樞: 王疇)의 처는 매정신(梅鼎臣)의 딸이다. 왕경이(王景彝: 王疇)가 처음 추밀부사(樞密副使)에 임명되었을 때 매부인(梅夫人)이 자수궁(慈壽宮)에 감사드리러 들어갔는데, 태후가 매부인에게 물었다.

"부인은 어느 집안의 여식이오?"

매부인이 대답했다.

"매정신의 딸이옵니다."

태후가 웃으며 말했다.

"매성유(梅聖兪: 梅堯臣)의 집안이란 말이오?"

이로 말미암아 매성유의 이름이 궁중에 알려지게 되었다. 매성유는 이때 집이 매우 가난했는데, 내가 간혹 그의 집에 가서 술을 마셔보면 그 맛이 매우 순정(純正)하여 일반사람들의 집에 있는 술이 아니었기에 어디서 얻었는지 물었더니 이렇게 말했다.

"황친(皇親) 중에서 학문을 좋아하시는 분이 이 사람 저 사

---

64) 胡旦: 濱州 渤海 사람으로, 字는 周父이다. 박학하며 문사에 뛰어났으며, 太宗 太平興國 3년에 進士가 되었다. 右補闕直史官으로 있던 胡旦은 '河平頌'을 지어 올려 太宗의 미움을 사고 강직되었다.

람의 손을 거쳐 보내주신 것입니다."

나는 또 어떤 황친이 수천 냥의 돈을 주고 매성유의 시 한편을 샀다는 얘기를 들은 적이 있다. 그 명성의 대단함이 당시 이와 같았다.

王副樞(疇)[65]之夫人, 梅鼎臣[66]之女也. 景彝初除樞密副使, 梅夫人入謝慈壽宮, 太后問: "夫人誰家子?" 對曰: "梅鼎臣女也." 太后笑曰: "是梅聖兪[67]家乎? 由是始知聖兪名聞於宮禁也. 聖兪在時, 家甚貧, 余或至其家, 飮酒甚醇, 非常人家所有, 問其所得, 云: "皇親有好學者, 宛轉[68]致之." 余又聞皇親有以錢數千購梅詩一篇者. 其名重於時如此.

---

65) 王副樞: 王疇 (?~1065). 曹州 濟陽 사람으로, 字는 景彝이다. 進士가 된 후, 太常博士와 翰林學士 등을 역임했다. 정치를 펼침에 면밀·신중하였고, 문사가 엄격하여 賈昌朝가 추천하여 『唐書』를 편수했다. 英宗 때에 樞密副使에까지 올랐으며, 사후에 忠簡이라는 諡號를 받았다.

66) 梅鼎臣: 梅堯臣의 사촌형제로, 일찍이 進士가 되고, 翰林學士를 역임했다. 그와 매요신의 이름이 한 글자만 빼고 똑같아서 태후가 梅夫人을 매요신의 딸로 착각했다.

67) 梅聖兪: 梅堯臣 (1002~1060). 宣城 사람으로, 字는 聖兪이다. 지방의 관리로 전전하다가 친구 歐陽脩의 추천으로 중앙의 관리인 國子監直講(대학교수와 같음)이 되었다. 그러나 蘇舜欽, 歐陽脩 등과 같이 盛唐의 시를 본으로 하여 당시 유행하던 西崑體의 纖巧한 폐풍을 일소하고, 새로운 宋詩의 改組가 되었다. 翰林學士를 거쳐 殿中丞까지 역임했다. 眞宗이 일찍이 飛白書로 '墨庄'이란 두 글자를 하사했다.

68) 宛轉: 輾轉(누운 채 몸을 이리저리 뒤척이다)을 말한다.

77. 책 읽고, 글쓰기 좋은 곳

　전사공(錢思公: 錢惟演)은 비록 부유하게 성장했으나 특별히 좋아하는 취미가 적었다. 서락(西洛: 西京 洛陽)에 있을 때 한번은 부하 속관들에게 이렇게 말했다.

　"나는 평생토록 남달리 독서를 좋아해서, 앉으면 경사(經史)를 읽고 누우면 소설(小說)을 읽으며 측간에서는 짧은 글을 읽으니, 대개 잠시도 손에서 책을 놓은 적이 없다."

　사희심(謝希深: 謝絳)이 또 이렇게 말했다.

　"송공수(宋公垂: 宋綬)와 함께 사원(史院)에 있을 때, 그는 매번 측간에 달려갈 때면 반드시 책을 끼고 갔으며, 그 안에서 책을 읽는 낭랑한 소리가 원근에 들렸다. 그가 배우기를 돈독히 함이 이와 같았다."

　그래서 내가 사희심에게 말했다.

　"내가 평생에 지은 문장은 대부분 세 곳의 위에서 지은 것인데, 바로 말 위와 베개 위와 측간 위에서이오."

　아마도 유독 이 때에 더욱 깊이 구상할 수 있기 때문일 것이다.

　　錢思公雖生長富貴, 而少所嗜好. 在西洛時, 嘗語僚屬[69]言: "平生惟好讀書, 坐則讀經史, 臥則讀小說, 上廁則閱小辭, 蓋未嘗頃刻釋卷也." 謝希深[70]亦言: "宋公垂同在史院[71], 每走」

---

69) 僚屬: 同僚, 屬下를 말한다.
70) 謝希深: 謝絳. 字는 希深이다. 進士 갑과에 합격하였고 문장과 학문으로 이름을 날렸다. 누차 승진하여 兵部員外郎을 지냈고 陽夏男에

厠必挾書以往, 〔7〕諷誦之聲琅然聞於遠近, 其篤學如此." 余
因謂希深曰: "余平生所作文章, 多在三上, 乃馬上, 枕上, 厠上
也." 蓋惟此尤可以屬思爾.

【校勘】〔7〕每走厠必挾書以往: 『皇宋類苑』 권13에는 '走'가 '登'이라 되어
있다.

78. 재상의 부모상

우리나라의 재상 중에서 최연소자는 왕부(王溥)인데, 그가
재상을 그만두었을 때 그의 부모가 모두 살아계셨기 때문에 사
람들이 영화로운 일로 여겼다. 지금의 부승상(富丞相: 富弼)이
중서성(中書省)에 들어 왔을 때 그의 나이는 52세였는데, 그의
모친이 집에서 매우 건강했다. 3년 뒤에 그의 모친이 세상을 떠
나자, 담당 관리들이 조문의 예식을 논의하며 말했다.

"재임 중인 재상이 부모상을 당한 예가 없었소이다."

그 해 3월 17일 춘연(春宴)에 대해 모든 관리들이 이미 준비
를 끝내고 있었는데, 전날 밤에 다음과 같은 어지(御旨)가 내려
졌다.

"부모(富某: 富弼)가 모친상을 당해 빈소에 있으니, 특별히
춘연을 그만두도록 하라."

이러한 일은 역시 전대에 없었다.

봉해졌다. 寶元 2년((1039) 세상을 떠났으며 그의 묘지명은 구양수가
썼다.

71) 史院: 즉 史館을 말하는 것으로, 史書 편찬을 관리하던 기구이다.

國朝宰相, 最少年者惟王溥[72], 罷相時父母皆在, 人以爲榮. 今富丞相(弼)[73]入中書, 時年五十二, 太夫人[74]在堂康强, 後三年, 太夫人薨, 有司議贈卹之典, 云:"無見任宰相丁憂[75]例." 是歲三月十七日春宴, 百司已具, 前一夕有旨:"富某[76]母喪在殯, 特罷宴." 此事亦前世未有.

79. 명당의 편액과 문패

황우(皇祐) 2년(1050)과 가우(嘉祐) 7년(1062) 계추(季秋)에 합사(合祀)를 올렸는데, 두 차례 모두 대경전(大慶殿)을 명당(明堂)으로 삼았다. 대개 명당이라는 것은 노침(路寢)을 말하

---

72) 王溥: (922~982) 幷州 祁縣사람으로, 字는 齊物이다. 王祚의 아들로, 五代 後漢 高祖 乾祐元年에 進士가 되었다. 그 성격이 관후하고 후진을 이끄는 능력이 탁월했으며, 저서로는『唐會要』(정치·사회·경제 등의 제도에 대해 詔令·上奏·上疏·官文書 등을 모아서 961년에 편찬한 역사서)·『五代會要』가 있다. 사후에 文獻이라는 諡號를 받았다.

73) 富丞相: 富弼(1004~1083). 洛陽 사람으로, 字는 彦國이다. 至和 2년에 文彦博과 宰相이 되었다. 왕안석의 變法 때 그는 거절하고 집행하지 않고, 新法을 폐지할 것을 요청했다. 사후에 太尉를 추증 받고, 文忠이라는 諡號를 받았다. 丞相은 官名으로 君主를 보좌하는 최고 행정장관이다.

74) 太夫人: 태부인. 慈堂이나 母堂이라고도 한다.

75) 丁憂: 부모상을 당하다.

76) 富某: 富는 승상 富弼을 말하는 것이며, 某는 姓氏뒤에 사용된 것으로 특별한 의미가 없다.

는데, 환구(圜丘)에서 노제(路祭)를 지내는 것을 본뜬 것으로 이것이 예법에 가깝다. 명당의 편액은 황제께서 손수 전서(篆書)로 쓰셨고 황금으로 글자를 메웠으며 문패 역시 황제께서 비백체(飛白體)로 쓰셨는데, 모두 황우 연간(1049~1054)에 쓴 것으로 신묘한 필법이 웅장하고 막힘이 없으며 기세가 마치 날아 움직이는 것 같다. 내 시에서 "보배로운 먹은 나는 구름처럼 움직이고, 황금 글자는 빛나는 태양처럼 눈부시네"라고 한 것이 바로 이 편액과 문패를 말한다.

皇祐二年, 嘉祐七年季秋大享[77], 皆以大慶殿爲明堂[78]. 蓋明堂者, 路寢[79]也, 方[80]於寅祭圜丘[81], 斯爲近禮. 明堂額御篆, 以金塡字, 門牌亦御飛白, 皆皇祐中所書, 神翰雄偉, 勢若飛動. 余詩云"寶墨飛雲動, 金文耀日晶[82]"者, 謂二牌也.

---

77) 季秋大享: 가을의 맨 마지막 달(음력 9월)에 선조에게 合祀를 드리는 것을 말한다.

78) 明堂: 天子가 政事를 보거나 諸侯 등을 접견하던 곳. 朝會・祭祀・敎學 등의 大典을 모두 이곳에서 거행했다.

79) 路寢: 천자・제후의 正寢(거처하는 곳이 아니라 주로 일을 보는 곳으로 쓰는 몸채의 방)이다.

80) 方: 고대 제사 이름이다. 秋祭 때 四方의 神에게 드린 제사를 가리킨다.

81) 圜丘: 제왕이 冬至 때 하늘에 제사 드리던 곳이다.

82) 寶墨飛雲動, 金文耀日晶: "보배로운 먹은 나는 구름처럼 움직이고, 황금 글자는 빛나는 태양처럼 눈부시네." 歐陽脩의 「明堂慶成」시의 두 구절로 전체 시는 다음과 같다. "辰火天文次, 皐門路寢閎. 奉親昭孝德, 惟帝饗精誠. 禮以三年講, 時因萬物成. 九筵嚴太室, 六變導和聲. 象魏中天起, 風雷大號行. 歡呼響山岳, 流澤浹根莖. 寶墨飛雲動, 金文耀日晶. 從臣才力薄, 無以頌休明."

80. 전사공의 한

전사공(錢思公: 錢惟演)은 장군과 재상을 겸직했으며, 직위·공훈·품계가 모두 으뜸이었다. 스스로 이렇게 말했다.

"내 평생에 부족한 것은 황지(黃紙)에 이름을 적을 수 없는 것뿐이다."

그는 매번 이것을 한으로 여겼다.

錢思公官兼將相, 階, 勳, 品皆第一. 自云: "平生不足者. 不得於黃紙書名[83]." 每以爲恨也.

81. 삼반원과 군목사

삼반원(三班院)에서 거느리는 사신(使臣) 8천여 명은 외지에서 일했다. 당시 관직에서는 물러났지만 삼반원에 있던 사람은 늘 수백 명에 달했다. 매년 건원절(乾元節)이 되면 그들은 돈을 갹출하여 스님에게 음식을 보시하고 향을 바치며 함께 성수(聖壽)를 축하드렸는데, 그것을 "향전(香錢)"이라 했다. 판원관(判院官)은 늘 남은 돈을 식사비로 사용했다. 군목사(羣牧司)는 궁 안팎 공방의 감사(監使)로 부판관(副判官)을 거느렸는

---

83) 黃紙書名: 문학상의 성취가 있음을 뜻함. 黃紙는 황마로 만든 종이에 이름을 적어 놓는 것으로 名人이 되었음을 의미한다.

데, 다른 관서에 비해 녹봉 수입이 가장 좋았고 또 매년 말똥을 팔아 거둬들인 돈도 꽤 많아서 이것을 공용비로 충당했다. 그래서 도성 사람들이 그들을 두고 이렇게 말했다.

"삼반은 향을 먹고 살고, 군목은 말똥을 먹고 산다네."

三班院84)所領使臣八千餘人, 〔8〕 泮事于外. 其罷而在院者, 常數百人. 每歲乾元節85)醵錢86)飯僧87)進香, 合以祝聖壽88), 謂之 "香錢89)", 判院官90)常利其餘以爲餐錢. 羣牧司91)領內外坊監使副判官, 〔9〕 比他司俸入最優, 又歲收糞墼錢頗多, 以充公用. 故京師謂之語曰: "三班喫香, 羣牧喫糞"也.

【校勘】〔8〕三班院所領使臣八千餘人: '八千'은 원래 '八十'이라 잘못 기록했는데, 元刊 『文集』本・『說郛』本・『皇宋類苑』 권26에 의거해 수정

---

84) 三班院: 官署名으로, 北宋 初 供奉官・殿直・殿前承旨를 삼반이라고 했다. 삼반의 公事를 점검했으며, 宣徽院에 귀속된 부서이다. 太宗 雍熙 4년(987)에 삼반원을 설치하였는데, 武臣 三班使臣의 注擬・升移・酬賞 등을 주관했다. 神宗 元豊(1078~1085)에 개편하여 吏部侍郞右選으로 이름을 바꾸었다.

85) 乾元節: 仁宗의 탄신일(4월 14일)을 乾元節이라고 했다. '乾'과 '元' 모두 '처음'이란 의미를 가지고 있다.

86) 醵錢: 여럿이서 돈을 모으다.

87) 飯僧: 승려에게 음식을 보시하다.

88) 聖壽: 임금의 나이를 말하는 것으로 여기에서는 생일이라는 뜻으로 사용되었다.

89) 香錢: 神佛앞에 참배할 때 올리는 돈이다.

90) 判院官: 古代의 官制는 高官이 낮은 직을 兼任하는 것을 '判'이라 했다. 여기에서 '判院官'은 직위에 상관없이 겸직하는 것을 의미하는 것으로 三班院을 주관하는 官員이다.

91) 羣牧司: 官署名. 宋代 馬匹의 牧羊・繁殖・訓練・使用 등의 일을 주관하던 부서이다.

했다.

〔9〕 輦牧司領內外坊監使副判官: '坊'은 원래 '功'이라 잘못 기록했는데, 元刊 『文集』本 등에 의거해 수정했다.

82. 왕기공의 부

함평(咸平) 5년(1002)에 남성(南省: 尚書省)에서 「유교무류부(有敎無類賦)」라는 제목으로 진사시험을 시행했는데, 왕기공(王沂公: 王曾)이 장원급제하자 그의 부(賦)가 세상에 크게 유행했다. 그 경구(警句) 중에 다음과 같은 것이 있다.

"신령한 용은 부여받은 품성은 다르지만 원하는 것을 찾을 수 있고, 어린 풀은 어떻게 알았는지 향초와 악초를 서로 아우르네."

당시 어떤 경박한 자가 그것을 모방하여 사구(四句)를 지어 말했다.

"상국사(相國寺) 앞에서는 곰이 재주를 부리고, 망춘문(望春門) 밖에서는 나귀가 자지무(柘枝舞)를 추네."

논자들은 그 말이 비록 저속하기는 하지만 역시 제목에 들어맞는다고 여겼다.

咸平五年, 南省92)試進士 「有敎無類93)賦」, 王沂公94)爲第

---

92) 南省: 尚書省의 異稱이다. 尚書省은 중앙의 최고행정기구로 首長은 尚書令으로 그 아래는 左·右僕射가 있다. 밑에 六部를 두어 각 部의 수장은 尚書라 하였고 그 아래는 侍郎이라 했다.

93) 有敎無類: 成語 "누구에게나 차별 없이 교육을 실시하다"라는 뜻으

一, 賦盛行於世, 其警句有云: "神龍異稟, 猶嗜欲[95]之可求, 纖草[96]何知, 尙薰蕕[97]而相假." 時有輕薄子, 擬作四句云: "相國寺[98]前, 熊翻筋斗[99], 望春門外, 驢舞柘枝[100]." 議者以謂言雖鄙俚, 亦着題也. 〔10〕

【校勘】〔10〕亦着題也: 宋 曾慥의 『類說』 권13과 宋人의 『錦繡萬花谷』 後集 권19에 인용된 『歸田錄』에는 "亦" 위에 "事"字가 있는데, 의미가 비교적 정확하다.

83. 요대

　우리나라의 제도에 금대(金帶)를 하사받은 학사(學士) 이상의 관원은 관례상 어대(魚帶)를 패용하지 않는다. 만약 어명을

로, 『論語』 「衛靈公」에 나오는 구절이다.

94) 王沂公: (978~1038) 青州 益都 사람으로, 이름은 王曾, 字는 孝先이다. 北宋의 名臣으로, 사후에 文正이라는 諡號를 받았다.
95) 嗜欲: 탐욕스런 성격을 말한다.
96) 纖草: 어린 풀(細草)을 말한다.
97) 薰蕕: 향초와 독초. 轉하여 선과 악, 미와 추, 군자와 소인을 상징한다.
98) 相國寺: 오늘날의 河南省 開封 시내에 있는 寺를 말한다. 본명은 建國寺로 北齊 天保 6년에 건축되었으며, 唐 睿宗 때 相國寺으로 改名했다. 相國寺는 宋나라 때 서적의 출판과 유통의 가장 중심지 역할을 했으며, 중국문화사에서는 매우 중요한 절이다.
99) 筋斗: 곤두박질하다.
100) 柘枝: 唐代의 舞 이름이다. 소수민족의 지역에서 유입된 활발한 무용인데 대략 중국의 서북지역에서 전해진 것으로 보고 있다. 柘枝의 곡조는 매우 경쾌한데, 북소리가 시종일관 곁들여 있다. 唐代의 柘枝는 소형의 무도였는데, 宋代에 오면 中原의 대곡과 결합되면서 백여 명 이상이 연출하는 대형무도로 변했다.

받들어 거란으로 가는 사신이나 관반서(館伴署)의 북사(北使) 경우는 어대를 패용했다가 일을 마치면 다시 풀어놓는다. 오직 양부(兩府: 中書省과 樞密院)의 신하에게만 어대를 패용하게 하는데, 이를 "중금(重金)"이라 부른다. 처음에 태종(太宗: 趙光義)이 한번은 이렇게 말했다.

"옥은 돌과 떨어질 수 없고 무소뿔은 다른 뿔과 떨어질 수 없으니, 귀한 것은 오직 금이다."

이리하여 곧 금과(金銙)의 제도를 새로 만들어 신하들에게 하사하고, 모나고 둥근 모양의 구로(毬路)를 양부에 하사했으며, 어선화(御僊花)는 학사 이상의 관리에게 하사했다. 지금 세간에서는 구로를 "홀두(笏頭)"라 하고 어선화를 "여지(荔枝)"라 하는데, 모두 그 본래 호칭을 잃은 것이다.

國朝之制, 自學士已上賜金帶者例不佩魚[101]. 〔11〕若奉使契丹及館伴[102]北使[103]則佩, 事已復去之. 惟兩府之臣則賜佩, 謂之"重金". 初, 太宗嘗曰: "玉不離石, 犀不離角, 可貴者惟金也." 乃創爲金銙[104]之制以賜羣臣, 方團毬路[105]以賜兩府, 御僊花以賜學士以上. 今俗謂毬路爲 "笏[106]頭", 御僊花[107]爲

---

101) 魚: 銅魚를 말한다.
102) 館伴: 古代 외국 賓客을 모시고 다니는 일을 담당하던 관원이다.
103) 北使: 외교사절로 北國에 가다.
104) 銙: 帶鉤. 혁대의 두 끝을 마주 걸어 잠그는 자물단추이다.
105) 毬路: 여기에서는 宋代 대신이 사용하던 일종의 腰帶인 毬路帶를 말하는 것으로, 그 위에는 球形의 꽃모양이 수 놓여있으며, 袍服 밖에 매는 것이다.
106) 笏: 옛날 대신들이 조회할 때 손에 쥐는 좁고 길쭉한 물건으로, 옥이

"荔枝", 皆失其本號也.

【校勘】〔11〕賜金帶者例不佩魚: '金'은 원래 '命'으로 잘못 기록되어 있는데, 元刊 『文集』本 등에 의거해 수정했다.

84. 송승상이 문자학에 정통하다

송승상(宋丞相: 宋庠)은 일찍 문장과 덕행으로 당시에 명성이 높았고, 만년에는 특히 문자학에 정통하여 일찍이 곽충서(郭忠恕)의 『패휴(佩觽)』 3편을 직접 교정하고는 그것을 보배처럼 보고 즐겼다. 그가 중서성(中書省)에 있을때 당리(堂吏)가 공문서 끝에 속체(俗體)로 '宋'자를 '宋'으로 기록했는데, 공은 그것을 보고 서명하려 하지 않으면서 당리를 질책하며 말했다.

"내가 비록 재주는 없지만 그래도 내 성을 보고 서명할 수는 있네. 이것은 내 성이 아닐세!"

당리가 황공해하면서 속체자를 고쳤더니 송상은 그제야 기꺼이 서명했다.

宋丞相108)(庠)早以文行負重名於時, 晚年尤精字學, 嘗手校

___

나 상아, 또는 대나무로 만들었으며, 간단한 일을 기록하는 데에 사용했다.

107) 御僊花: 御仙花 라고도 하며, '荔枝'의 별칭. 여기서는 御仙帶(御仙花가 수 놓여 있는 金帶)를 가리킨다.

108) 宋丞相: 宋庠 (996~1066). 安州 安陸 사람으로, 開封 雍丘로 이사했다. 字는 伯庠 이었으나, 후에 字를 公序로 바꿨다. 仁宗 天聖 2년에 進士에 1등으로 급제했다. 翰林學士를 역임하고 寶元 2년에

郭忠恕[109)] 『佩觿』[110)]三篇, 寶翫[111)]之. 其在中書, 堂吏[112)]書牌尾以俗體書宋爲宋, 〔12〕 公見之不肯下筆, 責堂吏曰: "吾雖不才, 尙能見姓書名, 此不是我姓!" 堂吏惶懼改之, 乃肯書名.

【校勘】〔12〕 以俗體書宋爲宋: 『皇宋類苑』 卷10에는 "以俗體書'宋'字"라고 되어 있다.

85. 명칭의 변화

도성의 음식점 중 산렴(酸餡)을 파는 곳은 모두 길거리에 크게 간판을 내걸었지만, 민간에서는 자법(子法)에 어두워서 '산(酸)'자를 '식(食)'변으로 쓰고 '렴(餡)'자를 '요(臽)'방으로 달리 적었다. 어떤 익살꾼이 사람들에게 이렇게 말했다.

"저 집에서 팔고 있는 준도(餕餡)가 대체 어떤 것인지 모르

參知政事가 되었다. 사후에 元憲이라는 諡號를 받았다.

109) 郭忠恕: (?~977) 河南 洛陽 사람으로, 字는 恕先이다. 五代 때 후주의 國子博士가 되었고, 뒤에 송나라의 太祖와 太宗을 섬겼다. 그림은 가옥·누관 등을 다루는 界畵에 능하여 복잡한 건조물을 정연하게 잘 그렸다. 關同風의 산수화와 篆書에도 뛰어났다고 한다.

110) 『佩觿』: 곽충서가 편찬한 『佩觿』는 『干祿字書』·『五經文字』와 같이 正字사용을 위한 자서이다. 상중하 3권으로 이루어져 있는데, 상권은 문자변천에 대한 작가의 견해와 저작의도를 밝히고 있고, 중·하권은 형태와 발음이 비슷하여 혼동되기 쉬운 글자들을 4성에 따라 분류하여 10부로 나누고, 매 부마다 두 글자를 한 쌍으로 하여 함께 배열하고 발음과 뜻 차이를 설명했다.

111) 寶翫: 寶玩 이라고도 하며, 보배처럼 보고 즐겼다.

112) 堂吏: (唐代에서 五代까지 있었던) 中書省의 給事를 말한다.

겠소."

음식은 각 지방마다 다른 것이 마땅하며 그 명칭 역시 시속 (時俗)에 따라 말이 달라지니, 간혹 전해 내려오다 보면 그 본래 명칭을 잃어버린 경우도 있다. 탕병(湯餠)을 당나라 사람들은 '불탁(不托)'이라 불렀고, 지금은 민간에서 그것을 박탁(餺飥)이라 부른다. 진(晉)나라 속석(束晳)의 「병부(餠賦)」에는 만두(饅頭)·박지(薄持)·기수(起溲)·뇌구(牢九)라는 명칭이 있는데, 그 중에서 만두만 지금까지 그 이름이 남아있으며 기수·뇌구는 모두 어떤 것인지 알 수가 없다. 박지를 순씨(荀氏)는 또 박야(薄夜)라고 불렀는데, 역시 어떤 것인지 알 수가 없다.

京師食店賣酸餡[113]者, 皆大出(一作'書')牌牓於通衢, 而俚俗昧於字法, 轉酸從食, 餡從臽. 有滑稽子謂人曰: "彼家所賣餕餡[114](音俊叨), 不知爲何物也." 飮食四方異宜, 而名號亦隨時俗言語不同, 至或傳者轉失其本. 湯餠[115], 唐人謂之"不托", 今俗謂之餺飥矣. 晉束晳[116]「餠賦」, 有饅頭[117], 薄持[118], 起溲[119], 牢九[120]之號, 惟饅頭至今名存, 而起溲, 牢九

---

113) 酸餡: 산도(酸餡:야채로 소를 만든 만두)와 동일하다.
114) 餕餡: 소(餡)가 들어 있는 밀가루음식을 말한다.
115) 湯餠: 湯麵라고도 하며, 물에 끓인 밀가루 음식이다.
116) 束晳: (約261~300) 西晉 陽平 元城 사람으로, 字는 廣微이다. 박학다식했으며, 관직에서 고향으로 돌아가 제자들을 육성했으며, 많은 저작을 남겼는데,『五經通論』·『發蒙記』등이 있으나, 일찍이 유실되었고, 유일하게『束廣微集』만이 전해지고 있다.
117) 饅頭: 만두, 찐빵(소가 없는 것을 말함)을 말한다.

皆莫曉爲何物. 薄持, 荀氏又謂之薄夜, 亦莫知何物也.

86. 궁중의 연희

가우(嘉祐) 8년(1063) 정월 대보름날 밤에 황제께서 상국사(相國寺) 나한원(羅漢院)에서 중서성(中書省)과 추밀원(樞密院)의 관료들에게 연회를 베푸셨다. 우리나라의 제도에는 계절마다 황제께서 많은 연회를 베푸시는데, 양제(兩制: 翰林學士와 知制誥) 이상의 관료들은 모두 참석한다. 그러나 오직 정월 대보름날 밤은 중서성(中書省)과 추밀원(樞密院)에만 연회를 베푸시는데, 비록 이전에 양부(兩府: 中書省과 樞密院)에서 재상과 장군의 지위를 겸임한 사람일지라도 모두 참석할 수 없다. 그 해에는 소문(昭文) 한상(韓相: 韓琦), 집현(集賢) 증공(曾公: 曾亮), 추밀(樞密) 장태위(張太尉: 張憲)가 모두 휴가 중이어서 참석하지 못했고, 오직 나와 서청(西廳) 조시랑(趙侍郎: 趙槩), 부추밀(副樞密) 호간의(胡諫議: 胡宿)와 오간의(吳諫議: 吳奎) 네 사람만 참석했다. 술자리가 어느 정도 무르익자 서로를 돌아보았는데, 네 사람은 모두 동시에 한림학사(翰林學士)가 되었고 또 서로 이어서 양부에 등용되었으니, 이는 실로 전에 없었던 일이다. 이로 인해 서로 옥당(玉堂: 翰林院)의 옛

---

118) 薄持: 일종의 얇은 떡이다.
119) 起溲: 發酵한 음식이다.
120) 牢九: 牢丸이라고도 하며, 새알심 비슷한 모양의 음식이다.

일을 얘기하며 웃고 즐기면서 마침내 모두가 술을 가득 따라 통쾌하게 마셨으니, 이 역시 한 때의 성대한 일이다.

　　嘉祐八年上元[121]夜, 賜中書, 樞密院御筵[122]于相國寺羅漢院. 國朝之制, 歲時賜宴多矣, 自兩制[123]已上皆與. 惟上元一夕, 祇賜中書, 樞密院, 雖前兩府[124]見任使相[125], 皆不得與也. 是歲昭文韓相(一作 '公'), 集賢曾公[126], 樞密張太尉[127]皆在假不赴, 惟余與西廳趙侍郎(槩), 副樞胡諫議(宿), 吳諫議(奎)四人在席. 酒半相顧, 四人者皆同時翰林學士, 相繼登二府, 前此未有也. 因相與道玉堂舊事爲笑樂, 遂皆引滿劇飮, 亦一時之盛事也.

---

121) 上元: 음력 정월 보름날 밤을 말한다.

122) 御筵: 황제가 베푼 연회이다.

123) 兩制: 翰林學士와 知制誥를 말한다.

124) 兩府: 中書省과 樞密院을 말한다.

125) 使相: 唐宋시대, 장군과 재상의 지위를 겸임하던 사람을 말한다.

126) 曾公: (999~1078)泉州 사람으로, 이름은 亮, 字는 明仲이다. 天聖年間에 進士에 급제하였고, 法令典故를 통달하여 三朝에 걸쳐 집정했다. 晩年에 神宗에게 왕안석을 추천했고 암암리에 그의 변법을 지원했다. 후에 늙어 自請하여 宰相직에서 물러났다.

127) 張太尉: 太尉는 官名. 司空과 같다. 張太尉는 張憲(?~1142)을 말하는 것으로 閬州 사람으로, 岳飛의 名將이다. 秦檜는 악비가 군사지휘권을 박탈당한 뒤 악비의 명장 장헌이 모반을 꾀한다고 모함하며 그를 옥에 가둔다. 옥에 갇힌 후 자신의 죄를 인정하지 않아 끝내 岳氏 父子와 함께 죽임 당했다.

87. 궁중의 관례

우리나라의 제도에 따르면, 큰 연회가 열릴 때 추밀사(樞密使)와 추밀부사(樞密副使)는 자리에 앉지 않고 정전(正殿)에 시립(侍立)해 있다가 얼마 후 물러나 어주(御廚)로 가서 음식을 받아 합문(閣門)·인진(引進)·사방관사(四方館使)와 함께 처마 밑에 나란히 앉고 친왕(親王) 한 명이 동석하여 식사한다. 매년 봄과 가을에 황제께서 의복을 하사하시면 관료들이 궁문에서 은혜에 감사드리는데, 〔추밀사와 추밀부사는〕 궁중 여러 관서의 정사(正使)·부사(副使)와 같은 반열에 서서 수공전(垂拱殿) 밖의 뜰에서 감사드리고, 중서(中書)는 반열을 달리 하여 궁문에서 감사드린다. 때문에 조정에서 그들〔추밀사와 추밀부사〕을 두고 이렇게 말한다.

"주방에서 음식을 받고 섬돌 아래에서 하사받은 의복에 감사드리네."

대개 추밀사는 당나라 제도에서는 내신(內臣)이 담당했기 때문에 항상 궁중 여러 관서의 정사·부사와 함께 대오를 이루었다. 후당(後唐) 장종(莊宗: 李存勗)이 곽숭도(郭崇韜)를 〔추밀사로〕 등용한 후로는 재상과 함께 정사를 분담하여 문사(文事)는 중서성에서 나오고 무사(武事)는 추밀원에서 나왔으며, 그 이후로 그 권세가 점차 성대해졌다. 지금은 조정에서 마침내 양부(兩府)라 부르는데, 〔추밀사의〕 직권(職權)과 인재 등용, 녹봉 수여와 예우 등은 재상과 똑같지만, 날마다 조회에 달려가고 연회에서 시립하고 의복을 하사받는 등의 일은 아직도 당나라의 옛 제도를 따르고 있다. 그 임무가 막중하고 황제를 보필하는 고관임에도 불구하고 궁중 여러 관서의 관례를 섞어서 적용한다면, 조정 제도의 경중(輕重)에서 질서를 잃게 된다. 대개 제도의 답습과 개혁은 때에 따라 다른 법이니, 그대로 따르기만 한다면 잘못을 바로잡을 수 없다.

國朝之制: 大宴, 樞密使, 副不坐, 侍立殿上, 旣而退就御廚[128]賜食, 與閤門[129], 引進[130], 四方館使[131]列坐廡下, 親王一人伴食[132]. 每春秋賜衣門謝, 則與內諸司使, 副班于垂拱殿外廷中, 而中書則別班謝于門上. 故朝中爲之語曰: "廚中賜食, 階下謝衣." 蓋樞密使唐制以內臣爲之, 故常與內諸司使, 副爲伍, 自後唐莊宗[133]用郭崇韜[134], 與宰相分秉朝政, 文事出中

128) 御廚: 황제의 음식을 준비하는 주방이다.

129) 閤門: 宴飮 이나 조회의 儀禮를 맡아보던 기관이다.

130) 引進: 송나라 때 설치되었다. 臣僚와 외국이나 소수민족이 바치는 예물에 관련된 모든 일을 주관했다.

131) 四方館使: 官名. 즉 館使를 말하는 것으로, 章表·행상 호위·재물을 주어 喪家를 돕는 일이나 황제를 알현하는 일 등을 주관했으며, 蔭補로 관직을 받은 사람이 많았다.

132) 伴食: 다른 사람이 식사할 때 옆에 동행 또는 동석하는 것을 말한다.

133) 後唐莊宗: 五代의 한 나라. 突厥 沙陀部 출신인 李克用의 아들 李存勖이 後梁을 멸망시키고 洛陽에 도읍하여 세운 나라. 4대 14년 만에 後晋의 高祖인 石敬瑭에게 망함(923~936). 莊宗은 李存勖을 말하는 것으로, 五代 後唐의 건립자이다. 923~926년에 재위했다. 諡號는 武皇帝이다.

134) 郭崇韜: (?~926) 鷹門 사람으로, 字는 安時이다. 五代의 후당 莊宗의 대장군이었다. 그는 장종을 보좌하여 梁을 멸망시켰으며, 요직

書, 武事出樞密, 自此之後, 其權漸盛. 至今(一作 ‘本’)朝遂號
爲兩府, 事權進用[135], 祿賜禮遇, 與宰相均, 惟日趨內朝, 侍
宴, 賜衣等事, 尙循唐舊. 其任隆輔弼之崇, 而雜用內諸司故
事, 使朝廷制度輕重失序. 蓋沿革異時, 因循不能釐正也.

88. 청천의 향병

채군모(蔡君謨: 蔡襄)가 나를 위해 「집고록목서(集古錄目
序)」의 석각문(石刻文)을 써주었는데, 그 글자가 매우 정교하
고 힘이 넘쳐 세상에서 진귀하게 여겼다. 내가 쥐 수염 붓, 동
록(銅綠) 붓걸이, 크고 작은 용차(龍茶), 혜산천(惠山泉)의 샘
물 등의 물품을 윤필료로 주었는데, 채군모가 크게 웃으면서 너
무 청아하며 속되지 않다고 여겼다. 한 달 남짓 후에 어떤 사람
이 나에게 청천(淸泉)의 향병(香餠) 한 상자를 보냈는데, 채군
모가 그 소식을 듣고 탄식하며 말했다.

"향병이 늦게 도착했구나! 내게 보낸 윤필품 중에 없는 것이
바로 그런 물건인데."

이 또한 웃을 만한 일이다. 청천은 지명이고 향병은 석탄인데,
이것으로 향을 피우면 한 덩이의 불이 온종일 꺼지지 않는다.

을 많이 맡았다. 그리하여 사람들은 그를 唐代의 명장이었던 郭子
儀의 후예로 간주했다.

135) 事權進用: ‘事權’은 군사 지휘 적으로 여러 가지 일들을 적절하게
  처리하는 것을 말하고, ‘進用’은 인재를 발탁하고 임용하는 일을 처
  리하는 것을 말한다.

蔡君謨[136]旣爲余書「集古錄目序」刻石[137], 其字尤精勁, 爲世所珍, 余以鼠鬚[138]栗尾筆, 銅綠[139]筆格, 大小龍茶[140], 惠山泉[141]等物爲潤筆[142], 君謨大笑, 以爲太淸而不俗. 後月餘, 有人遺余以淸泉香餠[143]一篋者,〔13〕君謨聞之歎曰: "香餠來遲, 使我潤筆獨(一作'猶')無此一種佳(一無此字)物." 茲又可笑也. 淸泉, 地名, 香餠, 石炭也, 用以焚香, 一餠之火, 可終日不滅.

【校勘】〔13〕有人遺余以淸泉香餠一篋者: "泉"字는 원래 빠져 있는데, 元刊『文集』本 등에 의거하여 보충했다.

89. 매성유와 처 조씨

매성유(梅聖兪: 梅堯臣)는 시(詩)로 세상에 이름을 날렸으나, 30년 동안 끝내 관직(館職)을 얻지 못했다. 그는 만년에 『당서(唐書)』 편찬에 참여했는데 책을 완성한 뒤 미처 상주하기 전에 죽었기에 사대부들 가운데 탄식하며 애석해하지 않은 사람이 없었다. 그가 처음 『당서』를 편찬하라는 칙명을 받았을

---

136) 蔡君謨: 제74조 역주 참조.
137)「集古錄目序」刻石:「集古錄目序」의 글을 돌에 새긴 비문을 말한다.
138) 鼠鬚: 쥐수염으로 제작한 질 좋은 붓이다.
139) 銅綠: 銅靑. 주성분은 염기성 탄산동으로 독이 있으며 안료로 쓰인다.
140) 大小龍茶: 제74조 역주 참조.
141) 惠山泉: 惠山 白石塢 아래에 있으며, 상·중·하 세 못이 있다. 물이 맑고 맛이 진하다. 唐나라의 陸羽와 元나라의 趙子昂은 천하의 두 번째 샘이라고 칭했다.
142) 潤筆: 윤필료, 원고료를 말한다.
143) 香餠: 焚香할 때 사용하는 炭餠이다.

때, 부인 조씨(刁氏)에게 말했다.

"내가 책을 편찬하는 것은 원숭이가 포대 속으로 들어가는 것이라 말할 수 있소."

조씨가 대답했다.

"당신은 벼슬길에서 있어서 메기가 대나무 장대 위로 올라가려는 것과 또한 무엇이 다르겠습니까?"

이 말을 들은 사람들은 모두 멋진 대답이라 여겼다.

梅聖兪以詩知名, 三十年終不得一館職144). 晚年與修『唐書』145), 書成未奏而卒, 士大夫莫不歎惜. 其初受勅修『唐書』, 語其妻刁氏曰: "吾之修書, 可謂猢猻入布袋矣146)." 刁氏對曰: "君於仕宦, 亦何異鮎魚上竹竿耶147)!" 〔14〕聞者皆以爲善對. (一

---

144) 館職: 宋代 史館, 昭文館, 集賢院을 설치하여 圖籍編修의 비정규 관직을 나누어 관리했다.

145) 『唐書』: 여기에서는 『新唐書』를 말하는 것이다. 仁宗 慶歷 4년에서 嘉祐 5년(1044~1060)에 수찬되었다.

146) 可謂猢猻入布袋矣: 猢猻은 원숭이의 한 종류(추위에 강하고 중국 북부 산림에 서식함)이다.
布袋: 포대, 베로 만든 자루이다. "원숭이가 포대 속으로 들어가는 것이라 말할 수 있소"라는 뜻이다.

147) 亦何異鮎魚上竹竿耶: 鮎魚는 메기를 말한다. "당신은 벼슬길에서 있어서 메기가 대나무 장대 위로 올라가려는 것과 또한 무엇이 다르겠습니까?"라는 조씨의 대답은 몸이 매끄러운 메기가 역시 겉이 매끄러운 대나무 장대를 타고 올라가는 일은 불가능한 일이므로, 남편이 출세욕이 없어 벼슬자리가 올라가지 못하는 것을 이렇게 비유한 것이다. 여기서 유래하여 "猢猻入布袋"는 활발하게 까불며 움직이기를 좋아하는 원숭이가 포대 속에 들어가 꼼짝 못 하게 되는 것처럼 행동이 구속되거나 제약을 받는 경우를 비유하는 고사성어로 사용된다.

作: 昔梅聖兪以詩名當世, 然終不得一館職. 晚年在 『唐書』
局充修書官, 尙冀書成疇勞, 得一貼職, 以償素願, 書垂就而
卒, 時人莫不歎其奇薄. 其初修 『唐書』也, 常竊歎曰: "吾今
可謂湖搎入布袋")

【校勘】〔14〕亦何異鮎魚上竹竿耶: "竿耶"2字는 원래 잘못 도치되어 있는
데, 元刊 『文集』本 등에 의거하여 수정했다.

90. 왕 규

인종(仁宗: 趙禎) 초에 지금의 황상(皇上)을 황태자로 세우
고자 중서성(中書省)에 학사를 불러 조서를 기초하도록 명했
다. 때마침 학사(學士) 왕규(王珪)가 당직 근무를 하고 있었는
데, 어명이 중서성에 이르러 그에게 통지되자 왕규가 말했다.

"이것은 중대사이니 반드시 직접 성지(聖旨)를 받아야겠소."

그리하여 대답을 청했다. 왕규는 다음날 아침에 직접 황제를
배알하고 성지를 받고 나서야 조서를 기초했다. 동료들은 모두
왕규가 진정으로 학사의 풍모를 갖추었다고 여겼다.

仁宗初立今上爲皇子, 令中書召學士草詔. 學士王[148](珪)當

---

148) 學士王: 王珪 (1019~1085)를 말하는 것이다. 成都 華陽 사람으로,
후에 이사하여 開封에서 살았으며, 字는 禹玉이다. 仁宗 慶歷 2년
에 進士가 되었으며 翰林學士・知開封府 등을 역임하고 神宗 熙
寧 3년에 參知政事에 배수되고 9년에 平章事・集賢殿大學士가
된다. 후에 宰相의 자리에까지 오른다. 저서로 『華陽集』이 있으며
사후에 文恭이라는 諡號를 받았다.

直, 詔至中書論之, 〔15〕 王曰: "此大事也, 必須面奉聖旨149)." 於
是求對. 明日面稟得旨, 乃草詔. 羣(一作 '諸')公皆以王爲眞得學
士體也. 〔16〕

【校勘】〔15〕詔至中書論之: '詔'는 宋本에는 '召'라 되어 있다.(夏校本) 지
금 살펴보니, 元刊 『文集』本과 『皇宋類苑』 권29와 宋 洪遵의 『翰
苑遺事』에 인용된 『歸田錄』에는 모두 '召'라 되어 있다. '召'라고
하는 것이 맞는 것 같다.
〔16〕羣(一作 '諸')公皆以王爲眞得學士體也: "一作諸"의 '諸'는 元
刻本에는 '詰'이라 되어 있고 祠堂本에도 '詰'이라 되어 있는데, 宋
本에는 '諸'라 되어 있고 『稗海』本도 이와 같으므로 이것에 따라
수정했다.(夏校本)

91. 성 뚱보와 정 말라깽이, 매 향기장이와 두 냄새장이

성문숙공(盛文肅公: 盛度)은 살이 쪄서 뚱뚱하고 배불뚝이
였지만 용모는 깔끔하고 준수했다. 정진공(丁晉公: 丁謂)은 몸
이 여윈 것이 마치 깎아놓은 것 같았다. 두 사람은 모두 양절
(兩浙: 浙東·浙西) 사람이었고 둘 다 문장으로 세상에 이름을
날렸다. 학사(學士) 매순(梅詢)은 진종(眞宗: 趙恒) 때 이미 명
신(名臣)이 되었고, 경력(慶曆) 연간(1041~1048)에 이르러 한
림시독(翰林侍讀)으로 있다가 세상을 떠났다. 그는 성품이 향
피우는 것을 좋아했는데, 관부(官府)에 있을 때 매일 아침 일어
나 공무를 보기 전에 반드시 두 개의 향로에 향을 피우고 관복
을 그 위에 덮어놓았다가 양 소매를 오므린 채로 나가서 좌정
한 후에 양 소매를 펼치면 방안 가득 짙은 향기가 퍼졌다. 두원

---

149) 面奉聖旨: 當面해서 임금의 뜻(명령), 聖旨를 받음을 말한다.

빈(竇元賓)이라는 사람은 오대(五代) 후한(後漢)의 재상 두정고(竇正固: 竇貞固)의 손자이다. 그는 명문가의 자제로서 문재와 품행이 뛰어나 관직에 임명되었지만, 꾸미는 것을 좋아하지 않았고 오랫동안 목욕도 하지 않았다. 그래서 당시 사람들이 그들을 두고 이렇게 말했다.

"성 뚱보와 정 말라깽이, 매 향기장이와 두 냄새장이."

盛文肅公150)豐肌(一作'肥')大腹, 而眉目清秀151). 丁晉公疎瘦如削. 二公皆兩浙人也, 並以文辭知名於時. 梅學士詢152)在眞宗時已爲名臣, 至慶歷中爲翰林侍讀以卒, 性喜焚香, 其在官所, 每晨起將視事, 必焚香兩鑪, 以公服罩之, 撮其袖以出, 坐定撒開兩袖, 郁然滿室濃香. 有竇元賓者, 五代漢宰相正固153)之孫也, 以名家子有文行爲館職, 而不喜修飾, 經時未嘗

150) 盛文肅公: 省度 (968~1041). 餘杭 사람으로, 字는 公量이다. 翰林에 들어가 參知政事를 배수 받았다. 李宗·楊億 등과 함께 『文苑英華』를 편찬했고, 『愚谷』·『銀台』·『中書』·『中樞』 등 4권의 문집이 있으나 지금은 전하지 않는다. 사후에 文肅이라는 諡號를 받았다.

151) 眉目清秀: (남자의)용모가 깔끔하고 빼어나다("眉清目秀"와 동일)는 것을 말한다.

152) 梅學士: 梅詢 (964~1041). 宣州 宣城 사람으로, 字는 昌言이다. 太宗 端拱 2년 進士가 되고, 眞宗 때 三司 胡兵判官이 되어 여러 차례 西北兵事에 관련된 상소를 올렸다. 斷田訟의 일에 연루되어 미움을 사게 되어 通判杭州로 강직 당했다.

153) 正固: 竇正固. 즉, 竇貞固로, '貞'字는 宋나라 仁宗(趙禎)을 諱를 피하기 위해 수정한 것이다. 竇貞固의 字는 休仁이다. 後唐 同光 年間에 進士가 되었으며, 後漢 때 門下侍郎·平章事·弘文館大學士에 배수되었다.

沐浴. 故時人爲之語曰: "盛肥丁瘦, 梅香寶臭"也.

92. 조원호의 반란

보원(寶元) 연간(1038~1040)에 조원호(趙元昊)가 반란을 일으키자, 조정에서는 장군에게 토벌을 명하고 부연(鄜延)·환경(環慶)·경원(涇原)·진봉(秦鳳)의 4로(路)에 각각 경략안무초토사(經略安撫招討使)를 배치했다. 나는 이 4로가 모두 내지(內地)이므로 당연히 관례대로 영하(靈夏) 사방에 행영초토사(行營招討使)를 설치해야 한다고 생각했다. 지금 본래 우리 국경 안에 있는데 무엇을 초토(招討: 투항하게 하여 반란을 토벌함)한단 말인가? 그래서 나는 왕의 군대는 반드시 국경 밖으로 나갈 수 없다고 삼가 생각했다. 그 후로 5~6년간 전쟁을 치르면서 유평(劉平)·임복(任福)·갈회민(葛懷敏) 3명의 대장군이 모두 자신의 관할지에서 싸웠지만 대패하고 말았다. 이로 인해 군대를 철수하기에 이르렀고 결국 다시 출병할 수 없었다.

寶元中趙元昊154)叛命, 朝廷命將討伐, 以鄜延, 環慶, 涇原,

154) 趙元昊: 즉 李元昊이다. 西夏 황제이며, 宋은 조원호라 불렀다. 어려서 字는 嵬理로 즉위 후에 嵬名으로 改姓하고, 曩霄라고 改名했다. 그는 1032년에 즉위한 후 이전의 자신의 선조들처럼 宋나라에 붙어살지 않기로 결심하고, 1038년 정식으로 황제 자리에 올라 국호를 大夏라 정했다. 중국 중원의 역사서에서는 이 왕조를 西夏라고 불렀는데, 서하 건국초기에 황제는 삭발령을 내려, 3일 내에 모두 머

秦鳳[155]四路各置經略安撫招討使[156]. 余以爲(一作 '謂')四路
皆內地也, 當如故事置靈夏[157]四面行營招討使[158]. 今自於境
內, 何所招討? 余因竊料王師必不能出境. 其後用兵五, 六年,
劉平, 任福, 葛懷敏[159]三大將皆自戰其地而大敗. 由是至於罷
兵, 竟不能出師.

93. 여문목공의 사람됨

여문목공(呂文穆公: 呂蒙正)은 관대함 후덕함으로 재상이
되어 태종(太宗: 趙光義)의 특별한 예우를 받았다. 조정의 어
떤 인사가 집에 오래된 거울을 소장하고 있었는데, 그 거울로

리를 밀어야하며, 어기는 자는 사형에 처한다는 명령을 내렸다. 서하
는 190년의 역사 동안 10명의 황제가 제위에 올랐고, 1227년에 몽고
의 대군에 의해 멸망했다.

155) 鄜延・環慶・涇原・秦鳳: 陝西省의 경계를 끼고 있는 일대의 지방.

156) 經略安撫招討使: 官名. 宋나라 仁宗 皇祐 4년(1052)에 처음 설치
되었다. 廣州・桂州에 설치되었고 本州의 知州가 겸임했다. 神宗
熙寧 5년(1072)에 또 熙河・永興・鄜延・環慶・涇原・秦鳳 6곳
에 설치했다. 兵民의 일・獄訟・禁令의 반포・賞罰을 정하는 일
등을 담당했다.

157) 寧夏: 지금의 寧夏回族自治區를 말하는 것으로 首府는 銀川市이다.

158) 行營招討使: 官名. 唐宋 대부분 大臣, 將帥 혹은 地方軍政長官이
겸임했다. 백성들의 起義를 순찰・진압하고 항복을 유도하거나 처
벌하는 등의 일을 주관했다.

159) 劉平・任福・葛懷敏: 劉平은 延州에서 패했으며, 任福은 鎭戎에
서 패했으며, 葛懷敏은 渭州에서 패했다.

200리를 비춰볼 수 있다고 스스로 말하면서 여문목공의 동생을 통해 그것을 바치고 면식(面識)을 얻어 추천받고자 했다. 그 동생이 틈을 보아 조용히 그 일을 얘기했더니, 여문목공이 웃으며 말했다.

"내 얼굴은 접시만한 크기에 불과한데 200리를 비추는 거울을 어디에 쓴단 말이냐?"

그 동생은 결국 더 이상 감히 그 일을 말하지 못했다. 이 이야기를 들은 사람들은 탄복하면서 〔여문목공의 어진 품행이 당나라 때의〕 이위공(李衛公: 李德裕)보다 훨씬 뛰어나다고 여겼다. 대개 특별히 좋아하는 것이 적어서 재물에 얽매이지 않는 것은 옛 현인들도 하기 어려운 일이었다.

呂文穆公160)(蒙正)以寬厚爲宰相, 太宗尤所眷遇. 有一朝士, 家藏古鑑, 自言能照二百裡, 欲因公弟獻以求知161). 其弟伺間 從容言之, 〔17〕公笑曰: "吾面不過楪(一作 '鏡')子大, 安用照 二百里?" 其弟遂不復敢言. 聞者歎服, 以謂賢於李衛公162)遠

---

160) 呂文穆公: 呂蒙正. 字는 聖功이다. 太平興國 2년(977)에 1등으로 進士가 되고, 太宗과 眞宗 때 3차례 재상을 역임했으며, 소신 있게 자신의 주장을 잘 펼치기로 유명했다. 군사상 遼와 타협할 것을 주장하는 主和派의 입장에 서서 군사비를 줄이자고 주장했다. 일찍이 萊國公에 봉해지고, 사후에 文穆이라는 諡號를 받았다.

161) 求知: 면식을 얻어 추천되기를 바라다.

162) 李衛公: 李德裕 (787~849). 字는 文饒이다. 명문인 趙郡李氏 출신으로, 憲宗 때의 재상 李吉甫의 아들. 蔭仕로 出仕하여 문필에 뛰어났기 때문에 翰林學士・中書舍人 등을 역임했다. 經學・禮法을 존중하고 귀족적 보수파로서 藩鎭을 억압하고, 위구르 등 외족을 격퇴하는 데 힘써 중앙집권의 강화를 꾀했다. 840~846년 武宗

矣. 蓋寡好而不爲物累163)者, 昔賢之所難也.

【校勘】〔17〕其弟伺間從容言之:『皇宋類苑』권8에는 "伺"를 "因"이라 했다.

94. 100여 년 동안 연호가 9년을 넘긴 적이 없다

우리나라는 100여 년 동안 하나의 연호가 9년을 넘긴 적이 없었다. 개보(開寶) 9년(976)에 태평흥국(太平興國: 976~984) 으로 연호가 바뀌었고, 태평흥국 9년(984)에 옹희(雍熙: 984~ 987)로 바뀌었고, 대중상부(大中祥符) 9년(1016)에 천희(天禧: 1017~1021)로 바뀌었고, 경력(慶曆) 9년(1049)에 황우(皇祐: 1049~1054)로 바뀌었고, 가우(嘉祐) 9년(1064)에 치평(治平: 1064~1067)으로 바뀌었다. 유일하게 천성(天聖: 1023~1032)만 9 년을 다 채우고 10년에 명도(明道: 1032~1033)로 바뀌었다.

國朝百有餘年, 年號無過九年者. 開寶九年改爲太平興國, 太平興國九年改爲雍熙, 大中祥符九年改爲天禧, 慶歷九年改 爲皇祐, 嘉祐九年改爲治平. 惟天聖盡九年, 而十年改爲明道.

의 會昌年間에 권세를 누려 李宗閔 · 牛僧孺 등의 반대파를 탄압 하였고, 廢佛을 단행했다. 宣宗 즉위와 함께 실각, 우승유 등에 의 하여 海南島로 추방되었다. 이위공은 탐관오리를 미워하여 끝내는 소인배들의 미움을 샀으니, 여기에서는 여문목공을 이위공과 비교하 여 말하고 있다.

163) 物累: 재물 때문에 번거롭게 되다(결함을 초래하다). 즉, 재물을 탐 하다가 인품과 덕망을 손상시키는 것을 말한다.

95. 당나라 사람들의 상주

당나라 사람들은 일을 상주할 때 표(表)도 아니고 장(狀)도 아닌 것을 '방자(牓子)'라고 불렀고 또는 '녹자(錄子)'라고 불렀는데, 지금은 그것을 '차자(箚子)'라고 부른다. 무릇 여러 신하와 관서에서 궁전에 올라 일을 상주할 때, 양제(兩制: 翰林學士와 知制誥) 이상의 관원이 불시에 아뢸 일이 있으면 모두 차자를 사용하고, 중서성(中書省)과 추밀원(樞密院)의 일로서 선칙(宣勅)이 내려져 있지 않은 것도 차자를 사용하며, 양부(兩府: 中書省과 樞密院)에서 서로 주고받는 것 역시 차자를 사용한다. 만약 여러 관서에서 중서성에 일을 신청할 경우는 모두 장(狀)을 사용한다. 오직 학사원(學士院)에서만 자보(咨報)를 사용하는데, 사실은 그것도 차자와 같지만 이름을 쓰지 않고 다만 당직 학사 1명이 서명[押字]할 뿐인데 그것을 자보라고 부른다. (지금 민간에서는 초서로 서명하는 것을 압자(押字)라고 한다) 이것은 당나라 학사원의 옛 규정이다. 당나라 때 학사원의 관례들은 근래에는 거의 다 폐지되었고 오직 이 한 가지만 남아 있다.

唐人奏事, 非表非狀者謂之牓子[164], 亦謂之錄子[165], 今謂之箚子[166]. 凡羣臣百司上殿奏事, 兩制以上非時有所奏陳[167],

---

164) 牓子: 고대에 천자를 알현하기 위하여 사유를 말하고 이름을 적어 내는 서찰로 쓰였다.
165) 錄子: 옛날, 하급 관청 앞으로 보내던 공문의 일종이다.

皆用箚子, 中書, 樞密院事有不降宣勅者, 亦用箚子, 與兩府自
相往來亦然. 若百司申中書, 皆用狀. 惟學士院用咨報[168], 其
實如箚子, 亦不書(一作 '出')名, 但當直學士一人押字[169]而已,
謂之咨報. (今俗謂草書名爲押字也〔18〕)　此唐學士舊規也.
唐世學士院故事, 近時隳廢殆盡, 惟此一事在爾.

96. 황제의 숙부 연왕

　연왕(燕王: 趙元儼)은 태종(太宗: 趙光義)의 막내아들이다.
태종에게는 8명의 아들이 있었는데, 진종(眞宗: 趙恒) 때 6명이
이미 죽었고 인종(仁宗: 趙禎)이 즉위할 즈음에는 연왕 혼자만
생존해 있었다. 연왕은 황제의 숙부라는 친족 신분으로서 특별
히 융숭한 예우를 받았다. 거란에서도 그의 명망을 경외했다.
그의 병세가 위독할 때 인종은 그의 궁에 가서 친히 약을 조제
해주었다. 연왕은 평생 조정에 대해 언급한 적이 없었고 유언으
로 한두 가지 일을 남겼는데 모두 도리에 들어맞았다. 나는 그
당시 지제고(知制誥)로 있었는데, 내가 기초한 관직 추증(追

---

166) 箚子: 고대 공문서의 일종이다.
167) 奏陳: 제왕께 의견을 진술하는 것을 말한다.
168) 咨報: 자문(咨文: 옛날 동급 기관 사이에 쓰이던 공문, 원수 또는
　　　대통령의 교서)으로 보고하다.
169) 押字: 서명을 말한다.

贈) 조서에 그 사실이 모두 기재되어 있다.

　　燕王[170](元儼)太宗幼子也. 太宗子八人, 眞宗朝六人(一無
此字)已亡歿, 至仁宗卽位, 獨燕王在, 以皇叔之親, 特見尊禮.
契丹亦畏其名. 其疾亟時, 仁宗幸其宮, 親爲調藥. 平生未嘗
語朝政, 遺言一二事, 皆切於理. 余時知制誥, 所作贈官制, 所
載皆其實事也.

97. 화원군왕과 연왕

　화원군왕(華原郡王: 趙允良)은 연왕(燕王: 趙元儼)의 아들
이다. 그는 천성적으로 낮에 자는 것을 좋아했는데, 매일 새벽
부터 곤히 잠들었다가 저녁이 되어서야 비로소 일어나 세수하
고 빗질한 후에 의관을 차려입고 나가서 등불을 켜고 집안일을
처리하고 음식을 먹으며 잔치를 즐기다가 새벽에 이르러 마치
고는 다시 온종일 잤다. 단 하루도 그렇게 하지 않은 날이 없었
다. 이 때문에 궁 안의 사람들은 모두 낮에 자고 저녁에 일어났
다. 조윤량(趙允良)은 가무와 여색을 그다지 좋아하지 않았고
또한 그밖에 교만하거나 방자한 일도 하지 않았지만, 오직 밤을
낮으로 삼은 것은 역시 그의 천성이 남다른 것으로 전대(前代)

---

170) 燕王: 趙元儼(985~1044). 太宗의 여덟 번째 아들이다. 太宗이 특
　　별히 사랑했으며 '八大王'이라 불렸다. 그 성격이 빈틈없고 의지가
　　강했으며 책을 좋아하여 문사 짓는 것을 좋아했다.

에는 일찍이 없었던 일이다. 옛 관찰사 유종광(劉從廣)은 연왕의 사위였는데, 그가 한번은 나에게 말했다.

"연왕은 목마 타는 것을 좋아하여 한 번 탔다 하면 내려오지 않았는데, 어쩌다 배가 고프면 그대로 목마 위에서 식사를 했으며 이따금 흥이 나면 목마 앞에서 음악을 연주하게 하여 온종일 마음껏 술을 마시곤 했습니다."

이 역시 그의 천성이 남다른 것이다.

華原郡王171) 〔19〕 (允良), 燕王172)子也, 性好晝睡, 每自旦酣寢, 至暮始興, 盥(一作 '頮')濯櫛漱173), 衣冠而出, 燃燈燭治家事, 飮食宴樂, 達旦而罷, 則復寢以終日. 無日不如此. 由是一宮之人皆晝睡夕興. 允良不甚174)喜聲色, 亦不爲佗175)驕恣, 惟以夜爲晝, 亦其性之異, 前世所未有也. 〔20〕 故觀察使176)

171) 華原郡王: 趙允良(1013~1067). 字는 公彦으로, 太宗의 손자이며, 趙元儼의 아들이다. 太保와 中書令 등을 역임했다. 낮과 밤이 바뀌어 그와 함께 모든 궁 사람들이 아침에 자고, 밤에 일어났다. 諡號는 榮易이다.

172) 燕王: 趙元儼을 말한다. 宋 나라 太宗의 8번째 아들로, 趙允良의 父親이다.

173) 盥濯櫛漱: 세수・빗질 등의 일. 盥은 원래 물을 담가 손을 씻는 것을 말하며, 濯은 몸을 씻는 것을 의미한다. 櫛의 원래 의미는 머리 빗는 참빗이지만, 여기에서는 동사로 사용되어 머리를 빗는 것을 의미한다. 漱는 양치질을 뜻한다.

174) 不甚: 그다지 …… 하지 않다.

175) 佗: '他'와 通한다.

176) 觀察使: 官名. 唐나라 때 설치되었으며, 백성 및 관리 들을 감독할 수 있는 관리를 파견하여 수시로 정보를 보고토록 함으로써 인사의 자료로 삼았는데 그것이 관찰사이다. 宋代부터 武官에게 이임된 職衛이다.

劉從廣[177], 燕王壻也, 嘗語余: "燕王好坐木馬子, 坐則不下, 或饑則便就其上飮食, 往往乘輿奏樂於前, 酣飮終日." 亦其性之異也.

98. 가학사의 상소

황자(皇子) 조호(趙顥)가 동양군왕(東陽郡王)에 봉해지고, 무주절도사(婺州節度使)·검교태부(檢校太傅)에 제수되었다. 한림(翰林) 가학사(賈學士: 賈黯)가 상서하여 아뢰었다.

"태부(太傅)는 천자의 스승인데, 아들을 아버지의 스승으로 삼는 것은 본질상 순리에 어긋나는 일이옵니다. 중서성(中書省)에서 검토해본 결과 당나라 이래로 친왕(親王)이 사부(師傅) 직을 겸임한 적이 없었사옵니다. 대개 우리나라에서 관리를 임명하면서부터는 단지 임명된 관직으로 직무를 삼았으며, 삼사(三師)와 삼공(三公) 이하로는 모두 명예직이옵니다. 따라서 구습을 따르다가 실수할 뿐이옵니다."

논자들은 모두 가학사의 말이 타당하다고 여겼다.

皇子顥[178]封東陽郡王, 除婺州節度使, 檢校太傅[179]. 翰林

---

177) 劉從廣: 幷州 사람으로, 字는 景元이며, 劉美의 아들이다. 外戚으로서 仁宗의 시종을 들었으며, 후에 宣州觀察使 등을 역임했다. 사후에 良惠이라는 諡號를 받았다.

賈學士(黯)[180]上言: "太傅, 天子師臣也. 子爲父師, 於體不順. 中書檢勘自唐以來親王無兼師傅官者. 蓋自國朝命官, 祗以差遣爲職事, 自三師三公[181]以降, 皆是虛名, 故失於因循爾." 議者皆以賈言爲當也.

99. 정감과 왕소

단명전학사(端明殿學士)는 오대(五代) 후당(後唐) 때 설치되었는데, 우리나라에서는 특히 존귀하게 여겨 대부분 한림학사(翰林學士)가 겸직했다. 한림원 학사가 겸직하지 않거나〔다른 관직에서 단명전학사로〕전임된 사람은 100년 동안 단 두 명뿐인데, 특별 임명된 정감(程戡)과 왕소(王素)가 그들이다.

端明殿學士[182], 五代後唐[183]時置, 國朝尤以爲貴, 多以翰

---

178) 趙顥: 神宗(趙頊)의 친동생이다.
179) 太傅: 임금의 스승이다.
180) 賈黯: (1022~1065) 鄭州 穰 사람으로, 字는 直孺이다. 仁宗 經歷 6년에 進士가 되어, 監丞과 通判襄州 등을 역임했으며, 문집 30권은 이미 유실되어 전해지지 않고 있다.
181) 三師三公: 太師・太傅・太保를 三師라 하며, 太尉・司徒・司空을 三公이라 한다. 宋代에는 宰相・親王・使相에게 더해주는 관직이었으며 정사에는 참여하지 않았다.
182) 端明殿學士: 五代 後唐 明宗 天成 元年(926)에 설치되었다. 각지에서 올라오는 상소문을 관리했으며 많은 사람들이 翰林學士에서 충당되었으며 翰林學士 위의 반열이다.

林學士兼之. 其不以翰院兼職及換職者, 〔21〕百年間纔兩人,
特拜程戡184), 王素185)是也.

【校勘】〔21〕其不以翰院兼職及換職者: 元刊『文集』本과『皇宋類苑』권35
와『翰苑遺事』에는 '院'이 모두 '苑'이라 되어 있다.

100. 숙위병들의 반란

경력(慶曆) 8년(1048) 정월 18일 밤에 숭정전문(崇政殿)의 숙
위병(宿衛兵)들이 전 앞에서 반란을 일으켜 4명을 살상하고 불
을 끄기 위해 준비해둔 긴 사다리를 타고 지붕을 넘어 궁중으
로 들어갔는데, 도중에 한 궁녀를 만나 물었다.

"침전이 어디에 있느냐?"

궁녀가 대답하지 않자 곧바로 죽였다. 얼마 후 숙직도지(宿
直都知)가 변란이 일어났다는 소식을 듣고 숙위병을 통솔하여

---

183) 五代後唐: 907~960년까지 중국 황하 유역에서 後梁・後唐・後
晋・後漢・後周 등 다섯 왕조가 연이어 출현하는데 역사에서는 이
를 '五代'라 칭한다. 後唐은 突厥 沙陀部 출신인 李克用의 아들
李存勗이 後梁을 멸망시키고 洛陽에 도읍하여 세운 나라. 4대 14
년 만에 後晋의 高祖인 石敬塘에게 망했다.

184) 程戡: (997~1066) 許州 陽翟 사람으로, 字는 勝之이다. 眞宗 天
祐 3년에 進士가 되어, 起居舍人・知諫院・三司戶部副使 등을
역임했으며, 仁宗 至和 元年에 參知政事에 임명되고 다시 樞密副
使로 재수되었다. 사후에 康穆이라는 謚號를 받았다.

185) 王素: (1007~1073) 大名 莘縣 사람으로, 字는 仲儀이며, 이름은
王旦子이다. 많은 관직을 역임하고 工部尙書의 자리까지 올랐으
며, 사후에 懿敏이라는 謚號를 받았다.

수색했으나 그들은 이미 도망가 버린 뒤였다. 3일 후에 내성(內城)의 서북쪽 모퉁이 망루에서 반란을 일으킨 숙위병 1명을 붙잡아 죽였다. 당시 내신(內臣: 太監) 양회민(楊懷敏)이 "역적을 잡거든 죽이지 말라"는 어지를 받았지만, 몹시 다급한 상황에서 그를 죽여 버리고 말았다. 이로 인해 결국 그 사건의 진상을 철저히 조사할 수 없었다.

慶曆八年正月十八日夜, 崇政殿[186]宿衛士[187]作亂於殿前, 殺傷四人, 取準備救火長梯登屋入禁中, 逢一宮人, 問: "寢閣[188]在何處?" 宮人不對, 殺之. 旣而宿直都知[189]聞變, 領宿衛士入搜索, 已復逃竄. 後三日, 於內城西北角樓中獲一人, 殺之. 時內臣楊懷敏受旨 "獲賊勿殺", 而倉卒殺之, 由是竟莫究其事.

101. 엽자격

엽자격(葉子格)은 당나라 중기 이후에 출현했다. 어떤 사람이 이렇게 말했다

"성이 엽(葉), 호가 엽자청(葉子靑)이라는 사람이 이 격자(格子)를 지었기 때문에 그것으로 이름을 삼았다."

---

186) 崇政殿: 宋代 황궁의 後殿이다.
187) 宿衛士: 궁궐의 호위를 위해 숙직하던 관리이다.
188) 寢閣: 고대 제왕이 밤에 잠을 자던 곳이다.
189) 宿直都知: 숙직근무를 주관하는 대장이다.

이 설명은 잘못된 것이다. 당나라 사람들은 책을 소장할 때
모두 권축(卷軸)으로 만들었고 나중에 엽자가 나왔는데, 그 형
식은 오늘날의 책자(策子: 冊子)와 비슷하다. 무릇 문장 가운데
검색용으로 마련된 것이 있는데, 권축은 자주 펼쳐보기가 어렵
기 때문에 엽자 형식으로 기록했다. 예를 들면 오채란(吳彩鸞)
의 『당운(唐韻)』과 이합(李郃)의 『채선(彩選)』 따위가 그러하
다. 투자격(骰子格)은 본래 검색용으로 마련된 것이기 때문에
역시 엽자 형식으로 기록했으며, 아울러 그로써 명칭을 삼은 것
이다. 당나라 때 사인(士人)들의 연회에서는 엽자격이 성행했
으며 오대(五代)와 우리나라 초기에도 여전히 그러했으나, 그
후에 점점 없어지더니 전해지지 않는다. 지금 엽자격이 세간에
간혹 보이는데, 아는 사람은 없고 오직 옛날 양대년(楊大年: 楊
億)이 그것을 좋아했다. 중대제(仲待制: 仲簡)는 양대년의 문
하객이었기 때문에 또한 그것을 할 줄 알았다. 양대년은 또 엽
자채(葉子彩)에 홍학(紅鶴)·조학(皁鶴)이란 명칭을 붙였고 따
로 부연해서 학격(鶴格)을 만들었다. 정선징(鄭宣徵: 鄭戩)·
장순공(章郇公: 章得象)은 모두 양대년의 문하객이었기 때문에
모두 그것을 할 줄 알았다. 내가 어렸을 때까지만 해도 이 두
가지의 격이 있었는데, 후에 그 본래의 모습을 잃더니 지금은
아는 사람이 전혀 없다.

葉子格[190]者, 自唐中世以後有之. 說者云: "因人有姓葉號

---

190) 葉子格: '葉子'라고도 하는 고대의 도박용 도구이다. 엽자격이라는
    것은 後世의 주사위 놀이에 해당한다.

葉子靑(一作'淸'或作'晉')者撰此格, 因以爲名." 此說非也.
唐人藏書, 皆作卷軸191), 其後有葉子192), 其制似今策子. 凡文字有
備檢用者, 卷軸難數卷舒, 故以葉子寫之. 如吳彩鸞 『唐韻』193), 李
郃 『彩選』194)之類是也. 骰子格195), 本備檢用, 故亦以葉子寫
之, 因以爲名爾. 唐世士人宴聚, 盛行葉子格, 五代, 國初猶然,
後漸廢不傳. 今其格世或有之, 而無人知者, 惟昔楊大年好之.
仲待制196)(簡), 大年門下客也, 故亦能之. 大年又取葉子彩197)
(一作'歌')名紅鶴, 皁鶴者, 別演爲鶴格198). 鄭宣徽(戩), 章郇
公199)(得象)皆大年門下客也, 故皆能之. 余少時亦有此二格,
後失其本, 今絶無知者.

---

191) 卷軸: 글씨나 그림 따위를 表裝하여 말아 놓은 축을 말한다.

192) 葉子: 서책 중의 한 페이지를 말한다.

193) 吳彩鸞 『唐韻』: 西山 吳眞君의 딸이다. 그는 글자를 아주 잘 써서
     매일 孫恦의 『唐韻』을 베껴서 그것을 팔아 생계를 꾸려나갔다.

194) 李郃 『彩選』: 李郃는 唐나라 사람으로 字는 中玄·子元이다. 賢
     良方正科에 천거되었고 직언을 잘 했고, 加州刺史 등을 역임했으
     며 저서로 『彩選』이 있다.

195) 骰子格: 陞卿圖와 같은 종류의 도박 용구. 주사위를 던져서 나온
     숫자의 많고 적음으로, 관직의 높고 낮음을 예측하는 놀이이다.

196) 待制: 官名. 唐代에 처음 설치되었으며 6品 이상의 문관이 擔任했
     고, 侍從顧問의 직무를 맡아보았다.

197) 葉子彩: 葉子格에서 주사위를 던져서 나오는 점수를 '彩'라 한다.

198) 鶴格: 고대의 도박용 도구이다.

199) 章郇公: 章得象(978~1048) 泉州 사람으로, 字는 希言이다. 어려서부터
     책을 좋아하여 손에서 놓지 않았으며, 사람됨이 돈후하고, 풍채가 컸다.
     眞宗 咸平 5년에 進士가 되어 宰相의 지위에 까지 올랐다.

102. 전곤이 지방에 보임되기를 청하다

우리나라가 호남(湖南)을 손에 넣은 이후에 처음으로 여러 주(州)에 통판(通判)을 설치했는데, 통판은 부직(副職)도 아니었고 또한 속관도 아니었다. 때문에 일찍이 지주와 권력을 다투면서 매번 이렇게 말했다.

"나는 군(郡)을 감독하는 사람으로 조정에서 나로 하여금 당신을 감독하게 한 것이오."

그리하여 지주의 일거일동이 통판에 의해 통제되었다. 태조(太祖: 趙匡胤)가 듣고 근심하여 조서를 내려 타이르고 격려하면서, 통판에게 장리(長吏: 知州)와 협조하고 모든 공문서 중에서 장리와 함께 서명하지 않은 것은 모든 관청에서 접수하여 시행하지 못하게 했다. 일이 이렇게 되자 드디어 점차 그러한 일이 줄어들었다. 그러나 지금에도 주군(州郡)의 장관이 종종 통판과 불화하는 일이 있다. 예전에 소경(少卿) 전곤(錢昆)이라는 사람이 있었는데 집안 대대로 여항(餘杭) 출신이었다. 여항 사람은 특히 게를 즐겨 먹었는데, 전곤이 한번은 지방에 보임되기를 청하자 사람들이 어느 주를 다스리기를 원하는지 물었더니, 전곤이 이렇게 말했다.

"게가 나고 통판이 없는 곳이라면 어디든 좋습니다."

지금까지도 사인(士人)들은 이 말을 이야깃거리로 삼고 있다.

國朝自下湖南[200], 始置諸州通判[201], 旣非副貳[202], 又非屬官. 故嘗與知州[203]爭權, 每云: "我是監郡, 朝廷使我監汝." 擧動爲其所制. 太祖聞而患之, 下詔書戒勵, 使與長吏[204]協和(二字一作'同押'), 凡文書, 非與長吏同簽書者, 所在不得承受施行. 至此遂稍稍戢.〔22〕然至今州郡往往與通判不和. 往時有錢昆少卿[205]者, 家世餘杭人也, 杭人嗜蟹, 昆嘗求補外郡[206], 人問其所欲何州, 昆曰: "但得有螃蟹無通判處則可矣." 至今士人以爲口實.

【校勘】〔22〕自此遂稍稍戢: '戢'가 宋本에는 빠져 있다.(夏校本) 지금 살펴보니 『皇宋類苑』 권25에도 '戢'字가 없다.

---

200) 下湖南: 宋初에 周行逢이 湖南을 割據했는데, 周行逢이 사망하자 大臣 張文表가 周氏정권을 빼앗으려하자 周行逢의 아들은 北宋에 구조 요청을 하게 된다. 이에 송 太祖는 곧 山南東道節度 慕容延釗 등을 湖南에 출병시킨다. 慕容延釗는 三江口·岳州를 격파하여 郞州를 다시 되찾았으나, 이때부터 湖南은 정식으로 북송의 통치권으로 들어가게 된다. 즉 여기서 '下湖南'이라고 한 것은 이 일련의 사건을 말한다. 湖南은 湖南 長沙市 以南과 廣東 連江流域地區를 말한다.

201) 通判: 宋나라 때 비롯한 地方官. 藩鎭의 힘을 누르기 위하여 朝臣이 나가서 郡의 政治를 監督했으며, 明·淸代에도 있었다.

202) 副貳: 副職. 부차적으로 겸임하고 있는 직책을 말한다.

203) 知州: 官名. 宋 初에는 조정의 신하를 파견하여 州의 1급 지방행정 장관으로 삼았는데, 이는 '權知某軍州事'의 간칭이다.

204) 長吏: 地位가 비교적 높은 官員을 말하는 것으로, 여기에서는 各州의 知州를 가리킨다.

205) 錢昆少卿: 字는 裕之이며, 余杭 사람으로, 吳越王 錢俶의 아들이다. 叔父 錢儼을 따라 歸宋했다. 太宗 淳化 3년에 進士가 되었고 仁宗 때 七州를 다스렸으며, 秘書監으로 致仕했다. 草書에 뛰어났고 詩와 賦를 잘 지었으며 76세에 생을 마쳤다. 少卿은 正卿의 副職이다. 전곤이 秘書省의 少監이 되었기 때문에 그렇게 부른 것이다.

206) 外郡: 외곽 지역에 나와 관직을 맡는 것을 말한다. 京師와 상대적으로 쓰인 말이다.

103. 6명이 시를 지어 서로 화답하다

가우(嘉祐) 2년(1057)에 나는 단명(端明) 한자화(韓子華: 韓絳), 한장(翰長) 왕우옥(王禹玉: 王珪), 시독(侍讀) 범경인(范景仁: 范鎭), 용도(龍圖) 매공의(梅公儀: 梅穆之)와 함께 예부(禮部)의 과거시험을 주관하면서 매성유(梅聖兪: 梅堯臣)를 초징하여 소시관(小試官)으로 삼았다. 무릇 50일간 과거시험장에 있었는데, 6명이 서로 시를 짓고 화답하면서 고시와 율시 170여 편을 지어 3권에 모았다. 왕우옥은 내가 교리(校理)로 있을 때 무성왕묘(武成王廟)에서 거행된 시험에서 진사에 합격하여 그때 한림원(翰林院)에 새로 들어와서 나와 함께 같은 부서에 있었고 또 함께 과거시험을 주관했기 때문에 왕우옥이 나에게 이런 시를 지어주었다.

"15년 전에 당신의 문하에서 나왔는데, 가장 영예로운 것은 오늘 당신과 함께 동당(東堂)에 참여하게 된 것입니다."

내가 화답했다.

"예전에 내가 외람되이 무성궁(武成宮)에 들어와, 일찍이 그대가 붓을 휘두르는 걸 보았는데 그 기상이 무지개를 토해내는 것 같았소. 꿈속에서 10년간의 일을 한가롭게 생각했는데, 오늘 한 잔 술을 함께 하며 담소를 나누게 되었소. 그대가 새로 황금허리띠를 하사받은 걸 기뻐하지만, 날 돌아보니 의당 백발노인이 되었구려."

천성(天聖) 연간(1023~1032)에 내가 진사에 급제했는데, 국학(國學)과 남성(南省: 尙書省)에서 모두 외람되게도 나를 1등으로 추천했으며, 그 후에 범경인이 나의 뒤를 이어 또한 그러했기 때문에 범경인이 나에게 이런 시를 지어주었다.

"보잘 것 없는 문장으로 1등으로 거명되었는데, 제가 무슨 행운으로 당신의 족적을 따르게 되었는지 모르겠습니다."

매성유는 천성 연간부터 나와 시우(詩友)가 되었는데, 내가 일찍이 「반도시(蟠桃詩)」를 지어 그에게 주면서 장난삼아〔두 사람을〕한유(韓愈)와 맹교(孟郊)에 빗대었기 때문에 이때 매성유가 나에게 이런 시를 지어주었다.

"함께 천하의 인재들을 품평할 수 있음을 기뻐하며, 우리는 또한 동야(東野: 孟郊)보다 뛰어나고 한유보다도 뛰어납니다."

한자화는 필력이 호방하고 여유로우며 매공의는 문사(文思)가 온아하고 민첩하여, 모두 강력한 문학적 적수이다. 이전에 남성의 시관(試官)들은 대부분 규정과 제도에 얽매여 흉금을 털어놓는 일이 드물었다. 우리 여섯 사람은 서로 기쁘게 의기투합하여 온종일 함께 있으면서 험운(險韻)으로 장편의 시를 짓고 여러 문체를 번갈아 지으니, 서기(書記)가 베껴 적는 데 피곤해하고 관청의 심부름꾼이 분주히 왕래했다. 사이사이에 골계와 해학의 내용을 풍자의 필법으로 표현하여 서로 주고받으면서 종종 포복절도했다. 스스로 생각하기에 이는 한 때의 성대한 일로 이전에는 일찍이 없었다.

嘉祐二年, 余與端明韓子華[207], 翰長王禹玉[208], 侍讀范景

---

207) 端明韓子華: 韓絳. 宋나라 神宗 때 樞密副使에 배수되고 얼마 후 參知政事가 되었으며, 후에 司空으로 檢校太尉로 致仕하고 사후

仁 209)龍圖梅公儀 210)同知禮部貢擧 211), 辟梅聖兪爲小試
官212). 凡鎖院213)(一有 '經'字)五十日. 六人者相與唱和, 爲古
律歌詩一百七十餘篇, 集爲三卷. 禹玉, 余爲校理214)時, 武成
王廟215)所解進士也, 至此新入翰林, 與余同院, 又同知貢擧,

에 獻肅이라는 諡號를 받았다. 韓絳은 翰林學士로 慶州를 다스릴
때 일찍이 오랑캐를 평정한 功이 있어, 端明殿學士를 더해 주었기
때문에 '端明'이라 불렸다.

208) 翰長王禹玉: 王珪. 字는 禹玉이다. 일찍이 同中書門下平章事・
集賢殿大學士・學士承旨 등을 역임했기 때문에 '翰長'이라 불렸다.

209) 侍讀范景仁: 華陽 사람으로, 이름은 鎭이다. 寶元 원년에 進士가
되고, 禮部의 우두머리가 되었다. 英宗 때 翰林學士가 되고 端明
殿學士를 역임하고 蜀郡公에 봉해졌으며, 사후에 忠文이라는 諡
號를 받았다.

210) 龍圖梅公儀: 梅公儀는(961~1040). 靑州 益都 사람으로, 字는 穆
之이다. 1등으로 進士가 되고, 일찍이 龍圖閣學士가 되었다. 龍圖
는 龍圖閣學士를 말하는 것으로 송나라 眞宗 大中祥符年間(1008
~1016)에 설치되었다. 龍圖閣에는 太宗의 글씨와 문집과 보록과
보물류를 비치하였고, 學士・直學士・待制・直閣學士 등의 관직
을 두었다.

211) 貢擧: 諸侯나 지방장관이 천자에게 매년 유능한 인물을 추천한 제
도. 唐 나라 開元연간의 고시위원장을 知貢擧라 하였으며, 明나라
이후의 과거에는 학교제도를 시행했기 때문에 正系의 시험 이외에,
傍系의 추천으로 폭이 넓어졌다.

212) 小試官: 後世의 同考官 같은 것이다. 과거시험 때 正副진행자를
돕던 관리를 말한다.

213) 鎖院: 과거 시험장 (수험자가 입장하여 퇴장할 때까지 입구를 폐쇄
했기 때문에 이렇게 불렸음)이다.

214) 校理: 官名. 唐代에 설치된 관직이며, 弘文館・集賢殿書院에 속
하는 관원으로, '校理官'이라고도 부른다. 서적을 교정한 후에 정리
하는 업무를 담당했다.

故禹玉贈余云: "十五年前出門下, 最榮今日預東堂[216]." 余答云: "昔時叨入武成宮, 曾看揮毫氣吐虹. 夢寐閑思十年事, 笑談今此(一作'日')一罇同. 喜君新賜黃金帶, 顧我宜爲白髮翁"也. 天聖中, 余擧進士, 國學南省[217]皆忝第一人薦名, 其後景仁相繼亦然, 故景仁贈余云: "瀋墨題名第一人, 孤生何幸繼前塵[218]"也. 聖兪自天聖中與余爲詩友, 余嘗贈以「蟠桃詩」有韓孟[219]之戲, 故至此梅贈余云: "猶喜共量天下士, 亦勝東野亦勝韓." 而子華筆力豪贍, 公儀文思溫雅而敏捷, 皆勍敵也. 前此爲南省試官者, 多窘束條制[220], 不少放懷. 余六人者, 懽然相得, 群居終日, 長篇險韻, 衆製交作, 筆吏[221]疲於寫錄, 僮史[222](一作'隷')奔走往來, 間以滑稽嘲謔, 形(一作'加')於風刺, 更相酬酢, 往往烘堂絶倒[223], 自謂一時盛事, 前此未之有也.

---

215) 武成王廟: 즉 太公望廟이다. 唐 開元 19년(731)에 長安·洛陽 두 곳과 각 州에 太公廟를 세웠고, 上元 元年(760)에 太公을 武成王으로 追封했으며, 원래 있던 태공묘 역시 무성왕묘라고 바꿨다. 宋太祖는 乾隆 3년에 무성왕묘를 重修하도록 명했다.

216) 東堂: 東廟의 殿堂 혹은 廳堂을 말하는 것이다. 고대에는 皇宮 혹은 官舍를 많이 가리켰다.

217) 南省: 唐代 尙書省의 다른 이름이다.

218) 前塵: 지난 일 혹은 옛 일을 말하는 것으로, 여기에서는 '足跡'으로 사용되었다.

219) 韓孟之戲: 여기에서는 농담으로 자기와 매성유를 韓愈와 孟郊에 비유한 것을 말한다. 한유는 일찍이 후진을 보살피는 것을 좋아해 여러 차례 맹교를 추천했고 두 사람은 자주 詩로써 唱和했기 때문에 이렇게 말한 것이다.

220) 窘束條制: 관련 법규나 제도에 의해 束縛되는 것을 말한다.

221) 筆吏: 書寫직무를 담당했던 하급관리를 말한다.

222) 僮史: 궁중과 車乘의 청결 등의 잡무를 맡아 처리하던 관리를 말한다.

223) 烘堂絶倒: 포복절도하다. 烘堂은 본래 어사들이 공무를 보는 곳에서 회식 때 동석한 모든 사람들이 크게 웃는 것을 말하는 것으로, 후에

104. 학사와 승상의 예

예전에 학사(學士: 翰林學士)는 당나라의 관례에 따라, 재상을 만날 때 가죽신과 홀(笏)을 갖추지 않았고 신발을 신은 채로 옥당(玉堂: 翰林院) 위에 앉았으며, 학사원(學士院)의 관리를 보내 회당에서 직성관(直省官)을 점검했다. 또 학사가 장차 도착하려 하면 재상이 나와서 영접했다. 근래의 학사들은 신발과 홀을 갖추기 시작했고 중서성(中書省)에 이르러서는 상참관(常參官)과 함께 손님의 위치에 섞어 앉았는데, 얼마 후에는 그 모습을 볼 수 없었다. 학사는 날이 갈수록 자신을 낮추고 〔학사에 대한〕 승상(丞相)의 예우 역시 점차 가벼워졌으니, 대개 자주 보기를 오래하다 보면 자연스러워져서 더 이상 이상하게 여기지 않게 된다.

> 往時學士, 循唐故事, 見宰相不具靴笏, 〔23〕繫鞋坐玉堂上, 遣院吏計會堂頭直省官, 學士將至, 宰相出迎. 近時學士, 始具靴笏, 至中書與常參官[224]雜坐於客位, 有移時不得見者. 學士日益自卑, 丞相禮亦漸薄, 蓋(一作 '並')習見已久, 恬然不復爲怪也.
>
> 【校勘】〔23〕見宰相不具靴笏:『皇宋類苑』卷29에는 '靴'가 '鞋'로 되어 있다.

일반적으로 많은 사람들이 모두 크게 웃는 것을 뜻하게 되었다.

224) 常參官: 唐代 文官 5품 이상의 職事官과 8품 이상의 供奉官과 員外郎・監察御使・太常博士가 매일 조회에 참석하였기 때문에 常參官이라 칭했다.

105. 장요봉의 골상

장요봉(張堯封)은 남경(南京)의 진사(進士)이다. 그는 여러 차례 과거시험에 응시했으나 급제하지 못했고 집안이 몹시 가난했는데, 한번은 관상을 잘 보는 어떤 사람이 그에게 말했다.

"그대의 관상을 보니 일개 막직(幕職)에 지나지 않겠지만, 그대의 골상이 귀하니 반드시 왕에 봉해지는 영예를 누리게 될 것 입니다."

사람들은 처음에 그 뜻을 알지 못했다. 그 후에 장요봉은 진사에 급제하여 막직에 있다가 생을 마쳤다. 장요봉은 온성황후(溫成皇后)의 부친이었는데, 온성황후가 존귀해지고 나서 장요봉은 태사(太師)·중서령(中書令) 겸 상서령(尙書令)에 추증되고 청하군왕(淸河郡王)에 추봉되었다. 이로 말미암아 비로소 관상쟁이 말을 깨닫게 되었다.

> 張堯封225)者, 南京進士也, 累擧不第, 家甚貧, 有善相者謂
> 曰: "視子之相, 不過一幕職226), 然君骨貴, 必享王封." 人初莫
> 曉其旨. 其後, 堯封擧進士及第, 終於幕職. 堯封, 溫成皇
> 后227)父也, 后旣貴, 堯封累贈太師228), 中書令229)兼尙書令, 封

---

225) 張堯封: 仁宗의 총애를 받은 張貴妃의 아버지이다. 進士가 되고 얼마 되지 않아 생을 마쳤다.

226) 幕職: 地方軍政大員幕府에서 參謀·書記 등의 직무를 맡은 것을 말한다.

227) 溫成皇后: (1023~1053) 河南 永安사람으로, 張堯封의 딸이다. 知와 美를 겸비해 仁宗의 총애를 받게 되고, 慶歷 元年에 淸河郡

清河郡王, 由是始悟相者之言. 〔24〕

106. 황상이 하늘을 경외하다

치평(治平) 2년(1065) 8월 3일 큰비가 내리던 어느 날 밤에 도성의 수심이 수척이나 되자, 황상(皇上)께서 조서를 내려 자 신의 잘못을 질책하며 직언을 구했다. 학사(學士)들이 조서의 초안을 잡았는데 조서 안에 다음과 같은 말이 있었다.

황상이 "대신들이 두려워하며 하늘의 변고를 걱정하고 있다."

황상은 밤중에 다음과 같은 비답(批答)을 내렸다.

"장마로 재해가 일어나는 것은 전적으로 부덕한 사람을 경계 하는 것이오."

그리고는 급히 "대신이 변고를 걱정한다"는 말을 삭제하게 했 자신을 공손히 하고 하늘을 경외하며 스스로를 연마함이 이

君·才人·修媛·美人 등에 봉해졌다. 皇祐 初에 貴妃가 되었고 死後에 황후로 追冊되었으며, 溫成이라는 諡號를 받았다.

228) 太師: 官名. 西周 때 설치되었으며, 三公(太師·太傅·太保)의 최고 높은 사람을 이르는데, 군왕을 보필하는 중요 대신이었다.

229) 中書令: 官名. 漢代에 설치된 관직으로 주로 詔令을 알리는 일을 담당했으며 名望 있는 선비가 주로 임용되었다. 隋唐 이후 中書令 과 侍中이 尙書令과 함께 國政을 의논하고 宰相과 함께 이를 수행 했는데 이로 인해 후에 宰相으로 불리어졌다.

와 같았다.

治平二年八月三日, 大雨一夕, 都城水深數尺, 上降詔責躬
求直言, 學士草詔, 有 "大臣惕思天變[230]"之語, 上夜批出云:
"淫雨爲災, 專戒不德[231]." 遽令除去 "大臣思變"之言. 上之
恭己畏天, 〔25〕自勵如此.

【校勘】〔25〕上之恭己畏天: '己'는 원래 '已'로 잘못 기록되었는데, 元刻
『文集』本과 『皇宋類苑』 권4에 의거해 수정했다.

107. 장순공과 석자정

장순공(章郇公: 章得象)과 석자정(石資政: 石中立)은 평소
서로 가깝게 지냈는데, 석자정이 농담하기를 좋아하여 한번은
장순공에게 이렇게 농담했다.

"옛날 명화(名畫) 중에 대송(戴松)의 소 그림과 한간(韓幹)
의 말 그림이 있는데, 지금은 장득(章得)의 코끼리〔象〕그림이
있소이다."

세간에서 말하기를, 민(閩) 지방 사람들은 대부분 왜소한데
키가 큰 사람은 반드시 귀인(貴人)이 된다고 했다. 장순공은 키
가 큰데다가 말소리가 종소리 같았으니, 혹시 그보다 뛰어난 동

---

230) 大臣惕思天變: "대신들은 모두 天變(政變)이 일어날 것을 두려워
한다"는 뜻이다.

231) 淫雨爲災, 專戒不德: "淫雨(장마)가 재난이 된다"는 것은 전적으로
부덕한 사람을 경고함이다.

향 사람들은 특이한 사람이란 말인가! 장순공은 재상이 되어 중후함에 힘써 허황된 명성을 좇는 세태를 막았으니, 당시 사람들이 그의 덕망과 도량을 칭송했다.

章郇公[232](得象)與石資政(中立)素相友善, 而石喜談(一作 '詠')諧, 嘗戲章云: "昔時名畫, 有戴松牛[233], 韓幹馬[234], 而今有章得象也[235]." 世言閩人[236]多短小, 而長大者必爲貴人. 郇公身旣長大, 而語聲如鐘, 豈出其類者[237]是爲異人乎! 其爲相務以厚重, 鎭止浮競[238], 時人稱其德量.

---

232) 章郇公: 章得象. 字는 希言, 선조 때부터 泉州에 거주했다. 그는 일찍이 慶歷 5년(1045)에 鎭安軍節度使·同平章事에 배수되고 후에 郇國公에 봉해졌다. '郇'은 옛 나라 이름으로 治所는 오늘날의 山西 臨猗 일대이다.

233) 戴松牛: 戴松은 즉 戴嵩이다. 唐代 화가로 田家·川原의 경치를 잘 그렸고, 또 山澤水牛를 잘 묘사하기로 유명했다. 韓幹과 더불어 '韓馬戴牛'라 불렸다.

234) 韓幹馬: 韓幹은 唐代 畵家이다. 王維의 물질적 지원을 받아 10년간 繪畫를 공부했다. 菩薩·鬼神·人物·花竹 그림을 잘 그렸으며, 특히 말(馬)그림에 뛰어났다.

235) 而今有章得象也: 章得象의 이름에 '象(코끼리)'자가 있어 소·말과 비교 되므로 이렇게 농담한 것이다.

236) 閩人: 福建 사람을 말한다.

237) 類者: 同鄕人을 가리킨다. 章得象은 福建 사람이기 때문에 이렇게 말한 것이다.

238) 浮競: 허황된 명성을 다투다.

108. 금귤의 보관

　금귤(金橘)은 원래 강서(江西) 일대에서 생산되는데, 거리가
멀어 운반하기 어려웠기에 도성 사람들은 처음에 그것을 알지
못했다. 명도(明道) 연간(1032~1033)과 경우(景祐) 연간(1034
~1038) 초에 비로소 죽순과 함께 도성에 들어왔다. 죽순은 그
맛이 새콤하여 사람들이 그다지 좋아하지 않았기 때문에 나중
에는 결국 들어오지 않았다. 그러나 금귤은 향긋하고 맛있으며
연회석상에 놓으면 마치 황금 탄환처럼 광채가 반짝이니, 진실
로 진귀한 과일이다. 도성 사람들은 처음에는 역시 금귤을 그다
지 귀하게 여기지 않았는데, 나중에 온성황후(溫成皇后)가 유
달리 그것을 즐겨 먹었기에 이로 말미암아 그 가격이 도성에서
비싸졌다. 우리 집안은 대대로 강서에 살았는데, 보았더니 길주
(吉州) 사람들은 이 과일을 매우 좋아하여 그것을 오래도록 남
겨두고자 할 때 녹두(綠豆) 속에 넣어 보관하면 오랜 시간이 지
나도 변질되지 않았다. 그들이 이렇게 말했다.

　"귤은 성질이 뜨겁고 녹두(菉豆: 綠豆)는 성질이 차갑기 때
문에 오래 보존할 수 있답니다."

　　金橘[239]産於江西, 以遠難致, 都人初不識. 明道, 景祐初(一

---

239) 金橘: 중국이 원산지이며 남부지방에서 과수로 심으며 높이는 4m
　　정도이며 가지와 잎이 무성하고 가시는 없다. 잎은 4~9cm이다. 잎
　　표면은 녹색이며, 잎겨드랑이에 백색 꽃이 1~2개 달린다. 꽃잎과
　　꽃받침 잎은 모두 5개씩이다. 많은 수술과 1개의 암술이 있고 씨방

作 '中'), 始與竹子[240]俱至京師. 竹子味酸, 人不甚喜, 後遂不
至. 而金橘香清味美, 置之罇俎間, 光彩灼爍[241](一作 '的皪')
如金彈丸, 誠珍果也. 都人初亦不甚貴, 其後因溫成皇后尤好
食之, 由是價重京師. 余世家江西, 見吉州[242]人甚惜此果, 其
欲久留者, 則於菉豆中藏之, 可經時不變, 云: "橘性熱而豆性
涼, 故能久也."

109. 자연의 오묘한 현상

　무릇 물체에는 서로 감응하는 것이 있는데, 이것은 자연규율
에서 나온 것으로 사람의 지혜와 사고가 미칠 수 있는 바가 아
니며 모두 오래된 습속으로 인해 익혀서 알게 된 것이다. 지금
당주(唐州)와 등주(鄧州) 일대에서 큰 감이 많이 생산되는데,
그것을 막 땄을 때는 몹시 떫고 돌처럼 딱딱하다. 110개의 감을
따서 마르멜로 하나를 그 중간에 놓아두면 곧 붉게 익어 진흙
처럼 물렁해져서 먹을 수 있게 된다. 그 지역 사람들이 말하는
'홍시(烘柿)'는 불을 이용한 것이 아니라 바로 이러한 방법을
이용할 뿐이다. 회남(淮南) 사람들은 소금과 술에 담근 게를 저

　　은 4~5室이다. 열매는 길이 2.5~3cm이고 오렌지색으로 익는다.
　　관상용으로 보급되었으나 현재는 식용한다. 열매가 둥글고 나무가
　　금감보다 작은 것을 둥근 금감이라고 한다.
240) 竹子: 여기에서는 竹筍·酸筍을 가리킨다.
241) 灼爍: 밝게 빛나다.
242) 吉州: 治所는 오늘날의 江西 吉安市이다.

장할 때, 일반적으로 한 그릇에 수십 마리의 게를 넣고 그 중간에 쥐엄나무 반쪽 가지를 세워 두면 1년이 넘게 저장해도 문드러지지 않는다. 박하가 고양이를 취하게 하고 죽은 고양이가 대나무를 자라게 한다는 설은 모두 민간의 상식이지만, 비취가 금을 가루로 만들고 사람의 체온이 무소뿔을 가루로 만든다는 이 두 설은 세상 사람들이 아직 알지 못하는 것이다. 우리 집에 옥병이 하나 있는데 형태는 매우 오래되었지만 정교하다. 처음 그것을 얻었을 때 매성유(梅聖兪: 梅堯臣)는 벽옥이라고 생각했다. 내가 영주(潁州)에 있을 때 한번은 동료 관원들에게 그것을 보여주었는데, 좌중에 있던 병마검할(兵馬鈐轄) 등보길(鄧保吉)이 진종(眞宗: 趙恒) 때의 늙은 내신(內臣)이었으므로 그것을 알아보며 말했다.

"이것은 보기(寶器)인데 비취라고 부릅니다."

또 말했다.

"궁중의 보물은 모두 의성고(宜聖庫)에 보관되어 있는데, 그곳에 비취 잔 하나가 있어서 알게 된 것입니다."

그 후에 내가 우연히 금가락지를 그 옥병 배에 대고 손 가는 대로 문질렀더니, 금가루가 분분히 떨어지는 것이 마치 벼루에서 먹이 갈리는 듯하여, 비로소 비취가 금을 가루로 만들 수 있다는 것을 알게 되었다. 여러 약재 중에서 무소뿔이 가장 빻기 어려워서 반드시 먼저 작은 조각으로 깎아낸 다음에 여러 약재 속에 넣어 빻는데, 다른 약재는 체로 치면 이미 빠져나가지만 무소뿔 가루만 체에 남아 있다. 내가 우연히 원달(元達)이라는 의승(醫僧)을 보게 되었는데, 그는 무소뿔을 깎아 사방 1촌 반 정도의 작은 조각으로 만들어 지극히 얇은 종이로 싸서 가슴 속의 근육 가까이에 놓아두어 사람의 체온으로 그것을 훈증했다. 무소뿔 조각이 체온으로 충분히 훈증되기를 기다렸다가 열이 있을 때 약절구에 넣고 급히 빻으면 손이 닿는 대로 분처럼 빻아졌다. 이리하여 사람의 체온이 무소뿔을 가루로 만들 수 있다는 것을 알게 되었다. 그러나 지금의 의원들은 모두 이러한 사실을 알지 못한다.

凡物有相感者, 出於自然, 非人智慮所及, 皆因其舊俗而習知之. 今唐, 鄧間多大柿, 其初生澁, 堅實如石. 凡百十柿以一榲櫨²⁴³⁾置其中(榲桲亦可), 則紅熟爛如泥而可食. 土人謂之烘柿者, 非用火, 乃用此爾. 淮南人藏鹽酒蟹, 凡一器數十蟹, 以皁莢²⁴⁴⁾半挺置其中, 則可藏經歲不沙(一作 ‘損’). 至於薄荷醉貓, 死貓引竹之類, 皆世俗常知, 而翡翠屑金, 人氣粉犀, 此二物, 則世人未知者. 余家有一玉罍²⁴⁵⁾, 形製甚古而精巧. 始得

---

243) 榲櫨: 마르멜로, 그리스·로마시대부터 재배한 식물이다. 과수로서 樹冠이 둥글며, 높이 5~8m이다. 잎은 어긋나고 달걀 모양 또는 긴 타원형이며 두껍고 짙은 녹색이다. 잎 뒷면에 회백색 솜털이 밀생한다. 꽃은 늦은 봄에 짧은 가지에 1개씩 달리는데, 지름은 4~5cm이고 흰색 또는 연분홍색이 돌며 꽃잎과 암술대는 5개씩이고 수술은 많다. 열매는 타원형이고 꽃받침이 남아 있으며 겉에 회백색 솜털이 밀생하고 딱딱하지만 향기가 강하며 황색으로 익는다. 열매는 石細胞가 많고 날로 먹으며 통조림으로도 이용한다. 이탈리아·프랑스·에스파냐·포르투갈이 주산지이다.

244) 皁莢: 쥐엄나무를 말한다.

245) 罍: 배가 부르고 아가리가 작은 술 그릇이다.

之, 梅聖兪以爲碧玉. 在潁州[246]時, 嘗以示僚屬, 坐有兵馬鈴
轄鄧保吉者, 眞宗朝老內臣也, 識之曰: "此寶器也, 謂之翡
翠." 云: "禁中寶物皆藏宜聖庫, 庫中有翡翠盞一隻, 所以識
也." 其後予偶以金環於罌腹信手磨之, 金屑紛紛而落, 如硯中
磨墨, 始知翡翠之能屑金也. 諸藥中犀最難擣, 必先鎊[247]屑,
乃入衆藥中擣之, 衆藥篩羅已盡, 而犀屑獨存(四字一作'犀獨
在'). 余偶見一醫僧元達者, 解犀爲小塊子, 方一寸半許(四字
一作'半寸許'), 以極薄紙裹置於(一無此字)懷中(一有'使'字)
近肉, 以人氣蒸之, 候氣薰蒸浹洽, 乘熱投臼中急擣, 應手

【校勘】〔26〕이 조와 위의 조는 『皇宋類苑』 권61에는 1조로 되어 있다.

110. 석만경과 유잠

　석만경(石曼卿: 石延年)은 그 용모가 준수하고 재주가 훌륭
하여 당시에 이름이 알려졌는데, 기상이 씩씩하고 풍모가 훤칠
했으며 다른 사람보다 술을 과하게 마셨다. 당시 유잠(劉潛)이
라는 사람이 있었는데 역시 원대한 뜻을 가진 선비로 자주 석
만경과 술 상대가 되었다. 두 사람은 도성의 사행(沙行) 왕씨
(王氏)가 새로 주점을 열었다는 소식을 듣고 그곳에 가서 온종
일 함께 술을 마셨는데 서로 한 마디도 하지 않았다. 왕씨는 그
들이 마신 술이 지나치게 많아 일반 사람들이 마시는 양이 아
닌지라 보통사람이 아니라 생각하여, 안주와 과일을 올리고 좋

---

246) 潁州: 治所는 오늘날의 阜陽이다.
247) 鎊: "깎다"라는 뜻이다.

은 술을 더 가져다주며 극진히 대접했다. 두 사람은 태연하게 먹고 마시며 도도하게 주위를 아랑곳하지 않았는데, 저녁이 되도록 술 취한 기색이 전혀 없었으며 서로 읍(揖)하고는 떠났다. 다음날 도성에서 뭇사람들이 왕씨의 주점에 두 주선(酒仙)이 와서 술을 마셨다고 떠들어댔는데, 한참 후에야 그들이 유잠과 석만경이라는 것을 알았다.

石曼卿248)磊落249)奇才, 知名當世, 氣貌雄偉, 飮酒過人. 有劉潛250)者, 亦志義251)之士也, 常與曼卿爲酒敵. 聞京師沙行王氏新開酒樓, 遂往造焉, 對飮終日, 不交一言, 王氏怪其所飮過多, 非常人之量, 以爲異人, 稍獻肴果, 益取好酒, 奉之甚謹. 二人飮啗自若, 傲然不顧, 至夕殊無酒色, 相揖而去. 明日都下喧傳252): 王氏酒樓有二酒仙來飮, 久之乃知劉, 石也.

---

248) 石曼卿: (994~1041) 宋城 사람으로, 선조들은 幽州 (지금의 北京 일대)에서 살았고, 字는 曼卿, 이름은 延年이다. 海州로 귀향을 갔으며, 그의 나이 48세에 생을 마쳤다. 太子中允·秘閣校理의 자리에 까지 올랐다.

249) 磊落: 용모가 준수하다.

250) 劉潛: 曹州 定陶 사람으로, 字는 仲方이다. 그의 의지는 남달랐으며, 특히 고문을 좋아했다. 進士가 된 후 모친이 사망하여 애통해 하다가 그만 죽고 만다. 그의 처 역시 그 남편을 위해 울다 역시 죽고 말았다.

251) 志義: 가슴에 원대한 뜻을 품고 있다.

252) 喧傳: 뭇사람의 입에 오르내려 왁자하게 되었다.

111. 연용도가 구래공의 북을 고치다

　연용도(燕龍圖: 燕肅)는 생각이 기발하여 처음에 영흥추관
(永興推官)이 되었다. 지부(知府) 구래공(寇萊公: 寇準)은 자
지무(柘枝舞)라는 춤을 추길 좋아했으며 북 하나를 몹시 아꼈
는데, 그 북의 고리가 갑자기 떨어져 나가자 구래공이 안타까워
하면서 여러 장인들에게 물어보았으나 모두 수리할 줄을 몰랐
다. 연용도가 고리 받침에 잠금쇠를 달아보길 청했더니 고리가
떨어지지 않았다. 구래공이 매우 기뻐했다. 연용도는 사람됨이
너그럽고 진중하며 박학다식했는데, 그의 물시계 제작법은 최고
로 정교하여 지금도 주군(州郡)에 종종 그것이 있다.

　　燕龍圖253)(肅)有巧思, 初爲永興推官254), 知府255)寇萊公好
　　舞柘枝256), 有一皷257)甚惜之, 其鐶258)忽脫, 公悵然, 以問諸

---

253) 燕龍圖: 燕肅(961~1040). 益都 사람으로, 曹州로 이사하였고, 字
　　는 穆之이다. 그는 일찍이 많은 정교한 물건들을 만들었고, 그림을
　　잘 그렸으며, 禮部侍郎의 관직까지 이르렀다.
254) 推官: 官名. 推鞫(중죄인을 잡아다가 국문하던 일)할 때에 訊問하
　　던 관원을 말한다.
255) 知府: 太守. 지방의 郡을 다스리던 관직. 郡守라 칭하던 것을 漢나
　　라 때 이 이름으로 고쳤다. 그 후 역대 왕조가 이 직책을 두었으나 송
　　나라 이후에는 郡을 府로 개칭했기 때문에 知府로 명칭을 바꾸었다.
256) 舞柘枝: 拓枝舞라고도 한다. 拓枝는 서역 石國의 音譯이라는 학설
　　이 있다. 내용은 蓬萊에서 내려온 두 童女가 연꽃술로 태어났다가
　　군왕의 德化에 감동하여 歌舞로써 그 은혜에 보답한다는 것이다.
257) 皷: 북(鼓)을 말하는 것이다.

匠, 皆莫知所爲. 燕請以鐶脚爲鏁簧[259]内之, 則不脫矣. 萊公
大喜. 燕爲人寬厚長者, 博學多聞, 其漏刻法最精, 今州郡往往
有之.

112. 좌안

유악(劉岳)의 『서의(書儀)』에서 혼례(婚禮)에 "신부는 신랑
의 말안장에 앉고 부모는 딸의 머리를 올려준다"는 예법이 있
는데, 어떤 경전의 뜻에 근거한 것인지 모르겠다. 유악의 자서
(自叙)에서 "당시 유행한 것을 덧붙였다"고 한 말에 근거하면,
당시 유행하던 풍속이 그러했던 것이다. 유악은 예악(禮樂)이
파괴되었던 때인 오대(五代)의 전란기에 살았기에 삼왕(三王)
의 제도를 강구할 겨를이 없었으며, 다만 한 시대의 민간 풍속
에서 사용한 길흉 의식을 취하여 대략 정리했으니, 진실로 후세
의 법식으로 삼기에는 부족하다. 그러나 후세에는 그나마도 제
대로 행할 수 없다. 유악의 『서의』에 기록된 내용 가운데 열에
여덟아홉은 없어졌으며, 그 중 세상에서 겨우 행해지는 한두 개
도 모두 간략하고 조악하여 본래 책의 내용과 같지 않다. 그 중
에서 터무니없이 잘못 전해져 정말 웃길 만한 것은 바로 "좌안
(坐鞍: 안장에 앉음)"의 일이다. 오늘날 사대부들은 혼례를 치
르는 날 저녁에 의자 두 개를 뒤로 맞대어 말안장에 놓고 도리

---

258) 鐶: 고대 악기로, 大鈴의 일종이다.
259) 鏁簧: 자물쇠의 용수철이다.

어 신랑에게 그 위에 앉아 세 잔의 술을 마시게 하며 신부 집에
서 사람을 보내 세 번 청한 후에 신랑이 내려오면 혼례가 성립
되는데, 이를 "상고좌(上高坐: 고좌에 오름)"라고 부른다. 무릇
혼례를 치르는 집의 모든 가족과 내외 인척들은 남녀 하객들과
함께 당상과 당하에 공손히 서서 직접 참례하는데, 오직 "서상
고좌(壻上高坐: 신랑이 고좌에 오름)" 절차만을 성대한 의식으
로 여긴다. 간혹 우연히 이 절차를 준비하지 못한 경우에는 사
람들이 서로 애석해하고 탄식하면서 결례(缺禮)라고 생각한다.
그 터무니없이 잘못 전해진 것이 이와 같은 지경에 이르렀다.
지금 비록 이름난 학자와 고관, 사대부와 오래된 가문도 모두
이러하지 않음이 없다. 아! 사대부가 예의를 알지 못하여 일반
백성들과 그 풍습을 함께 하면서 보고도 그 잘못된 줄을 알지
못하는 경우가 많다. 전날의 복원황백(濮園皇伯)의 논쟁도 그
러하니, 어찌 다만 '좌안'의 착오뿐이겠는가?

　　劉岳『書儀』, 婚禮有 "女坐婿之馬鞍, 父母爲之合髻" 之禮,
不知用何經義. 據岳自敘云: "以時之所尙者益之", 則是當時
流俗之所爲爾. 岳當五代干戈之際, 禮樂廢壞之時, 不暇講求
三王之制度, 苟取一時世俗所用吉凶儀式, 略整齊之, 固不足爲
後世法矣. 然而後世猶不能行之, 今岳『書儀』十已廢其七, 八,
其一, 二僅行於世者(一作 '悉'), 皆苟簡粗略, 不如本書. 就中轉
失乖繆260), 可爲大笑者, 坐鞍一事爾. 今之士族, 當婚之夕, 以
兩椅相背, 〔27〕置一馬鞍, 反令婿坐其上, 飮以三爵261), 女家遣

---

260) 乖繆: 터무니없다, 황당무계하다.
261) 爵: 고대에 일종의 술을 마시는 잔으로, 잔 밑에는 세 개의 다리가 있다.

人三請而後下, 乃成婚禮, 謂之"上高坐". 凡婚家擧族內外姻親,
與其男女賓客, 堂上堂下, 竦立而視者, 惟"婿上高坐"爲盛禮
爾. 或有偶不及設者, 則相與悵然咨嗟, 以爲闕禮. 其轉失乖繆,
至於如此. 今雖名儒巨公, 衣冠舊族, 莫不皆然. 嗚呼! 士大夫不
知禮義, 而與閭閻鄙俚同[262]其習(一作'所'), 見而不知爲非者多
矣. 前日濮園皇伯之議[263]是已, 豈止坐鞍之繆哉!

【校勘】〔27〕以兩椅相背: '椅'는 원래 '倚'로 잘못 기록되었는데, 『皇宋類苑』
　　권18에 의거해 수정했다.

113. 사묘이름의 와전

　　세간의 습속에 와전된 것 가운데 사묘(祀廟)의 명칭이 가장
심각하다. 오늘날 도성 서쪽의 숭화방(崇化坊) 현성사(顯聖寺)

---

262) 閭閻鄙俚: 평민백성의 풍속·습관에 대한 貶稱이다.

263) 濮園皇伯之議: 英宗이 친정하고 그는 자신의 돌아가신 아버지를
　　추숭코자하여, 治平 2년(1065) 4월 禮官과 待制 이상의 관리들로
　　하여금 濮王을 추숭하기 위한 전례문제를 논의하게 하였다. 양자도
　　친아들과 동등한 권리를 가지니, 英宗은 仁宗의 아들이다. 그러나
　　英宗이 아직 仁宗의 양자로 들어가기 전에 생부인 조윤양이 죽었기
　　때문에, 그의 칭호와 관련하여 쟁론이 생긴 것이다. 이때의 쟁론은
　　크게 둘로 나눌 수 있으니, 하나는 王珪·司馬光·范純仁·呂
　　誨·呂大防·范鎭 일파로서 이들은 복왕 조윤양을 皇伯이라고 추
　　존할 것을 주장한 반면, 또 다른 일파는 구양수를 포함하여 韓琦와
　　曾公亮 등의 인물로 이들은 복왕을 皇考로 추존할 것을 주장하였
　　다. 治平 2년에 시작한 濮議之諍은 당초 영종의 생부에 대한 전례
　　문제에서 비롯된 것이었지만, 논의가 전개될수록 정치적 문제로 발
　　전해 갔다.

는 본래 명칭이 포지사(蒲池寺)였는데, 주씨(周氏: 後周) 현덕(顯德) 연간(954~960)에 증축하면서 현성이라 명칭을 바꿨지만, 민간에서는 대부분 그 옛 명칭으로 부르다가 지금은 보리사(菩提寺)로 와전되었다. 강남에 있는 대고산(大孤山)과 소고산(小孤山)은 강물 속에 우뚝 홀로 서 있는데, 민간에서 '고(孤)'가 '고(姑)'로 와전되었다. 강가에 팽랑기(澎浪磯)라고 부르던 암석이 하나 있는데, 그것이 마침내 팽랑기(彭郎磯)로 와전되면서 "팽랑(彭郎)은 소고(小姑)의 남편이다"는 말이 나왔다. 내가 일찍이 소고산에 간 적이 있는데, 사당에 모셔진 신상(神像)은 바로 부인이고 성모묘(聖母廟)라는 어필(御筆) 편액이 있으니, 어찌 민간의 착오뿐이겠는가! 서경(西京)의 용문산(龍門山)은 이수(伊水) 가에 서 있는데, 단문(端門)에서 바라보면 쌍궐(雙闕) 같기 때문에 '궐새(闕塞)'라고 부른다. 산 입구에 있는 사당을 '궐구묘(闕口廟)'라고 하는데, 내가 일찍이 보았더니 사당에 모셔진 신상이 매우 우람하고 손에 예리한 칼을 든 채 무릎을 짚고 앉아 있었다. 내가 〔그 신상이 누구냐고〕 물었더니 이렇게 말했다.

"이 분은 활구대왕(豁口大王: 이 빠진 대왕)이시오."

이것은 정말 웃긴 일이다.

世俗傳訛, 惟祠廟之名爲甚. 今都城西崇化坊顯聖寺者, 本名蒲池寺, 周氏顯德中[264]增廣之, 更名顯聖, 而俚俗多道其舊

---

264) 周氏顯德中: 周氏는 五代十國의 後周를 말하는 것이다. 顯德은 後周 太祖(郭威)의 年號(954~960)이다.

名, 今轉爲菩提寺矣. 江南有大, 小孤山[265], 在江水中嶷然獨
立, 而世(一作 '俚')俗轉孤爲姑, 江側有一石磯[266]謂之澎浪磯,
遂轉爲彭郎磯, 云: "彭郎者, 小姑婿也". 余嘗過小孤山, 廟像
乃一婦人, 而勑額[267]爲聖母廟, 豈止俚俗之繆哉! 西京龍門山,
夾伊水上, 自端門望之如雙闕[268], 故謂之闕塞. 而山口有廟曰
闕口廟[269], 余嘗見其廟像甚勇, 手持一屠刀尖銳, 按膝而坐, 問
之, 云: "此乃豁口[270]大王也." 此尤可笑者爾.

114. 와 전

오늘날 세간의 언어 오류 현상은 온 세상의 군자와 소인이
모두 그 오류를 범하고 있는데 특히 '타(打)'자가 그렇다. 그 뜻
은 본래 고격(考擊: 치다)"이니 옛 사람들은 서로 때리거나 물
건으로 치는 것을 모두 '타'라고 했으며, 또한 공인이 금은(金
銀) 그릇을 제조하는 것 역시 '타'라고 말할 수 있으니 이는 대

---

265) 大, 小孤山: 大孤山은 江西省 鄱陽湖 出口處로, 또한 '鞋山'이라
고도 불린다. 小孤山은 安徽省 宿松縣 東南 방향에 있으며, 俗稱
'小姑山'이다.
266) 石磯: 물가에 돌출된 거대한 암석을 말하다.
267) 勑額: 황제가 직접 쓴 匾額을 말한다.
268) 闕: 고대 宮殿·祠廟와 陵墓 앞의 높고 큰 건축물, 일반적으로 좌
우 양옆에 세운 臺를 말한다.
269) 闕口廟: 廟가 산 입구에 위치한 것이 마치 두 闕의 입구에 있는 것
같아 생긴 이름이다.
270) 豁口: 속칭 '缺嘴(이빨 빠진 물건)'이다. 이것은 '闕口'라는 이름을
오해해서 생긴 것이다.

개 "퇴격(槌擊: 망치로 때리다)"의 뜻이다. 배나 수레를 제조하는 것을 "타선(打船)"·"타거(打車)", 고기 잡는 것을 "타어(打魚)", 물 긴는 것을 "타수(打水)", 일꾼에게 밥 주는 것을 "타반(打飯)", 병사에게 옷과 양식을 지급하는 것을 "타의량(打衣糧)", 시종이 우산을 받쳐 드는 것을 "타산(打傘)", 풀로 종이를 붙이는 것을 "타점(打黏)", 장(丈)이나 척(尺)으로 땅을 측량하는 것을 "타량(打量)", 손을 들어 눈의 침침함과 밝음을 시험하는 것을 "타시(打試)"라고 한다. 심지어 명유석학(名儒碩學)들조차도 모두 이와 같이 말하며 일마다 모두 '타'라고 하는데, 자전을 두루 찾아보아도 이러한 글자들은 아예 없다. 주요 뜻이 "고격"인 '타'자는 본래 음이 '적경(謫耿)'의 반절이며, 문자학으로 말하면 '타'는 수(手)'와 '정(丁)'을 따르고 '정(丁)'은 또 물체를 때리는 소리이기 때문에 음을 '적경(謫耿)'이라 한 것이 맞다. 무슨 이유로 '정아(丁雅)'의 반절로 와전되었는지 모르겠다.

今世俗言語之訛, 而擧世君子小人皆同其繆者, 惟 "打"字爾 (打丁雅反). 其義本謂 "考擊", 故人相歐, 以物相擊, 皆謂之打, 而工造金銀器亦謂之打可矣, 蓋有槌(一作 '搥')擊之義也. 至於造舟車者曰 "打船", "打車", 網魚[271]曰 "打魚", 汲水曰 "打水", 役夫餉飯曰 "打飯", 兵士給衣糧曰 "打衣糧", 從者執傘曰 "打傘", 以糊黏紙曰 "打黏", 以丈尺量地曰 "打量", 擧手試眼之昏明曰 "打試", 至於名儒碩學[272], 語皆如此, 觸事[273]皆謂之

---

271) 網魚: 그물로 물고기를 잡다.
272) 名儒碩學: 학문이 높고 깊은 사람을 가리킨다.

打, 而徧274)檢字書, 了無此字(丁雅反者). 其義主 "考擊" 之打
自音謫(疑當作 '滴') 耿275), 以字學言之, 打字從手, 從丁, 丁又
擊物之聲, 故音 "謫耿"爲是. 不知因何轉爲 "丁雅276)"也.

115. 생백과 의제

동전의 사용법은 오대(五代) 이래로 77냥을 100냥으로 치는데 이것을
'생백(省陌)'이라 한다. 지금은 시장에서 교역할 때 또 〔77냥에서〕 5냥을
떼는데 이것을 '의제(依除)'라고 한다. 함평(咸平) 5년(1002)에 진서(陳
恕)가 지공거(知貢擧)로 있을 때 선발된 선비들이 가장 뛰어났는데, 선발
된 72명 중에서 왕기공(王沂公: 王曾)이 1등이었으며, 어시(御試: 殿試)
에서 그 절반이 탈락하고 급제한 사람 38명 중에서도 왕기공이 또 1등을
했다. 그래서 도성에서 이를 두고 이렇게 말했다.

"남성(南省: 尙書省)에서 100 '의제'를 선발했는데 전시(殿試)에서 50
'생백'이 합격했다."

이 해에 선발된 인원은 비록 적었지만 훌륭한 인재가 가장 많았으니,
재상이 3명으로 왕기공과 왕공(王公: 王隨)·장공(章公: 章得象), 참지정
사(參知政事)가 1명으로 한공(韓公: 韓億), 시독학사(侍讀學士)가 1명으

273) 觸事: 遇事. '일에 부딪치다'이다.
274) 徧: '遍'과 동일하며, 全面이란 뜻이다.
275) 謫耿: '謫'은 '滴'으로 의심된다. 古音韻法으로 滴의 성모와 耿의
운모를 합치면 拼音으로 'děng'이 된다.
276) 丁雅: 즉 丁雅反이다. 古音韻法으로 '打'字는 丁의 성모와 雅의 운
모를 합쳐 'dǎ'가 되었다.

로 이중용(李仲容), 어사중승(御史中丞)이 1명으로 왕진(王臻), 지제고(知制誥)가 1명으로 진지미(陳知微)이다. 왕백청(汪白靑)과 양해(陽楷) 2명은 비록 현달하지는 못했지만 모두 문학으로 당시에 이름이 알려졌다.

用錢之法, 自五代以來, 以七十七爲百, 謂之 '省陌'277). 今市井交易, 又剋278)其五, 謂之 '依除'279). 咸平五年, 陳恕280)知貢擧, 選士最精, 所解七十二人, 王沂公(曾)爲第一, 御試又落其半, 而及第者三十八人, 沂公又爲第一. 故京師爲語曰: 〔28〕 "南省解281)一百 '依除'282), 殿283)前放五十 '省陌'284)也." 是歲取人雖少, 得士最多, 宰相三人: 乃沂公與王公285)(隨), 章

---

277) 省陌: 고대 동전은 百數를 一百의 '足百'이라 하고, 백에 미치지 못하는 것을 一百의 '省百'이라 했다. 여기서 陌은 '百'을 대신하여 쓴 것이다.

278) 剋: 깎다.

279) 依除: 송대 시장에서 교역할 때 돈을 계산하는 방법으로, 省陌의 5/100를 차감하는 방식이다.

280) 陳恕: 江西省 사람으로, 字는 仲言이다. 太平興國에 進士가 되고, 眞宗 때 史部侍郎에 배수되어 일찍이 과거를 주관했었다. 鹽鐵使로 있을 당시 舊弊를 개혁하여 宋 太宗으로부터 '眞鹽鐵'이라 불렸다.

281) 解: 선비를 취하다.

282) 一百 '依除': 즉 본문 중 거론 되었던 77의 依除이다. 77克에서 5克을 제하면 72克이 된다.

283) 殿: 여기서는 殿試를 말하는 것으로 과거제도 중 최고의 시험으로 궁전의 대전에서 거행하며 황제가 친히 주제하였다.

284) 五十 '省陌': 50의 77/100은 즉 38이다.

285) 王公: 王隨. 字는 子正, 仁宗 때 門下侍郎·同中書門下平章事에 배수되었다.

公(得象), 參知政事一人: 韓公[286](億), 侍讀學士[287]一人: 李
仲容[288], 御史中丞[289]一人: 王臻[290], 知制誥一人: 陳知微[291].
而汪白靑陽楷〔29〕二人雖不達, 而皆以文學知名當世.

【校勘】〔28〕故京師爲語曰:『職官分紀』권10에는 '爲' 아래에 '之'자가 있
는데 문맥상 더 낫다.
〔29〕陽楷: '陽'은 宋本에는 '楊'이라 되어 있다.(夏校本)

당(唐) 이조(李肇)의 「국사보서(國史補序)」에서 이렇게 말했다.

"보응을 언급하고 귀신을 서술하며 꿈 해몽을 기술하고 규방에 가까운
것들은 모두 버리고, 사실을 기록하고 물리를 탐구하며 의혹을 가리고 권
계를 드리우며 풍속을 채록하고 담소에 도움이 되는 것만을 적었다."

내가 기록한 것은 대개 이조를 모범으로 삼았으나, 이조와 약간 다른
것은 남의 과오를 적지 않은 것이다. 본분이 사관은 아니지만 악을 덮고
선을 드러내는 것은 군자의 마음이라 여긴다. 독자는 이를 잘 알아야 한다.

---

286) 韓公: 韓億. 字는 宗魏, 進士가 되고 仁宗 때 參知政事에 임명되었다.

287) 侍讀學士: 宋나라 때 翰林侍讀學士의 職位를 설치했는데, 侍讀學
士는 비교적 높은 직위의 翰林官이었다.

288) 李仲容: 字는 儀父, 일찍이 侍讀學士·戶部侍郎을 역임했다.

289) 御史中丞: 官名. 簡稱으로 中丞이라함. 漢代 御史臺 밑에 御史丞
과 中丞 등 두 명의 丞을 두었는데 中丞이 궁전에 거처한다 하여
東漢때 중승을 御史臺의 장관으로 삼았다.

290) 王臻: 字는 及之, 宋나라 仁宗 때 右諫議大夫의 직권으로 御史中
丞을 마음대로 좌지우지했다.

291) 陳知微: 字는 希顔, 咸平 5년 進士가 되었고, 일찍이 知制誥를 역
임했다.

唐李肇[292]「國史補序」云: "言報應, 敍鬼神, 述夢卜, 近帷箔[293], 悉去之; 紀事實, 探物理, 辨疑惑, 示勸戒, 採風俗, 助談笑, 則書之." 余之所錄, 大抵以肇爲法(六字 一作 '亦然'), 而小異於肇者, 不書人之過惡. 以謂職非史官, 而掩 惡揚善者, 君子之志也. 覽者詳之.

---

292) 李肇: 唐代 시인으로 저서로는 『國史補』 3권이 있는데, 모두 308조 로 구성되어 있으며 開元에서 長慶年間의 일을 기록했다.
293) 帷箔: 안방을 말한다.

〈부록〉

1. 일문(佚文)

〔설명〕『귀전록』 일문을 인용한 송대(宋代) 사람의 유서·총록과 필기 가운데 어떤 것은 편례가 완벽하지 못하거나 어떤 것은 각본이 좋지 못하여, 때때로 명실상부하지 않음을 면하지 못한다. 그 중에서 사유신(謝維新)의 『합벽사류(合璧事類)』(嘉靖刻本) 같은 것은 오류가 특히 많아 더욱 근거로 삼기 어렵다. 그러나 『귀전록』 일문은 그 자체적으로 생겨나야만 했던 원인이 있을 뿐만 아니라, 동일한 단락의 문장이 송대 다른 문인들의 필기 중에 서로 보이는 현상도 드물지 않게 나타난다. 이는 이러한 책들이 동일한 종류의 송대 전적 중에서 재료를 취하고 서로 답습한 것과 관련 있는 것이니, 허무주의 태도로 성급히 모든 책이 잘못되었다고 지적해서는 안 될 것이다. 지금 최대한 살피되 의심스러운 부분은 비워둔다는 '다문궐의(多聞闕疑)'의 정신에 입각하여, 아래에 기술한 범례에 따라 『귀전록』 일문 약간 조를 집록(輯錄)해냄으로써 연구에 참고자료를 제공하고자 한다. (1) 어떤 한 책의 한 가지 판본에서는 『귀전록』에서 인용했다고 밝히고 있어도 그 책의 다른 판본에서는 〔동일한 고사를 『귀전록』이 아닌〕 다른 책에서 인용했다고 한 것은 집록하지 않았다. (2) 『귀전록』에서 인용했다고는 하지만 내용상 틀림없이 구양수의 문장이 아니라고 판정할 수 있는 것은

집록하지 않았다. (3)『귀전록』에서 인용했다고 하고 있으나 실제로『육일시화(六一詩話)』에 나오는 것은 집록하지 않았다. (4) 의심의 여지가 충분하지만 아쉽게도 증명할만한 기타 판본이 없는 것은 보류했다. (5) 기타 송대 사람의 필기에도 보이는 것은 해당 조의 말미에 '안어(案語)'를 적어 명시해놓았다.

〔說明〕引有『歸田錄』佚文的宋人類書, 叢錄和筆記, 或因編例不善, 或因刻本不佳, 有時不免張冠李戴[1]. 中如謝維新『合璧事類』(嘉靖刻本), 舛誤特多, 尤難爲據. 然而『歸田錄』佚文的發生自有其本身的原因, 且同一段文字在不同的宋人筆記中互見的現象亦屢見不鮮. 這是同這些書常從同一種宋代文籍中取材或互相因襲有關的, 故亦不可抱虛無主義的態度, 遽指諸書爲謬. 今本着多聞闕疑的精神, 依下述之例錄出『歸田錄』佚文若干條, 以供參攷研究. (一)雖有一書之一種版本引作『歸田錄』, 而此書之另一版本引作他書者不錄; (二)雖被引作『歸田錄』, 而由內容可判定必非歐陽修手筆者不錄; (三)被引作『歸田錄』, 而實出『六一詩話』者不錄; (四)雖頗可懷疑, 而惜無其他版本可證者保留; (五)其與其他宋人筆記互見者, 則於條末加'案'注明之.

---

1) 張冠李戴: 사실을 착각하다. 사실을 잘못 알다. 명실상부하지 못하다.

1. 정문보

정문보(鄭文寶)는 …… 시에 뛰어나서 가히 이두(二杜: 杜甫·杜牧)와 나란히 할만하다. 나는 그의 시를 가장 많이 수집했다. 『귀전록』에 채록된 시는 아주 뛰어난 것이 아니니, 아마도 구공(歐公: 歐陽修)이 그 전부를 보지는 못한 듯하다. (『속상산야록』)

鄭文寶[2] …… 高於詩, 可參二杜之間. 予收之最多. 『歸田錄』所採者非警絶, 蓋歐公未全見也. (『續湘山野錄』)

2. 정진공과 이문정공

정진공(丁晉公: 丁謂)이 금릉(金陵)을 다스릴 때 지은 시 중에 "관대하신 우리 황제께서는 녹만 축내는 이들까지 용납하시니, 내 나이도 따지지 않으시고 강성(江城)을 내려주셨네"라는 구절이 있었다. 천성(天聖) 연간(1023~1032)에 이문정공(李文定公: 李迪)이 조정을 나와 금릉을 다스릴 때 하루는 군(郡)에서 연회를 열었다. 광대가 재담을 하다가, 그 시는 재상〔정진공〕이 조정을 나와 지방을 다스릴 때 지은 것이니, 지금과 서로 정황이 부합하리라 얘기하고는, 〔정진공의 시를〕 낭송하다가 마지막 구에 이르자 이마를 쳐들고 큰소리로 읊었다.

---

[2] 鄭文寶: 南唐 사람으로, 字는 仲賢이다.

"관대하신 우리 황제께서는 녹만 축내는 이들을 용납하시니, 내 나이도 따지지 않으시고 강성(江城)을 내려주셨네."

빈객과 관료들은 모두 고개를 숙였지만 이문정공은 웃으며 말했다.

"어찌하나? 어찌하나? 황제께서 들으시면 꾸짖으실 텐데." (『증수시화총귀』전집 권46)

丁晉公鎮金陵3), 嘗作詩有 "吾皇寬大容尸素4), 乞與江城不計年"之句. 天聖中, 李文定公出鎮金陵, 一日郡宴. 優人作語, 意其宰相出鎮所作, 理必相符, 誦至末句, 頃望抗聲曰: "吾皇寬大容尸素, 乞與江城不計年". 賓僚皆俯首, 文定笑曰: "是何? 是何? 上聞見責." (『增修詩話總龜』前集卷四十六)

3. 위공이 울적한 마음에 시를 짓다

희녕(熙寧) 연간(1068~1077) 초에 위공(魏公: 韓琦)이 재상을 그만두고 북경(北京: 大名府)을 다스릴 때 신진 사대부들이 대부분 그를 얕잡아보았다. 위공은 뜻대로 되지 않아 울적한 마음에 시를 지어 읊었다.

"꽃 떨어진 새벽녘 수풀에 벌과 나비들이 어지러이 날고, 비 내린 봄 채마밭에 두레박만 한가하네."

---

3) 金陵: 지금의 江蘇 南京이다.
4) 尸素: 尸位素餐. 재덕이나 공적도 없이 높은 자리에 앉아 녹만 받는다는 뜻으로, 자기 직책을 다하지 않음을 이르는 말이다.

당시 사람들은 그것이 부드럽고 은근하다고 칭찬했다.
(『직관분기』 권28, 『사문유취』 외집 권7)

　　熙寧初, 魏公罷相鎭北京, 新進多陵慢之. 魏公鬱鬱不得志, 嘗爲詩曰: "花去曉叢蜂蝶亂, 雨均春圃桔槔5)間." 時人稱其微婉也. (『職官分紀』卷二十八, 『事文類聚』外集卷七)

4. 봉장고

　태조(太祖: 趙匡胤)는 열국을 평정하고 그 부고(府庫)의 재물들을 거두어 다른 창고에 저장해두고는 '봉장고(封樁庫)'라 이름 했다. 그리고는 매년 국가에서 쓰고 남은 것들을 모두 그곳에 넣어두었다. 태조가 한번은 측근 신하에게 말했다.

　"석진(石晉: 後晉)이 유연(幽燕) 지역의 여러 군(郡)을 잘라내 거란(契丹)에 넘겨줬는데, 짐은 그 여덟 주의 백성들이 오랫동안 오랑캐의 노예가 된 것을 불쌍히 여기고 있소. 500만 민(緡)이 모이거든 사신을 파견해 북쪽 오랑캐에게 그 돈을 주고 산후(山後)의 여러 군들을 되찾아오려 하오. 저들이 만약 나의 뜻을 따르지 않는다면 창고의 재물을 풀어 병사를 모집하고 오랑캐를 침공하여 빼앗아올 작정이오."

　후에 '좌장고(左藏庫)'라 개칭했다가 지금은 '내장고(內藏庫)'라고 부른다.

　(『황송유원』 권1〔이 책을 인용할 때 원문은 무진(武進) 동씨

---

5) 桔槔: 두레박틀, 방아두레박을 말한다.

(董氏)가 간행한 78권본에 의거했으며, 또 항주(杭州) 문란각
(文瀾閣) 63권본으로 교감했다. 78권본 주에서는 『귀전록』에서
나왔다고 했지만 63권본 주에서는 다른 책에서 나왔다고 한 것
은 집록하지 않았다〕 살펴보니 『승수연담록』 권1에도 보인다.)

> 太祖討平諸國, 收其府藏, 儲之別庫, 曰 '封樁庫'. 每歲國用
> 之餘皆入焉. 嘗語近臣曰: "石晉[6]割幽燕[7]諸郡以歸契丹, 朕
> 憫八州之民久陷夷虜. 俟所畜滿五百萬緡[8], 遣使遺北虜, 贖之
> 山後[9]諸郡. 如不我從, 則散府財募戰士, 以圖攻取." 後改曰
> '左藏庫', 今爲 '內藏庫'(『皇宋類苑』卷一(凡引此書, 文依武進
> 董氏刊七十八卷本, 又校以杭州文瀾閣六十三卷本. 凡七十八
> 卷本注出 『歸田錄』而六十三卷本注出他書者不錄) 案: 又見
> 於 『澠水燕談錄』卷一)

5. 대간이 그 죄를 언급하다

인종(仁宗: 趙禎) 때는 제 아무리 대단한 총애를 입는 환관

---

6) 石晉: 五代 石敬瑭이 세운 後晉 정권(936~946)을 가리킨다. 경당으
로부터 出帝까지 2대에 걸쳐 존속했으며, 후대 사람들이 삼국 이후의
西晉·東晉과 구별해 석진이라 불렀다. 거란에 대하여 신하를 자청하
고 藏貢을 바쳤다. 그리하여 燕雲 16개주를 할양한다는 조건으로 원
조를 받아 반란을 일으켰다.

7) 幽燕: 지금의 河北省의 북부와 遼寧省의 남부에 있던 州 이름. 唐代
이전에는 幽州에 속했고, 戰國時代에는 燕國에 속했기 때문에 붙여
진 이름이다.

8) 緡: 옛날, 동전을 꿰는데 사용했던 끈. 貫. 끈에 꿴 1,000문의 동전 꾸
러미를 가리킨다.

9) 山後: 太行山 以東 지역을 말한다.

이라도 대간(臺諫)이 그 죄를 언급하면 주저하지 않고 내쳤다. 이로 인해 환관이 함부로 권력을 휘두를 수 없었다.

  (『황송유원』 권5)

    仁宗時宦官雖有蒙寵幸甚者, 臺諫[10]言其罪, 輒斥之不吝也. 由是不能弄權. (『皇宋類苑』卷五)

6. 왕면

  왕면(王沔)은 자가 초망(楚望)으로, 단공(端拱) 연간(988~989) 초 국정에 참여했는데 일을 처리함이 매우 신속했다. 이때 조한왕(趙韓王: 趙普)이 재상을 그만두고 낙양(洛陽)으로 나갔다. 〔후임 재상〕 여문목공(呂文穆公: 呂蒙正)은 너그럽고 관대함을 자처하며 지냈기에 중서성(中書省)의 업무는 대부분 왕면이 결정해야 했다. 옛 관례에 따르면 승상(丞相)은 대루원(待漏院)에서 입궐시간을 기다렸는데, 1척(尺)이나 되는 큰 초가 다 타고 날이 밝아 곧 입조할 시간이 될 때까지도 미처 다 처리하지 못한 일들이 여전히 남아 있게 마련이었다. 그러나 왕면은 대루원에서 겨우 몇 촌(寸)의 초가 타는 동안에 모든 일을 끝내고, 왔다 갔다 하며 담소까지 나누고서야 날이 밝았다. 황상께서는 거인(擧人)을 시험할 때면 대부분 왕공(王公: 王沔)에게 답안지를 낭독하게 하셨다. 그는 평소 글을 잘 읽어서, 설령 문

---

10) 臺諫: 諫言을 맡아보던 관리를 이르는 말이다.

장의 풍격이 낮은 것이라 할지라도 억양을 주어가면서 문사의
뜻을 파악하여 읽었기에 듣는 이들이 지겹지 않았고, 그가 읽은
답안은 늘 좋은 성적으로 선발되었다. 거자(擧子)들은 늘 답안
지를 제출하면서 이렇게 기도했다.

"왕초망(王楚望: 王沔)이 내 답안지를 읽어주면 좋으련만!"
(『황송유원』 권8. 살펴보니 『옥호청화』 권8에도 보인다)

王沔[11]字楚望, 端拱初參大政, 敏於裁斷. 時趙韓王[12]罷
政出洛. 呂文穆公(蒙正)寬厚自任, 中書多決於沔. 舊例: 丞
相待漏[13]於廬[14], 燃巨燭尺盡殆曉將入朝, 尙有留按遺決未
盡. 沔當漏舍, 止燃數寸事都訖, 猶徘徊笑談方曉. 上每試擧
人[15], 多令公讀試卷. 素善讀書, 縱文格下者, 能抑揚高下,
迎其辭而讀之, 聽者無厭, 經讀者高選. 擧子嘗納卷祝之曰:
"得王楚望讀之, 幸也!"(『皇宋類苑』卷八. 案: 又見於『玉壺
淸話』卷八)

---

11) 王沔: (950∼992) 字는 楚望, 齊州 사람으로, 太宗 太平興國 初에
進士가 되었다. 樞密副使·參知政事 등을 역임하고 淳化 2년에 관
직에서 물러났다. 후에 다시 등용되고자 했으나 갑작스럽게 생을 마
쳤다.

12) 趙韓王: 趙普(922∼992). 字는 則平, 幽州 薊(오늘날의 天津 薊顯)
사람이다. 조광윤을 도와 북송정권을 세웠으며, 여러 해 재상을 담당
했으며 후에 定眞王에 追封되었다가 韓王으로 다시 바뀌었다.

13) 待漏: 옛날 중국에는 漏刻이라는 물시계가 있었는데 待漏라는 것은
바로 시각을 기다린다는 의미이다. 재상과 조정대신들은 待漏院에서
잠시 대기하면서 대궐 문이 열리기를 기다렸다.

14) 廬: 여기에서는 관리들이 입조를 기다리는 곳을 말한다.

15) 擧人: 擧子. 과거 시험의 하나인 鄕試에 합격한 사람을 이르는 말이다.

7. 공이 사직을 청하다

치평(治平) 연간(1064~1067)에 공(公)은 정주(定州)에서 조정으로 돌아왔다. 입조하여 황제를 알현한 뒤, 물러나 중서성(中書省) 백집정(白執政: 白氏 姓을 가진 宰相)을 찾아가서는 사직을 청했다. 집정이 말했다.

"이처럼 건강하시고 주상의 뜻 또한 너그러우신데, 어찌하여 이처럼 완강하게 사직을 청하시는 것입니까?"

공이 말했다.

"만약 근력이 쇠하여 몸을 부지하지 못할 때까지 기다렸다가 군주가 버린 연후에야 물러난다면, 이는 어쩔 수 없이 물러나는 것이지, 어찌 만족함을 안다 할 수 있겠습니까?"

그리고는 물러나 사저로 돌아가서 누운 채 일어나려 하지 않았다. 청주(靑州)에서 그때에 이르기까지 3년 동안 모두 7번 표문을 올리고, 셀 수 없이 많은 상소문을 올리고 나서야 조정에 그 뜻이 받아들여져 태보(太保)로 관직에서 물러났다. 당시 논자들은 모두 공의 정신과 기력이 왕성하기 때문에 굳이 그의 사직 요청을 처리할 필요가 없다고 생각했지만, 이때에 이르러 결국 승복했다.

(『황송유원』 권8. 살펴보니 『속수기문』 권5에도 보이는데, 첫 구절이 "始平公自定州歸朝"라 되어 있다)

治平中, 公自定州歸朝. 旣入見, 退詣中書白執政以求致仕.
執政曰: "康寧如是, 又主上意方厚, 而求去如此之堅, 何也?"
公曰: "若待筋力不支, 人主厭棄後去, 乃不得已也, 豈得爲止足哉!"因退歸私第, 堅臥不起. 自青州[16]至是三年, 凡七上表, 其箚子[17]不可勝數, 朝廷乃許之, 以太保[18]致仕. 是時論者皆 謂公精力克壯, 未必肯決去, 至是乃服. (『皇宋類苑』卷八. 案: 又見於『涑水記聞』卷五, 首句作 "始平公自定州歸朝".)

8. 여공이 관직을 청하는 상주를 올리다.

여중령(呂中令: 呂蒙正)은 우리나라에서 중서성(中書省)에 3차례 등용되었는데, 이런 경우는 오직 여공(呂公)과 조한왕(趙 韓王: 趙普) 둘 뿐이다. 여공은 인척관계로 은총을 바란 적이 없었다. 아들 여종간(呂從簡)의 관직 하사와 관련해 상주하게 되었을 때 여공은 문하상(門下相)으로 있었다. 옛 제도에 따르 면, 재상이 아들의 관직을 상주하면 즉시 수부원외랑(水部員外 郎)에 제수하고 조정의 품계를 더해주었다. 그러나 여공은 이렇 게 상주했다.

"신은 예전에 외람되게도 갑과(甲科)에 급제하여 처음 벼슬 길에 나아갔을 때 6품 경관(京官)에 제수되는 데 그쳤습니다. 하물며 지금 천하에 재능 있는 자들 가운데 바위동굴에서 늙어 가며 작은 봉록도 받지 못하는 자가 한없이 많사옵니다. 지금 신의 아들 종간은 막 강보에서 벗어나 아무 것도 모르는지라,

---

16) 靑州: 지금의 山東 靑州를 말한다.

17) 箚子: 간단한 서식의 상소문을 말한다.

18) 太保: 천자의 교육을 담당하던 관직. 三公 중 한사람으로 위치는 太 傳에 준한다.

이 같은 총애를 받았다가는 크나큰 견책에 걸리지나 않을까 두렵사옵니다. 그저 신이 처음 벼슬길에 나아갔을 때 제수 받았던 관직에 임명해주시길 청하옵니다."

여공이 [아들을 수부원외랑에 제수하는 것을] 한사코 사양하는 바람에 조정에서도 끝내 6품 경관에 제수하는 것을 윤허하였으며, 이때부터 이는 관례가 되었다. 여공은 낙중(洛中)에서 살았는데, 조상이 물려준 집의 침실은 매우 소박해 대나무 침상이 놓여져 있었다. 그의 아들 집현이경(集賢貳卿) 여거간(呂居簡)이 평소에 직접 문영(文瑩)에게 이 일을 얘기해주었다.

(『황송유원』 권8. 살펴보니 『옥호청화』 권3에도 보인다)

呂中令(蒙正), 國朝三入中書, 惟公與趙韓王爾. 未嘗以姻戚邀寵澤. 子從簡當奏補[19], 時公爲門下相. 舊制: 宰相奏子起家, 卽授水部員外郞加朝階. 公奏曰: "臣昔忝甲科及第釋褐[20], 止授六品京官[21]. 況天下才能老於巖穴不能需寸祿者無限. 今臣男從簡, 始離襁褓, 一物不知, 膺此寵命, 恐罹深譴. 止乞以臣釋褐所授官補之."固讓, 方允止投六品京官, 自爾爲制. 公生於洛中, 祖第正寢至易, 簀亦在其寢. 其子集賢貳卿居簡, 平時親與文瑩[22]語此

---

19) 奏補: 奏蔭이라고도 함. 宋代에 부모나 그 조상이 고위 관리인 경우 자식이나 손자에게 관직을 수여할 것을 요청하는 상주를 올릴 수 있었는데 이를 말한다.

20) 釋褐: 평민의 옷을 벗다, (轉) 처음으로 벼슬길에 나아가다.

21) 京官: 중앙 관청의 관리이다.

22) 文瑩: 北宋의 藏書家. 字는 道溫이며 승려이다. 錢塘(오늘날의 浙江 杭州) 사람으로, 詩文에 뛰어났고 일찍이 蘇舜欽과 詩友를 맺어 蘇舜欽의 소개로 歐陽脩를 방문하기도 했으며, 丁謂의 門下에 있었다. 熙寧年間

事云. (『皇宋類苑』卷八. 案: 又見於 『玉壺淸話』卷三)

9. 이문정공

이문정공(李文定公: 李迪)이 섬서도전운사(陜西都轉運使)
를 그만두고 조정으로 돌아왔는데, 당시 진종(眞宗: 趙恒)은 바
야흐로 동쪽 태산(泰山)에 봉선제를 지내고 서쪽 분음(汾陰)에
제사지내는 일을 논의하면서 태평성대의 사업을 닦고 있었다.
그때 진주(秦州)를 다스리던 조위(曹瑋)가 강족(羌族)이 몰래
음모를 꾸며 쳐들어오려 한다고 상주하면서 대대적으로 군대를
증강하여 방비할 것을 청했다. 황상은 크게 노하면서 조위가 오
랑캐의 세력을 헛되이 과장하여 조정을 놀라게 함으로써 군대
증강을 요청한다고 생각했다. 그래서 섬서에서 막 돌아온 이적
(李迪)을 불러 만나보고 조위의 상주문을 보여주며 그 허실(虛
實)을 물었는데, 그것은 조위를 참수하여 망령된 말을 하는 자
를 경계하고자 함이었다. 이문정공이 조용히 아뢰었다.

"조위는 무인(武人)으로 먼 변방에 있는지라, 조정의 사정에
밝지 못하여 갑자기 상주문을 올려 진언한 것이니, 무거운 죄라
하기에는 부족하옵니다. 신이 전에 섬서를 다스리면서 변방 장
수의 재략을 살펴보았는데, 조위보다 뛰어난 사람이 없었습니
다. 훗날 반드시 국가를 위해 큰 공을 세울 인물입니다. 만약에

이후에 荊州 金鑾寺에 머물렀다. 藏書를 좋아해 고금의 문장을 많이 수장
했다. 저서로 『玉壺淸話』・『玉壺野史』・『湘山野錄』 등이 있다.

이 일로 그를 벌하신다면 신은 폐하를 위해서도 안타까운 일이라 생각하옵니다."

황상의 마음이 조금 누그러지자 이어서 아뢰었다.

"조위는 훌륭한 장군인지라 망언을 했을 리 없으니, 그가 요청한 병사 또한 조금이나마 그의 뜻에 맞춰주지 않아서는 안 될 것이옵니다. 신이 폐하의 뜻을 살펴보건대 단지 정주(鄭州)의 성문을 나가 출병하는 것을 바라지 않는 것 같사옵니다. 진주(秦州) 부근 군병(郡兵)의 수를 작은 책자로 만들어 항상 작은 주머니에 넣어 몸에 지니고 다니는데, 지금까지 미처 바치지 못하고 있었사옵니다."

황상이 말했다.

"빨리 그것을 가져오도록 하시오."

이적이 주머니 속에서 그것을 꺼내 바치자 황제가 손으로 가리키며 말했다.

"아무 주와 아무 주의 병사 약간을 파견하여 진주를 지키게 하고, 경은 즉시 추밀원(樞密院)에 조서를 전하여 병사를 내보내도록 하시오."

얼마 후 오랑캐가 과연 대대적으로 침입했지만, 조위가 그들을 맞아 대파하여 마침내 산외(山外)의 땅을 개척할 수 있었다. 상주문이 도착하자 황상이 기뻐하며 이적에게 말했다.

"산 밖에서 크게 이긴 것은 모두 경의 공이오."

황상이 장헌후(章獻后)를 책립할 즈음에 이적은 한림학사(翰林學士)로 있었는데, 자주 상소하여 간언하면서 장헌후는 변변

치 못한 가문 출신으로 천하의 모후(母后)가 되기에 부족하다
고 했다. 이로 말미암아 장헌후는 그에게 깊은 앙심을 품었다.
주회정(周懷政)을 주살할 때 황상은 심히 노하여 태자까지 질
책하려 했는데, 신하들 중에 감히 나서서 말하는 자가 없었다.
참지정사(參知政事)로 있던 이적은 황상의 노기가 조금 누그러
지길 기다렸다가 조용히 아뢰었다.

"폐하께서는 몇 명의 아들이 있기에 이런 일을 하려고 하시
옵니까?"

황상은 크게 깨닫고 주회정 등만을 주살했으니, 동궁이 끄떡
없었던 것은 이적의 힘이었다. 이적이 재상이 되었을 때 진종은
이미 몸이 좋지 않았다. 정위(丁謂)와 이적이 함께 상주문을 올
리고서 물러나는데, 어전을 내려오자 정위는 어지를 고쳐 써서
임특(林特)을 승진시키려고 했다. 분을 이기지 못한 이적이 정
위와 논쟁을 벌이다가 홀(笏)로 정위를 치려고 했는데, 정위가
도망쳐서 화를 면할 수 있었다. 이어서 재상을 바꾸는 논쟁으로
인해 상소가 올라오자, 황상은 두 사람 모두 재상을 그만두라는
조서를 내렸고 이적은 운주(鄆州)를 다스리게 되었다. 하지만
다음날 정위는 다시 재상으로 남게 되었다. 이적이 운주에 이르
러 반년이 지났을 때 진종은 붕어했고 이적은 형주단련부사(衡
州團練副使)로 폄적되었다. 정위는 시금(侍禁) 왕중선(王仲
宣)에게 이적을 압송하여 형주로 가게 했는데, 왕중선은 운주에
이르러 통판(通判) 이하의 관리들만 만나볼 뿐 이적은 만나보
지 않았다. 이적은 두려워 칼로 자결하려 했으나 사람들이 구해

주어 목숨을 건졌다. 왕중선이 이적을 능멸하고 협박함이 극에 달했다. 찾아가 이적을 만나는 자가 있으면 그 이름을 적었으며, 어떤 사람이 이적에게 음식을 보내주면 썩을 때까지 그대로 두었다가 내버릴지언정 이적에게는 주지 않았다. 이적의 문객인 등여(鄧餘)가 노하여 말했다.

"저 놈이 우리 이공(李公)을 죽여서 정위에게 아첨하려는가? 나 등여는 죽음을 두려워하지 않으니 네가 만약 우리 이공을 죽이면 내가 반드시 너를 죽이겠다!"

등여는 이적을 따라 형주에 가는 동안 잠시도 그의 곁을 떠나지 않았다. 왕중선이 등여를 자못 두려워하여 이적은 그 덕분에 온전할 수 있었다. 형주에 이르러 1년 남짓 지났을 때 이적은 비서감(秘書監)과 지서주(知舒州)에 제수되었다. 장헌태후가 죽자 이적은 상서좌우승(尙書左右丞)으로서 하양(河陽)을 다스렸다. 새로운 황제[仁宗]가 즉위하여 이적을 도성으로 불러들여 자정전대학사(資政殿大學士) 벼슬을 더해주고 며칠 후에 다시 재상으로 삼았다. 이적은 스스로 세상에 보기 드문 대우를 받았다고 생각하여 마음을 다해 황상을 보좌하면서 자신이 아는 것을 행하지 않음이 없었다. 그러나 여이간(呂夷簡)이 그를 시기하여 은밀히 황상에게 그의 단점을 아뢰었다. 1년 남짓 후에 이적은 재상에서 파직되어 조정을 나와 아무 주를 다스리게 되었다. 이적이 사람들에게 말했다.

"나 이적은 스스로를 헤아리지 못한 채 성군의 알아주심만을 믿고서 자신을 송경(宋璟)이라 여기고 여이간을 요숭(姚崇)이라 여겼는데, 그가 나를 이렇게 대할 줄은 몰랐다!"

(『황송유원』 권10. 살펴보니 『속수기문』 권8에도 보인다)

李文定公迪罷陝西都轉運使還朝, 是時眞宗方議東封西
祀[23], 修太平事業. 知秦州曹瑋奏羌人潛謀入寇, 請大益兵爲
備. 上大怒, 以爲瑋虛張虜勢, 恐愒朝廷, 以求益兵. 以迪新自
陝西還, 召見示以瑋奏, 問其虛實, 欲斬瑋以戒妄言者. 文定從
容奏曰: "瑋武人, 遠在邊鄙, 不知朝廷事體, 輒有奏陳[24], 不
足深罪. 臣前任陝西, 觀邊將才略, 無能出瑋之右者. 他日必
能爲國家建功立事. 若以此加罪, 臣爲陛下惜之." 上意稍解,
迪因奏曰: "瑋良將, 必不妄言. 所請之兵, 亦不可不少副其請.
臣觀陛下意, 但不欲從鄭州門出兵耳. 秦之旁郡兵數爲小册,
常置鞶囊中以自隨, 今未敢以進." 上曰: "趣取之." 迪取於鞶
囊以進, 上指曰: "以某州某州兵若干戍秦州, 卿卽傳詔於樞密
院發之." 旣而虜果大入寇, 瑋迎擊大破之, 遂開山外[25]之地.
奏到, 上喜謂迪曰: "山外之捷[26], 卿之功也." 及上將立章獻
后, 迪爲翰林學士, 屢上疏諫, 以章獻起於寒微, 不可母天下.

---

23) 東封西祀: 東封은 漢代 司馬相如가 임종 전에 「封禪文」을 지어 漢
나라의 덕이 크고 넓다는 것을 칭송하면서 武帝에게 청하여 동쪽으
로 封泰山(泰山에 올라 하늘에 제사를 지내는 것)하고, 禪梁父(梁父
山에 올라 땅에 제사를 지내는 것)하여야 대업을 창대히 할 수 있다
고 했다. 司馬相如가 죽고 8년 후 武帝가 그의 말을 따라 동쪽 泰山
에 올라 하늘에 제사를 지냈다고 한다. 이 이야기는 『史記』 「司
馬相如傳」에 보인다. 이후 '東封'이라는 말은 제왕이 泰山에 가서
하늘에 제사지내는 전례를 치를 때 천하가 태평함을 명백히 알리는
것을 가리킨다. '西祀'는 汾陰에서 제사 드리는 것을 말한다.

24) 奏陳: 제왕에게 의견이나 타당하지 않은 것을 진술하다.

25) 山外: 太行山 以東 지역을 말한다.

26) 捷: 싸움에서 이기다.

由是章獻深銜之. 周懷政[27]之誅, 上怒甚, 欲責及太子, 群臣莫敢言. 迪爲參知政事, 候上怒稍息, 從容奏曰: "陛下有幾子, 乃欲爲此計?" 上大寤, 由是獨誅懷政等, 而東宮不動搖, 迪之力也. 及爲相, 時眞宗已不豫, 丁謂與迪同奏事退, 旣下殿, 謂矯書聖語, 欲爲林特遷官, 迪不勝忿, 與謂爭辨, 引手板[28]欲擊謂, 謂走獲免. 因更相論奏, 詔二人俱罷相, 迪知鄆州. 明日, 謂復留爲相. 迪至鄆且半歲, 眞宗晏駕[29], 迪貶衡州團練副使, 謂使侍禁王仲宣押迪如衡州, 仲宣至鄆州, 見通判以下而不見迪, 迪皇恐以刃自剄, 人救得免. 仲宣凌侮迫脅無不至. 人往見迪者, 輒籍其名; 或饋之食, 留至臭腐, 棄捐不與. 迪客鄧餘怒曰: "豎子欲殺我公以媚丁謂邪? 鄧餘不畏死, 汝殺我公, 我必殺汝!" 從迪至衡州, 不離左右. 仲宣頗憚之, 迪由是得全. 至衡州歲餘, 除秘書監, 知舒州. 章獻太后上僊[30], 時迪以尚書左右丞[31]知河陽. 上卽位, 召詣京師, 加資政殿大學士, 數日, 復爲相. 迪自以受不世之遇, 盡心輔佐, 知無不爲. 呂夷簡[32]忌之, 潛短之於上. 歲餘, 罷相出知某州. 迪謂人曰: "迪不自量, 恃聖主之知, 自以爲宋璟而以呂爲姚崇[33], 而不知其待我

---

27) 周懷政: (?~1020) 幷州 사람으로, 환관이다. 天禧 4년 간신인 丁謂
   등을 모살하려다 일이 탄로되어 죽고 말았다.

28) 手板: 笏을 말한다.

29) 晏駕: 崩御의 뜻이다.

30) 上僊: 신선이 되다, 죽음을 완곡하게 표현한 말이다.

31) 尙書左右丞: 左丞과 右丞으로 尙書省에 속하며 종 4품 上에 해당
   한다. 御使 중에서 부당하게 임명된 자를 탄핵하고 좌승은 史部·戶
   部·禮部의 12司를, 우승은 兵部·刑部·工部의 12司를 총괄한다.

32) 呂夷簡: (979~1044) 壽州 사람으로, 字는 坦夫이다. 眞宗 咸平 3
   년(1000)에 進士가 되어, 刑部 郎中·開封部 知事 등을 맡았으며,
   仁宗 때에는 宰相의 자리에 까지 올랐다. 許國公으로 책봉되고, 사
   후에 文靖이라는 諡號를 받았다.

乃如是也!"(『皇宋類苑』卷十. 案: 又見於『涑水記聞』卷八)

10. 상찬과 장문절

  상찬(桑贊)이 모절(旄節)을 가지고 팽성(彭城)을 다스릴 때
장문절(張文節: 張知白)은 상찬의 막부에 있었다. 상찬은 매달
막료들에게 식비를 1만 5천 냥 이하씩 지급했는데, 장문절은 집
이 가난하고 부양해야 할 가족이 특히 많았으므로 그에게는 다
른 사람의 배를 지급하도록 명했다. 하지만 장문절은 단지 그
절반만을 취했으며, 간혹 부득이하게 더 쓰게 되면 어디에 썼는
지를 일일이 갖춰 상찬에게 보고하고, 남은 것은 내탕고(內帑
庫)로 돌려보냈다. 상찬은 비록 무인(武人)이었지만 장문절에
게 이렇게 말했다.

  "공은 훗날 분명 크게 쓰일 것인데, 내가 늙어서 그 모습을
볼 수 없는 것이 한스럽소."

  상부(祥符) 연간(1008~1016)에 장문절이 경동로전운사(京東
路轉運使)가 되었을 때 상주하여 말했다.

  "옛날 신이 상찬의 막하에 있을 때 상찬은 신의 선량함과 돈

---

33) 姚崇: 唐代 陝石(河南省 陝縣) 사람으로, 字는 元之이다. 본명은
  元崇이나 玄宗의 年號를 피해 姚崇으로 바꾸었다. 則天武后에게 발
  탁되어 관직에 오른 이래 中宗, 睿宗과 玄宗 초기에 걸쳐 여러 번 재상
  의 직에 올라 국정을 숙정하고 민생의 안정에 힘을 쓰다가 716년에 은
  퇴했다. 宋璟과 함께 開元 연간의 명재상으로 숭앙되며, '姚·宋'은 唐
  의 名士의 대명사가 되었다. 불교·도교가 존숭되던 시대임에도 불구
  하고 승려나 도사를 부르지 말라고 유언했다는 유명한 일화를 남겼다.

후함을 알아 보셨습니다. 지금 상찬은 죽어 제주(濟州)에 묻혔는데, 그 자제들은 모두 외지에서 벼슬하고 있으니, 청컨대 신이 한식 때마다 잠시 상찬의 묘에 가서 성묘하게 해 주십시오."

　그렇게 해도 좋다는 조서가 내려오자 장문절은 그 해부터 1년에 한 번씩 상찬의 묘소로 가서 제사를 지내고 마치 옆에 있는 것처럼 받들었다. 장문절은 재상부에 있을 때 상씨 자손이 그를 만나러 오면 마치 골육처럼 대했다.

　(『황송유원』 권10. 살펴보니 『묵객휘서』 권8에도 보인다)

> 桑贊34)以旄節35)鎭彭城36), 張文節37)在幕下. 桑月給幕職38)
> 厨料人十五千以下, 文節家貧, 食甚衆, 命倍給之. 文節亦止取
> 其半, 或不得已過有所用, 卽具所用之因聞於桑, 歸其餘於帑
> 藏39). 贊雖武人, 嘗謂文節曰:"公異日必大用, 恨吾老不得見
> 也." 祥符中, 文節爲京東路轉運使, 奏稱:"昔在桑贊幕下, 知
> 臣良厚. 今贊死葬濟州, 子弟悉官於外, 臣乞每遇寒食, 暫至贊
> 墓拜掃." 詔可之, 自是歲一往, 祭奉之禮如在泪. 在相府, 凡
> 桑氏子孫來見者, 待之有如骨肉. (『皇宋類苑』卷十. 案: 又見
> 於『墨客揮犀』卷八)

---

34) 桑贊: 生平 미상.
35) 旄節: 옛날 사신이 가지고 다니던 符節이다.
36) 彭城: 지금의 江蘇 徐州이다.
37) 文節: 제11조 역주 참조.
38) 幕職: 지방장관의 屬吏. 막부에서 직무를 맡기 때문에 칭해진 명칭이다.
39) 帑藏: 內帑庫에 보관된 재물을 말한다.

11. 인종이 붕당을 알아내다

경우(景祐) 연간(1034~1038)에 왕기공(王沂公: 王曾)·여허공(呂許公: 呂夷簡)은 재상으로 있었고, 송수(宋綬)·성도(盛度)·채제(蔡齊)는 참지정사(參知政事)로 있었다. 왕기공은 평소 채문충(蔡文忠: 蔡齊)을 좋아했고 여허공은 송공수(宋公垂: 宋綬)를 좋아했으나, 성문숙(盛文肅: 盛度)만은 이 두 재상의 마음을 얻지 못했다. 만년에 왕기공과 여허공은 서로 사이가 틀어져 번갈아 장계를 올리며 퇴직하겠다고 상주했다. 하루는 성문숙이 중서성(中書省)에서 재계(齋戒)하고 있는데 인종(仁宗: 趙禎)이 불러 물었다.

"왕증(王曾)과 여이간(呂夷簡)이 조정을 나가겠다고 요청함이 심히 견고한데 그 뜻이 어디에 있는가?"

성문숙이 대답하여 아뢰었다.

"두 사람의 마음속 일이야 신도 알 수 없사옵니다만, 폐하께서 각자에게 누구를 후임자로 삼으면 좋을지 물어보시면 곧바로 그 마음을 알아낼 수 있을 것이옵니다."

인종이 그 말대로 왕기공에게 물었더니 왕기공은 채문충을 추천했다. 하루는 또 여허공에게 물었더니 여허공은 송공수를 추천했다. 인종은 그 붕당을 알아내고는 그 네 사람 모두를 정사에서 물러나게 하고 성문숙만 홀로 남겨 두었다.

(『황송유원』 권16)

景祐中, 王沂公曾, 呂許公夷簡爲相, 宋綬, 盛度, 蔡齊爲參

知政事. 沂公素喜蔡文忠, 呂公喜宋公垂, 惟盛文蕭不得志於
二公. 晚年王呂相失, 交章奏退. 一日, 盛文蕭致齋40)於中書,
仁宗召問曰:"王曾・呂夷簡乞出甚堅, 其意安在?" 文蕭對曰:
"二人腹心之事, 臣亦不能知, 但陛下各詢以誰可爲代者, 卽其
情可察矣." 仁宗果以此問沂公, 公以文忠薦. 一日, 又問許公,
公以公垂薦. 仁宗察其朋黨, 於是四人者俱罷政事, 而文蕭獨
留焉. (『皇宋類苑』卷十六)

12. 왕부와 왕조

　재상 왕부(王溥)의 부친 왕조(王祚)는 젊었을 때 태원부(太
原府) 아전으로 있다가 여러 벼슬을 거쳐 숙주방어사(宿州防
禦使)가 되었다. 부친이 연로해지자 왕부는 부친에게 관직에서
물러나 낙양(洛陽)에 거할 것을 권했는데, 부친은 [낙양에 거하
면서] 늘 불만스러워했다. 왕부가 재상이 되었을 때 간혹 손님
이 찾아와서 왕조를 기다리고 있으면, 왕부는 항상 관복을 입고
서서 손님 시중을 들었는데, 그러면 손님은 앉아있기 불편하여
돌아가길 청했다. 왕조가 말했다.

　"아드님께서 수고하니 현자가 일어나 피하시지 않소!"

　(『황송유원』권24와『사문유취』후집 권4,『금수만화곡』전
집 권16,『합벽사류비요』전집 권24. 살펴보니『승수연담록』
권2에도 보인다)

---

40) 致齋: 祭官이 된 사람이 入祭하는 날부터 罷祭 다음날까지 사흘 동
　　안 齋戒하는 것을 말한다.

宰相王溥父祚, 少爲太原掾屬, 累遷宿州防禦使. 旣老, 溥勸
其退居洛陽, 居常快快. 及溥爲相, 客或候祚, 溥常朝服侍立,
客不安席, 求去. 祚曰: "學生[41]勞賢者起避耶!"(『皇宋類苑』卷
二十四,『事文類聚』後集卷四,『錦繡萬花谷』前集卷十六,『合
璧事類備要』前集卷二十四. 案: 又見於『澠水燕談錄』卷二)

13. 삼관

　당나라의 두 도성에는 모두 삼관(三館)이 있었는데, 각기 맡
은 일이 있었으므로 관(館)별로 전적을 수찬하라고 명했다. 그
러나 우리나라에서는 삼관을 하나로 합쳐 모두 숭문원(崇文院)
안에 두었다. 경우(景祐) 연간(1034~1038)에 칙명으로 수찬된
『숭문총목(崇文總目)』은 숭문원에서 수찬되었지만 나머지 전
적은 각기 다른 곳에 수찬국(修撰局)을 설치했으니, 아마도 사
람들에게 보이는 것을 피하고자 한 것 같다.『태종실록(太宗實
錄)』은 제왕사식청(諸王賜食廳)에서 수찬되었고,『진종실록
(眞宗實錄)』은 원부관(元符觀)에서 수찬되었다. 상부(祥符)
연간(1008~1016)에 수찬된 『책부원귀(冊府元龜)』는 추밀사
(樞密使)로 있던 왕문목(王文穆)이 그 일을 지휘하였는데, 선
휘남원사청(宣徽南院使廳)으로 가서 그 일을 하였다. 그 후로
마침내『국사(國史)』·『회요(會要)』를 수찬할 때는 그곳을 '편
수원(編修院)'이라 불렀다. 또『인종실록(仁宗實錄)』과『영종
실록(英宗實錄)』을 동시에 수찬할 때는 마침내 경녕궁(慶寧

---

41) 學生: 아버지가 아들을 부를 때 사용하는 호칭이다.

宮)에서 이루어졌다. 사관(史館)은 역일국(曆日局)을 지휘하고
수찬원 2명을 두었으며 재상이 감수했다. 편수원을 설치한 후
로는 수찬원 1명이 그것을 주관하였으며, 일력(日曆) 등의 책이
모두 편수원에 귀속되었다.

(『황송유원』권25. 살펴보니 『춘명퇴조록』권중에도 보인다)

唐兩京[42]皆有三館[43], 而各爲之所, 所以逐館命修撰文字.
而本朝三館合爲一, 並在崇文院中. 景祐中命修『總目』, 則在
崇文院, 餘各置局他所, 蓋避衆人所見.『太宗實錄』在諸王賜
食廳,『眞宗實錄』在元符觀. 祥符中修『册府元龜』, 王文穆
爲樞密使領其事, 乃就宣徽南院使廳, 以便其事. 自後逐修
『國史』,『會要』, 名曰'編修院'. 又修『仁宗實錄』, 而『英
宗實錄』同時並修, 遂在慶寧宮. 史館領歷日局, 置修撰二員,
宰相爲監修. 自置編修院, 以修撰一人主之, 而日曆等書皆析
歸編修院. (『皇宋類苑』卷二十五. 案: 又見於『春明退朝錄』
卷中)

14. 품계

당나라 때 처음으로 동중서문하(同中書門下) 3품이 생겼는
데, 이때는 중서령(中書令)과 시중(侍中)이 모두 정3품이었다.
대력(大曆) 연간(766~779)에는 둘 다 2품으로 승급시켰다. 옛

---

42) 兩京: 洛陽과 長安을 말한다.
43) 三館: 官署名. 唐代에는 弘文館(昭文館)・史館三館・集賢館이
   있었다. 修史・藏書・校書의 일을 주관했으며, 宋代에는 三館을
   합병해 崇文院에 두었다.

날 천복(天福) 5년(940)에는 중서문하평장사(中書門下平章事)를 정2품으로 승급시켰다. 우리나라 초기에 추밀사(樞密使) 오연조(吳延祚)가 부친 오장(吳璋) 덕분에 동중서문하(同中書門下) 2품을 더해 받았으니, 품계가 오른 것이다.

(『황송유원』 권25. 살펴보니 『춘명퇴조록』 권상에도 보인다)

　　唐時始有同中書門下三品, 時中書令, 侍中皆正三品. 大曆中並升爲二品. 昔天福五年, 升中書門下平章事[44]爲正二品. 國初, 樞密使吳延祚, 以父諱璋加同中書門下二品, 用升品也. (『皇宋類苑』卷二十五. 案: 又見於『春明退朝錄』卷上)

15. 관제

　　모든 주(州)의 절도사(節度使)는 3품이고 자사(刺史)는 5품이다. 당나라 때는 내신(內臣)이 중위(中尉)가 되었을 때만 대도독(大都督)에 추증(追贈)했다. 우리나라 초에 조한(曹翰)이 관찰사(觀察使)로서 영주(潁州)를 다스렸는데, 이는 4품 관리가 5품의 주(州)를 다스린 것이다. 관직과 주의 품이 동일한 경우는 '지(知)'라 하고 차이가 나는 경우는 '판(判)'이라 했는데, 이후로는 보신(輔臣)·선휘사(宣徽使)·태자태보(太子太保)·복야(僕射)만 '판'이라 하고 그 나머지는 모두 '지주(知州)'라 했다.

---

44) 平章事: 同中書門下平章事. 다른 관직에 있으면서 재상의 일을 맡을 때 하사되는 관직이다.

(『황송유원』 권25. 살펴보니 『춘명퇴조록』 권중에도 보인다)

凡節度州爲三品, 刺史州爲五品. 唐內臣爲中尉, 唯贈大都
督. 國初, 曹翰[45]觀察使判[46]潁州, 是以四品臨五品州也. 品
同爲 '知', 隔品爲 '判', 自後唯輔臣, 宣徽使, 太子太保, 僕射
爲'判', 餘並爲知州. (『皇宋類苑卷』卷二十五. 案: 又見於『春
明退朝錄』卷中)

16. 양 태조 주온

양(梁: 後梁)나라의 태조(太祖: 朱溫)는 변주(汴州: 開封)에
도읍을 정하고 많은 일을 처음으로 시작했다. 정명(正明: 貞明)
연간(915~921)에 처음으로 지금의 우장경문(右長慶門) 동북
쪽에 작은 집 수십 칸을 지어 삼관(三館)으로 만들었는데, 낮고
비좁았다. 또 호위병들의 집과 순찰용 도로가 그 옆에 있어서
호위병과 마졸들 때문에 아침부터 저녁까지 매우 시끌벅적했
다. 매번 전적을 찬술하라는 조서를 받으면 모두 다른 곳으로
옮겨가야만 했다. 태평흥국(太平興國) 연간(976~984)에 이르
러 황제가 행차하여 좌우를 돌아보며 말했다.

"이처럼 비루한 곳에서 어떻게 천하의 현인과 준걸들을 모실
수 있단 말인가!"

그리고는 그날로 담당 관리에게 조서를 내려 좌승룡문(左升

---

45) 曹翰: 송나라의 대장군이었다.
46) 判: 고위 관리가 낮은 직책을 겸직하는 것을 말한다.

龍門) 동북쪽의 집과 관청을 측량하여 삼관으로 만들게 하고, 내신(內臣)에게 명하여 일을 감독하게 했다. 새벽부터 밤까지 공사하여 며칠 만에 완성되자 곧 조서를 내려 '숭문원(崇文院)' 이라는 이름을 하사했다. 그 동쪽 행랑을 소문관서고(昭文館書庫)로 삼고, 남쪽 행랑을 집현원서고(集賢院書庫)로 삼았으며, 서쪽 행랑에는 경사자집(經史子集) 사부(四部)를 넣어 사관서고(史館書庫)로 삼았다. 모두 6개의 서고에 전적의 정본과 부본 모두 8만 권을 채워 성대해졌다. 소문관은 본래 전대의 홍문관(弘文館)이었는데, 건륭(建隆) 연간(960~963)에 선조(宣祖)의 휘를 범한다고 해서 바꿨다. 순화(淳化) 연간(990~994) 초에 여우지(呂祐之: 呂元吉)·조앙(趙昂)·안덕유(安德裕: 安益之)·구중정(勾中正)을 모두 직소문관(直昭文館)으로 임명했으니, 우리나라의 직소문관은 여우지 등에서 시작된 것이다. (『황송유원』 권29, 『금수만화곡』 전집 권12. 살펴보니 『청상잡기』 권3에도 보인다)

梁祖都汴, 庶事草創. 正明[47]中, 始於今右長慶門東北創小屋數十間爲三館, 湫隘尤甚. 又周廬[48]徼道[49], 咸出其旁, 衛士騶卒, 朝夕喧雜. 每受詔撰述, 皆移他所. 至太平興國中, 車駕臨幸, 顧左右曰: "若此卑陋, 何以待天下賢俊!" 卽日詔有司, 規度左升龍門東北居府地爲三館, 命內臣督役. 晨夜兼作, 不

---

47) 正明: 五代 後梁 末帝 朱友貞의 年號. 원래는 貞明인데 北宋 仁宗 趙禎의 諱를 피하여 고친 것이다.
48) 周廬: 고대 황국 주위에 설치한 호위병 촌가이다.
49) 徼道: 순찰경계용 도로를 말한다.

日而成, 尋下詔賜名'崇文院'. 以東廊爲昭文館書庫, 南廊爲集賢院書庫, 西廊入經史子集四部爲史館書庫. 凡六庫, 書籍正副本僅八萬卷, 斯爲盛也. 昭文館本前世弘文館, 建隆中, 以其犯宣祖[50]廟諱, 改爲. 淳化初, 以呂祐之[51], 趙昂[52], 安德裕[53], 勾中正[54]並直昭文館, 則本朝直昭文館, 自呂祐之等始也. (『皇宋類苑』卷二十九, 『錦繡萬花谷』前集卷十二. 案: 又見於 『靑箱雜記』卷三)

17. 직원과 교리

집현원(集賢院)에는 직원(直院)과 교리(校理)가 있다. 단공(端拱) 연간(988~989) 초에 이종악(李宗諤)을 집현교리(集賢校理)로 삼고 순화(淳化) 연간(990~994) 초에는 화몽(和嶸)을 직집현원(直集賢院)으로 삼았으니, 우리나라의 직집현교리는 화몽과 이종악으로부터 시작된 것이다.

(『황송유원』 권29. 살펴보니 『청상잡기』 권8에도 보인다)

---

50) 宣祖: 趙弘殷. 涿郡 사람으로, 북송 개국군주 宋太祖 趙匡胤의 父親이다. 후에 宋 宣祖로 추봉되었고, 諡號는 武昭皇帝이다.

51) 呂祐之: 呂元吉(937~1007). 濟州 巨野 사람이다. 太平興國 연간에 進士가 되고 후에 高官이 된다.

52) 趙昂: 生平 미상.

53) 安德裕: (940~1002) 字는 益之・師皋, 河南(지금의 河南 洛陽) 사람이다. 太祖 969년에 進士가 되고, 太宗 雍熙 初 直史館, 997년 睦州를 다스렸다. 眞宗 咸平 5년(63세)에 생을 마쳤다.

54) 勾中正: 生平 미상.

集賢有直院, 有校理. 端拱初, 以李宗諤[55]爲集賢校理, 淳
化初, 以和嶸爲直集賢院, 則本朝直集賢校理, 自和嶸, 李宗諤
始也. (『皇宋類苑』卷二十九. 案: 又見於『靑箱雜記』卷八)

18. 사관

사관(史館)에는 직관(直館)·수찬(修撰)·편수(編修)·교감
(校勘)·검토(檢討)가 있다. 태평흥국(太平興國) 연간(976~
984)에 조린기(趙鄰幾)와 여몽정(呂蒙正)은 모두 직관이 되어
수찬을 관장했고 양문거(楊文擧)는 사관편수가 되었는데, 당시
수찬은 관직의 반열에 들지 못했다. 지도(至道) 연간(995~
997)에 이르러서야 비로소 이약졸(李若拙)을 사관수찬으로 삼
았다. 옹희(雍熙) 연간(984~987)에는 송염(宋炎)이 사관교감
이 되었고, 순화(淳化) 연간(990~994)에는 곽정택(郭廷澤)과
동원형(董元亨)을 사관검토로 삼았으니, 우리나라의 직사관·
사관편수·사관수찬·사관교감·사관검토는 조린기·여몽
정·이약졸·양문거·송염·곽정택·동원형 등으로부터 시작
되었다.

(『황송유원』 권29. 살펴보니 『청상잡기』 권3에 보인다)

史館有直館, 有修撰, 有編修, 有校勘, 有檢討. 太平興國中,

---

55) 李宗諤: (964~1012년) 字는 昌武, 深州 饒陽 사람이다. 李昉의 아
들로, 太祖 乾德 2년에 태어나 眞宗 大中祥符 5년(49세)에 생을 마
쳤다. 集賢校理·諫議大夫 등을 역임했다.

趙鄰幾56), 呂蒙正皆爲直館掌修撰, 而楊文擧57)爲史館編修, 是時修撰未列於職. 至至道中, 始以李若拙58)爲史館修撰. 雍熙中, 宋炎59)爲史館校勘. 淳化中, 以郭廷澤60), 董元亨61)爲史館檢討. 則本朝直史館, 史館編修, 史館修撰, 史館校勘, 史館檢討, 自趙鄰幾, 呂蒙正, 李若拙, 楊文擧, 宋炎, 郭廷澤, 董元亨 等始也. (『皇宋類苑』卷二十九. 案: 又見於『靑箱雜記』卷三)

19. 직비각과 비각교리

우리나라에서는 삼관(三館) 외에도 비각도서(秘閣圖書)를 두었고, 옛 비각에는 직각(直閣)을 설치하고 교리(校理) 또한

---

56) 趙鄰幾: (922~979) 字는 亞之, 鄆州 須城 사람이다. 梁末에 태어나, 송나라 太宗 太平興國 4년(59세)에 생을 마쳤다. 周 顯德 2년(955)에 進士가 되어, 直史館·知制誥 등을 역임했으며, 저서로『會昌以來日歷』26권·『史氏懋官志』 등이 있다.

57) 楊文擧: 生平 미상.

58) 李若拙: (944~1002) 字는 藏用, 京兆 万年(지금의 陝西 西安) 사람이다. 太祖 때 進士가 되어 兵部郎中 등을 역임했으며, 咸平 4년(58세)에 생을 마쳤다.

59) 宋炎: 陝州 陝縣 사람으로, 弓術에 뛰어나 金이 陝城을 공격했을 때 독화살을 이용해 金兵 천여 명을 죽였으나, 끝내 성이 함락되고 전사했다.

60) 郭廷澤: 字는 德潤, 徐州 彭城 사람이다. 史館檢討·國子博士 등을 역임했으며, 景德 初에 濠洲에서 생을 마쳤다.

61) 董元亨: (?~1047) 深州 束鹿 사람이다. 仁宗 때 國子博士·通判 貝州 등을 역임했으며, 王則이 据城에서 반란을 일으키고 軍의 資庫 열쇠를 내줄 것을 청했지만 거절하고 주지 않아 部將 郝用에게 살해당했다.

설치했다. 함평(咸平) 연간(998~1003) 초에 두호(杜鎬)를 비
각교리로 삼고 후에 직비각을 담당하게 했으니, 우리나라의 직
비각과 비각교리는 모두 두호로부터 시작되었다.

(『황송유원』 권29, 『금수만화곡』 전집 권12. 살펴보니 『청상
잡기』 권3에도 보인다)

本朝三館之外, 復有秘閣[62]圖書, 故秘閣置直閣[63], 又置校
理. 咸平初, 以杜鎬爲秘閣校理[64], 後充直秘閣[65]. 則本朝直
秘閣, 秘閣校理, 皆自杜鎬[66]始也. (『皇宋類苑』卷二十九, 『錦
繡萬花谷』前集卷十二.　案: 又見於『靑箱雜記』卷三)

---

62) 秘閣: 秘書省에 책을 소장해 놓은 곳으로 국가도서관 겸 문서보관서
이다.

63) 直閣: 官名. 北魏 때 설치되었다. 皇帝의 좌우에서 侍衛하던 관리로
北魏 때는 直閣將軍아래에 위치했고 比視館이 되었으며, 죄가 있어
도 면제 받을 수 없었다. 孝明帝 때 胡太后가 任城 王元澄의 건의
에 따라 直閣은 中正의 例에 따라 形을 당했다. 또 朱衣直閣 과 直
閣將軍 역시 直閣이라 省稱했다. 송나라 때는 館閣職名이 되었다.
直龍圖閣·直天章閣·直寶文閣·直顯謨閣 등 12閣의 칭호가 있었다.

64) 秘閣校理: 官名. 秘閣은 秘書省·尙書省의 별칭이기도 했었으며,
宋代에는 皇家의 藏書를 관리하던 機構이다. 校理는 藏書의 整理
와 校勘을 책임지던 관리이다.

65) 直秘閣: 官名. 北宋 太宗 端拱 元年(988)에 처음 설치되었고 직사
관이 겸임했다. 비각 장서의 事務를 장관했으며 神宗 元豊(1078~
1085)에 제도가 바뀌어 三館이 비서성을 幷入하면서 貼職으로 바뀌
었다.

66) 杜鎬: (938~1013) 字는 文明, 無錫 사람이다. 太宗 때 直秘閣·大
中詳府間 등을 지냈으며 후에는 禮部侍郎으로 승직되었다. 기억력
이 비상하고 박식하여 하루에 經史 수십 권을 수정 편찬했다고 한다.
후에 文正이라는 諡號를 받았다.

20. 삼관에서 소문관으로 이름을 바꾸다

삼관(三館)은 홍문관(弘文館)·사관(史館)·집현원(集賢院)을 말한다. 건륭(建隆) 원년(960) 2월에 〔宣祖의 廟號를〕 피휘(避諱)하여 조서를 내려 '소문관(昭文館)'으로 이름을 바꾸도록 했다. 단공(端拱) 원년(988) 5월에 조서를 내려 숭문원(崇文院)의 중당(中堂)에 비각(秘閣)을 설치하도록 했다.

(『황송유원』 권29, 『금수만화곡』 전집 권12)

三館謂(字同宣祖廟諱上一字)文館, 史館, 集賢院. 建隆元年二月, 避諱字, 詔易名'昭文館'. 端拱元年五月, 詔置秘閣於崇文院之中堂. (『皇宋類苑』卷二十九, 『錦繡萬花谷』前集卷十二)

21. 선소의 예법

당나라 때는 한림원(翰林院)이 궁중에 있었는데 바로 군주가 퇴조한 후에 휴식하던 곳이었으며, 옥당(玉堂)·승명려(承明廬)·금란전(金鑾殿)이 모두 그 사이에 있었다. 황제를 곁에서 받들어 모시는 사람으로, 학사 이하 공장(工匠)과 예인(藝人)까지 여러 관사(官司) 사이에 적이 올라 있는 자를 모두 '한림'이라 불렀는데, 지금의 한림의관(翰林醫官)이나 한림대조(翰林待詔)와 같은 것이 그 부류이다. 오직 한림차주사(翰林茶酒司)만은 한림사(翰林司)라고 부르는데, 아마도 전승되는 과정에서 생략된 것 같다. 당나라 제도에 따르면, 재상(宰相) 이하로 처음 임명된 자들에게는 선소(宣召: 황제의 부르심)의 예법이란 게 없었는데, 오직 학사들만 선소를 받았다. 아마도 학사원(學士院)이 궁중에 있었기에 내신(內臣)이 선소하지 않으면 궁 안으로 들어갈 수 없었기 때문인 것 같다. 옛 학사원의 문에 따로 중문을 설치한 것도 궁정과 통하기 위해서였다. 또 학사원의 북문은 욕당(浴堂)의 남쪽에 위치했기에 황제의 명령에 응하는 데 편리했다. 지금은 학사가 처음 임명될 때 동화문(東華門)으로 들어가서 좌승천문(左承天門)에 이르러 말에서 내려 어명을 기다리고 있으면, 학사원의 관리가 좌승천문에서부터 양옆에서 인도하여 합문(閤門)으로 가는데, 이 역시 당대의 제도를 사용한 것이다. 선소를 받은 학사가 동문으로 들어간 것은 그때의 학사원이 서쪽 궁정에 있었기 때문에 한림원의 동문을 통해 황제의 부르심에 나아갔던 것이니, 지금의 동화문의 경우와는 다르다. 만령(挽鈴: 문에 달린 종을 잡아당김)의 제도 역시 그곳이 궁중에 있었기에 생겨난 것이니, 비록 학사원의 관리라 할지라도 옥당의 문밖에서 멈춰야 했던 데에서 그 엄밀함을 가히 알 수 있다. 지금 학사원은 궁궐 밖에 있으며 다른 관서와 차이가 없지만 종을 당기는 줄은 설치되어 있다. 이는 그저 옛날의 제도를 꾸며 갖춰놓았을 뿐이다.

(『황송유원』 권29. 살펴보니 『몽계필담』 권1에도 보인다)

唐翰林院在禁中, 乃人主燕居[67]之所, 玉堂[68], 承明[69], 金鑾

---

[67] 燕居: 퇴조한 후에 휴식하던 곳이다.

[68] 玉堂: 궁의 美稱이기도 하며, 官署名으로 漢代에 侍中에 玉堂署가

殿皆在其間. 應供奉之人, 自學士已下, 工伎群官司隸籍其間
者皆稱翰林, 如今之翰林醫官, 翰林待詔之類是也. 惟翰林茶
酒司止稱翰林司, 蓋相承闕文. 唐制: 自宰相而下, 初命皆無宣
召之禮70), 惟學士宣召. 蓋學士院在禁中, 非內臣宣召, 無因得
入. 故院門別設複門, 亦以其通禁庭也. 又學士院北扉者, 以
其在浴堂之南, 便於應詔. 今學士初拜自東華門入, 至左承天
門下馬待詔, 院吏自左承天門雙引至閤門, 此亦用唐故事也.
唐宣召學士自東門入者, 彼時學士院在西掖, 故自翰林院東門
赴召, 非若今之東華門也. 至如挽鈴故事, 亦緣其在禁中, 雖學
士院吏亦止於玉堂門外, 則其嚴密可知. 如今學士院在外與諸
司無異, 亦設鈴索, 悉皆文具故事而已. (『皇宋類苑』卷二十九.
案: 又見於『夢溪筆談』卷一)

22. 흉제와 길제

  비부(秘府)에는 당대(唐代) 맹선(孟詵)의 『가제의(家祭儀)』
와 손씨(孫氏)의 『중향의(仲饗儀)』 등 몇 종류가 있는데, 사인
(士人)의 집에서 돈대를 사용하여 제사지내는 것은 영실(靈室)
과 유사한 것으로 이는 곧 흉제(凶祭)이며, 사중(四仲: 음력
2·5·8·11월)에 지내는 길제(吉祭)는 평면의 모전(毛氈)과
병풍만을 사용할 수 있다.

있었으며, 宋 이후에는 翰林阮 역시 玉堂이라 불렀다.

69) 承明: 承明廬. 漢나라 때 承明殿의 곁방으로, 侍臣의 숙직실이다.
   훗날 승명려에 들었다고 하면 입조하거나 조정에서 관리로 조정에 있
   었던 것을 널리 가리키게 되었다.

70) 宣召之禮: 황제가 관리를 불러 소견하는 禮를 말한다.

(『황송유원』 권32 살펴보니, 『춘명퇴조록』 권중에도 보인다)

　　秘府[71]有唐孟詵『家祭儀』[72], 孫氏『仲饗儀』數種, 大抵以
士人家用臺棹享祀, 類几筵[73], 乃是凶祭[74], 其四仲[75]吉祭[76],
當用平面氈條[77]屛風而已. (『皇宋類苑』卷三十二. 案: 又見
於『春明退朝錄』卷中)

---

71) 秘府: 궁중에서 중요한 문서나 물건을 보관하는 곳이며, 옛날 秘書省
의 다른 이름이기도 하다.

72) 孟詵『家祭儀』: 孟詵(621∼713)은 汝州 梁 사람으로 어려서부터 의
학과 煉丹術에 관심을 가지고 있었다. 進士가 되고 侍讀과 同州刺
史를 역임하기도 해 세간에서 孟同州라 불렸다. 의약관련 서적인『
食療本草』3권,『必效方』3권이 있으며, 의약 외 저서로『家禮』와
『祭禮』각 1권,『喪服正要』2권,『錦帶書』등이 있으나 모두 망실
되었다. 본문에서『家祭儀』라 했는데 잘못 기록된 것이 아닌지 의심
된다.『舊唐書』「孟詵傳」에는『家禮』『祭禮』각 1권이라 저록되어
있다.

73) 几筵: 죽은 사람의 靈几와 그에 딸린 모든 것을 차려 놓는 곳, 靈
室 · 靈筵이라고도 한다.

74) 凶祭: 喪祭, 매장 후에 행하는 제사이다.

75) 四仲: 음력 사계절 중 각 계절의 두 번째 달(음력 2월, 5월, 8월, 11
월)의 合稱이다.

76) 吉祭: 禫祭(초상으로부터 27개월만의 제사)를 지낸 다음 달에 지내는
제사. 丁日이나 亥日로 날을 잡아 지내는데, 만약 담제를 음력으로
2 · 5 · 8 · 11월에 지냈으면 반드시 그 달 안으로 지내야 하며, 역시
정일이나 해일에 지낸다. 상주는 길제를 지낸 다음날부터 喪服을 벗
고 평상복을 입을 수 있다.

77) 氈條: (침대 따위에 까는) 모전을 말한다.

23. 부모나 조부에게 작위를 봉하고 추증하다

부모나 조부에게 작위를 봉하고 추증할 때는 강마관(降麻官)이 뒷면이 흰 오색 비단종이와 궁중에서 쓰는 비단으로 배접한 큰 상아 축(軸)을 사용한다. 그 외에는 최고의 품계라 할지라도 그저 백색의 큰 비단종이와 궁중에서 쓰는 비단으로 배접한 큰 상아 축(軸)만을 내려줄 뿐이다.

(『황송유원』 권32. 살펴보니 『춘명퇴조록』 권중에도 보인다)

凡封贈[78]父母祖, 唯降麻官[79]用白背五色綾紙, 法錦褾大牙軸. 餘雖極品, 止給白大綾紙, 法錦褾大牙軸. (『皇宋類苑』卷三十二. 案: 又見於 『春明退朝錄』卷中)

24. 석만경과 관영

석만경(石曼卿: 石延年)은 천성(天聖) 연간(1023~1032)과 보원(寶元) 연간(1038~1040)에 시가(歌詩)로 한 시대를 호령하던 사람이다. 한번은 평양(平陽) 모임 중에서 「대의기윤사로(代意寄尹師魯: 윤사로에게 전하는 글)」 1편을 지었다. 그 사의(詞意)가 심히 아름다웠으니 다음과 같이 말했다.

---

78) 封贈: 고대 신하에게 推恩할 때 그 부모에게 작위를 수여했다. 부모가 생존하면 封, 그렇지 않으면 贈이라고했다.

79) 降麻官: 降麻는 唐宋代에 장군이나 재상을 任免할 때, 黃白의 麻紙에 詔書를 써서 조정에서 선고하는 것으로, '宣麻'라고도 했다. 降麻官은 그 일을 관장하는 관리를 말한다.

십년이 한바탕 꿈이런가, 허공꽃은 시들고,
산천은 의구한데 도리(桃李)만 늙었네.
기러기 울며 북으로 가고, 제비도 서쪽으로 날아가건만,
화려한 누각은 날마다 봄바람 속에 서 있네.
높게 솟은 석주(石州)는 산과 마주 서있고,
아름다운 물결에 눈물 떨어져 화장도 다 씻겼네.
분하(汾河)의 물은 끊임없이 남으로 흐르고,
창공은 무정하게도 맑기가 물과 같네.

석만경이 죽고 여러 해가 지났을 때, 옛 친구 관영(關詠)의
꿈속에 석만경이 나타나 이렇게 말했다.

"연년(延年: 石曼卿)이 평생 많은 시를 지었지만 오직 평양
의 모임 중 지은 「대의기윤사로」 1편을 가장 훌륭하다고 생각
하는데, 세상 사람들 중에는 칭찬하는 자가 적네. 능히 내 시를
세상에 성대하게 전하게 할 수 있는 것은 영언(永言: 關詠) 뿐
일세."

관영이 잠에서 깨어난 후 그 시어를 더 늘리고 곡에 맞춰
「미신인(迷神引)」 성운(聲韻)에 끼어 넣었더니 천하 사람들이
다퉈 노래했다. 다른 날 다시 꿈속에서 석만경이 감사의 뜻을
전했다. 관영은 자(字)가 영언(永言)이다.

(『황송유원』 권34·권46(『명현시화』라는 주가 달려있다). 살
펴보니 『승수연담록』 권7에도 보인다)

石曼卿[80]天聖寶元間以歌詩豪於一時. 嘗於平陽會中作「代

意寄尹師魯」一篇, 詞意深美, 曰: "十年一夢空花委, 依舊山河
損桃李. 鴈聲北去燕西飛, 高樓日日春風裡. 眉聳石州山對起,
嬌波淚落粧如洗. 汾河不斷水南流, 天色無情淡如水." 曼卿死
後數年, 故人關詠夢曼卿曰: "延年平生作詩多矣, 獨嘗自以爲
平陽 「代意」一篇最爲得意, 而世人罕稱之. 能令余此詩盛傳
於世, 在永言耳." 詠覺後, 增演其詞, 隱度以入 「迷神引」 聲
韻, 於是天下爭歌之. 他日復夢曼卿致謝. 詠字永言. (『皇宋類
苑』卷三十四及卷四十六(注 『名賢詩話』). 案: 又見於 『澠水
燕談錄』卷七)

25. 승려 유붕

　승려 중에 시 잘 짓는 자가 적지 않으나 사대부들이 그들을
이끌어주지 않은 탓에 대부분 묻힌 채 드러나지 못한다. 내가
한번은 복주(福州)에서 산승 유붕(有朋)이 지은 100여 수의 시
를 보았는데, 그 중 "무지개는 천 겹이나 되는 산의 비를 거두
고, 물결은 하늘에 맞닿은 강물에 펼쳐져있네", "시(詩)는 주령
놀이하는 객들로 인해 편벽한 제재를 내고, 장기 놀음은 부자를
위해 고개를 숙이고서 두네"와 같은 아름다운 구절은 당대(唐
代) 시인들에 비해 부족함이 없다.

　(『황송유원』 권36)

---

80) 石曼卿: 宋城 사람으로. 字는 曼卿, 이름은 石延年이다. 성격이 활
　달하고 의리와 지조가 있으며 옳고 그른 것을 분명히 하는 한편 얼버
　무리는 것을 용납하지 않았다고 한다. 필력이 힘차고 명성이 드높았다.
　眞宗 때 벼슬이 大理寺丞이었고 太子中允의 자리에까지 오른다.

浮圖能詩者不少, 士大夫莫爲汲引, 多汩沒不顯. 予嘗在福
州, 見山僧有朋有詩百餘首, 其中佳句如 "虹收千嶂雨, 潮展半
江天", "詩因試客分題僻, 棋爲饒人下著低", 不減唐人. (『皇宋
類苑』卷三十六)

26. 양분

양분(楊玢)은 정공방(靖恭坊)에 살던 양우경(楊虞卿)의 증
손자이다. 관리가 되기 전에 위촉(僞蜀) 왕건(王建) 밑에서 고
관을 지내다 왕연(王衍)을 따라 후당(後唐)에 귀의했는데, 원로
로서 공부상서(工部尙書) 자리를 얻었다. 관직에서 물러난 뒤
에는 장안으로 돌아갔다. 예전 살던 집이 대부분 이웃에게 점거
당해있자 그의 자녀들은 관아에 고소하려고 고소장을 양분에게
보여주었다. 그러자 양분은 종이 끄트머리에 이렇게 썼다.

"사방의 이웃이 나를 침범하겠다면 나는 그들의 뜻을 따르리
니, 모름지기 집이 없었던 때를 생각해야 할 것이다. 함원전(含
元殿)에 올라 바라다보라, 가을바람에 가을 풀이 무성히도 자
라 있을 테니."

양분의 자제들은 감히 다시 말하지 못했다.

(『황송유원』 권36)

楊玢[81], 靖恭虞卿[82)之曾孫也. 仕前僞蜀王建[83)至顯官, 隨

---

81) 楊玢: 字는 靖夫. 虢州, 弘農 사람으로, 楊虞卿의 曾孫이다. 僞蜀
王建 때 禮部尙書를 역임했으며, 乾德에 太常少卿으로 바뀌었다.

王衍84)歸後唐85), 以老得工部尙書. 致仕歸長安. 舊居多爲鄰
裡侵占, 子弟欲詣府訴其事, 以狀白玢. 玢批紙尾云: "四鄰侵
我我從伊, 畢竟須思未有時. 試上含元殿基望, 秋風秋草正離
離86)." 子弟不敢復言. (『皇宋類苑』卷三十六)

27. 송공이 주상의 뜻을 헤아리다

진종(眞宗: 趙恒)은 즉위한 다음해에 이계천(李繼遷)에게 성

咸康 元年에 吏部尙書에 들어간다. 前蜀이 멸망하고, 後唐에 귀순
해 給事中·集賢殿學士을 역임했다. 후에 늙어 工部尙書로 관직에
서 물러나 長安 故居에 머물렀다.

82) 靖恭虞卿: 虞卿. 『宋史』「列傳」 66 楊覃條에 보면 唐 京兆尹 憑
은 履道坊에 거주하였고, 僕射 於陵은 新昌坊에 거주하였고, 刑部
尙書 汝士는 靖恭坊에 거주 하여, 세상에서 이들을 '三楊'이라 불렀
고 모두 門前成市를 이루었는데 특히 靖恭坊이 심하였다고 한다.
汝士의 동생 虞卿·漢公·魯士는 모두 유명하였는데 虞卿은 工部
侍郎과 京兆尹을 지냈다.

83) 僞蜀王建: 五代十國 前蜀의 高祖를 말한다.

84) 王衍: (899~926) 字는 化源, 原名은 宗衍이다. 許州 舞陽 사람으
로 五代十國 前蜀의 國主이다. 918~925년 재위했으며, 문학적 재
능을 가지고 있었다.

85) 後唐: 五代 때의 한 나라. 突厥 沙陀部 출신인 李克用의 아들 李存
勖이 後粱을 滅亡시키고 洛陽에 도읍하여 세운 나라. 4대 14년(923
~936) 만에 後晉의 高祖인 石敬瑭에게 망했다.

86) 試上含元殿基望, 秋風秋草正離離: 離離는 풍성한 모습, 농밀한 모
습. "함원전(含元殿) 위에서 바라보면 가을바람에 잡초가 풍성한 것
을 볼 수 있다." 함원전 같은 곳에도 잡초가 수북이 자라나는 것을
막지 못하는데 하물며 내가 어찌 내 집을 주장할 수 있겠냐라고 말하
고 있다.

과 이름을 하사하고, 다시 서평왕(西平王)이라는 봉작(封爵)을
더해 주었다. 당시 송식(宋湜)·송백(宋白)·소이간(蘇易簡)·
장계(張泊)가 모두 한림원(翰林院)에 있으면서 조책의 초고를
지었으나 모두 황제의 뜻에 부합하지 못했다. 유일하게 송공(宋
公: 宋湜)만이 주상의 뜻을 깊이 헤아리고서, 봉작을 더해주고
자 했던 선제(先帝)의 뜻을 기필코 이루고자 다음과 같이 글을
써 올렸다.

"선황제께서는 일찍이 서쪽을 깊이 살피시고 봉작하는 것을
논의하고자 하셨다. 그러나 왕업을 이룬 지 얼마 되지 않은 터
라 미처 한단(漢壇)을 설치하는 일까지 미치지 못했으니, 이 남
기신 명령은 이 몸이 해야 할 것이다. 너희들은 마땅히 활과 검
을 우러르며 은혜를 갚고, 변경을 지키며 몸을 바쳐 충성하도록
하라."

황제가 크게 기뻐했다. 몇 개월이 되지 않아 송공은 정사에
참여하게 되었다.

(『황송유원』 권40. 살펴보니 『상산야록』 권상에도 보인다)

眞宗卽位之次年, 賜李繼遷[87]姓名, 而復進封[88]西平王. 時

---

87) 李繼遷: (963~1004) 夏州 創建 사람으로, 銀州防御史 이광언의 아
들로, 고대 羌族의 한 줄기로 夏州의 정권통치자이다. 983년 李繼遷
은 宋나라로부터 독립하고 李德明을 거쳐, 1028년 李元昊가 甘肅를
평정하고 大夏 황제라 칭하고 송나라 지배로부터 완전히 벗어나 당
시의 夏州·銀州 등 10여 주의 지역을 영유했다. 이 서하왕국은 동
으로 송나라, 북은 契丹(遼), 서는 위구르, 남은 티베트에 접하고 있
었다.

宋(湜)[89], 宋(白)[90], 蘇(易簡)[91], 張(洎)[92], 在翰林俾草詔册,
皆不稱旨. 惟宋公(湜)深頤上意, 必欲推先帝[93]欲封之意, 因進
辭曰: "先皇帝早深西顧, 欲議眞封. 屬軒鼎[94]之俄遷, 建漢
壇[95]之未逮, 故茲遺命, 特待眇躬. 爾宜望弓劍以拜恩, 守疆

---

88) 進封: 王世子·世孫·后·妃·嬪에게 封爵을 더했다.

89) 宋(湜): (950~1000) 字는 持正, 京兆 長安(지금의 陝西 西安) 사람
이다. 太宗 太平興國 5년(980)에 進士가 되어 著作郎·直史館·
知貢擧 등을 역임했다. 眞宗 咸平 3년(51세)에 생을 마쳤다. 忠定이
라는 諡號를 받았다.

90) 宋(白): 字는 太素, 開封 사람이다. 建隆 2년 進士가 되었다. 太宗
에 左拾遺에 발탁되고 充州를 다스렸다. 翰林學士로 전직되고 李
昉 등과 함께『文苑英華』·『太平御覽』등을 편찬하도록 명을 받았
다. 刑部尚書로 사직하고 사후에 左僕射를 추증 받고, 文安이라는
諡號를 받았다. 저서『廣平集』이 있다.

91) 蘇(易簡): (958~996) 字는 太簡, 綿州 鹽泉 사람이다. 太平興國
5년(980)에 進士가 되었다. 일찍이『文苑英華』千권을 편집했다.

92) 張(洎): (933~996) 字는 師黯·皆仁, 滁州 全椒 사람이다. 後唐
明宗 長興 4년에 태어나 宋 太宗 至道 2년(64세)에 생을 마쳤다.
어려서부터 英俊했으며, 經典에 밝았다. 南唐 때 進士가 되어 禮部
員外郎·知制誥 등을 역임했다. 宋으로 돌아와 給事中·參知政事
등을 역임했다.

93) 先帝: 太宗 趙匡義을 말하는 것이다.

94) 軒鼎: 전설상의 임금인 황제의 鼎. 國運이나 王業을 비유한 것이다.

95) 漢壇: 宋 陳鵠의『耆舊續聞』卷五에는 "屬軒鼎之俄遷, 逮漢壇之
未逮"라고 되어있으나 元 黃溍의『日損齋筆記·辨史』에는 "値軒
鼎之俄成, 築韓壇而未暇"라고 되어있다. 이로 미루어볼 때 漢壇은
곧 韓壇인 듯하다. 韓壇은 한나라 고조 유방이 韓信을 장수로 불러
오기 위해 단을 설치하고 목욕재계 했다는 데서 나온 말로, 후세에는
장수를 임명하는 높은 대, 혹은 장수를 임명하는 행위 등을 나타내는
말로 사용되었다.

垣96)而效節." 上大喜. 不數月, 參大政. (『皇宋類苑』卷四十.
案: 又見於『湘山野錄』卷上)

28. 하영공

하영공(夏英公: 夏竦)은 비록 진사(進士)에 응시하긴 했지만
과거에 급제하지는 못했고, 아버지가 조정을 위해 돌아가신 음
덕으로 윤주(潤州) 단양(丹陽)을 다스리게 되었다. 얼마 후 하
영공은 황제에게 과거에 응시하고자 하는 뜻을 아뢰었는데, 그
대략은 이렇다.

"변방에 일이 많고, 격문(檄文)이 정신없이 오가는데, 선친께
서는 군사직에 종사하며 전쟁터에 서 계셨기에 가정도 뒤로하
고 나라를 위해 일하시다가 행영에서 돌아가셨습니다. 폐하께
서는 어린나이에 고아가 된 신을 불쌍히 여기시어 주현(州縣)
을 맡기셨습니다. 오직 폐하만이 밝히 분별하시나니, 만약 폐하
께서 산속에 은거하는 이를 어질다 여기신다면 저는 세상에 거
하는 시정잡배요, 만약 폐하께서 과거에 급제한 이를 인재라 여
기신다면, 저는 외람되게도 아직 급제하지 못했습니다. 만약 폐
하께서 사궤장(賜几杖)을 내리고 장수하는 이를 덕 있다 여기
신다면 신은 갓 약관(弱冠)을 넘겼을 뿐이요, 만약 폐하께서 창
을 메고 활을 당기는 이를 용기 있다 여기신다면 신은 제 명대
로 살지도 못할 것입니다. 그러나 만약 폐하께서 신에게 대조

---

96) 疆垣: 중요한 곳, 요해처, 요충지를 말한다.

(待詔)나 공거(公車)가 되게 하시어 시급한 정사를 물으시고, 천자의 뜻을 하달하게 하며 시사에 관해 진술하게 하신다면, 오히려 한(漢)·당(唐)의 여러 유자(儒者)들과 고삐를 잡고 말을 나란히 하며 선후를 다툴 수 있을 것입니다."

진종(眞宗: 趙恒)은 재삼 감탄하고, 조서를 내려 중서성(中書省)으로 오게 하여 여섯 가지 논(論)을 시험 치게 했는데, 첫째는「사시(四時)를 정한 것과 구주(九州)를 나눈 것은 그 성스러운 공이 누가 더 큰가를 논함(定四時別九州聖功孰大論)」이고, 둘째는「명당제도에 대해 고찰하여 논함(考定明堂制度論)」, 셋째는「광무(光武) 스물여덟 장군의 공업(功業) 선후를 논함(光武二十八將功業先後論)」, 넷째는「구공(九功)과 구법(九法) 중 나라를 세우는 데 있어 무엇이 먼저인지 논함(九功九法爲國何先論)」, 다섯째는「순(舜)임금의 무위(無爲)와 우(禹)임금의 근사(勤事)는 그 공업(功業)이 누가 더 뛰어난지 논함(舜無爲禹勤事功業孰優論)」, 여섯째는「증삼이 어찌하여 사과(四科)의 항렬에 들지 않았는지 논함(曾參何以不列四科論)」이었다. 이 해에 하영공은 드디어 제과(制科)에 합격했다.

(『황송유원』권40, 『금수만화곡』전집 권22, 『합벽사류비요』 전집 권37)

夏英公(竦)雖擧進士, 本無科名, 以父沒王事授潤州丹陽簿. 卽上書乞應制擧, 其略曰: "邊障多故, 羽書[97]旁午, 而先臣供

---

97) 羽書: 羽檄이라고도 하며 군사문서를 말한다. 새의 깃털을 꽂아서 긴급함을 나타내었다.

傳遽之職, 立矢石之地[98], 忘家徇國, 失身行陣. 陛下哀臣孤幼, 任之州縣. 唯陛下辨而明之, 若陛下以枕石漱流[99]爲達, 則臣世居市井. 若陛下以金牓丹桂[100]爲材, 則臣未忝科第; 若陛下以鳩杖鮐背[101]爲德, 則臣始踰弱冠; 若陛下以荷戈控弦爲勇, 則臣生不綿歷; 若陛下令臣待詔公車[102], 條問急政, 對揚紫宸[103], 指陳時事, 猶可與漢唐諸儒方轡並駈而較其先後矣." 眞廟再三賞激, 召赴中書, 試論六首, 一曰「定四時別九州聖功孰大論」, 二曰「考定明堂制度論」, 三曰「光武二十八將功業先後論」, 四曰「九功九法爲國何先論」, 五曰「舜無爲禹勤事功業孰優論」, 六曰「曾參何以不列四科論」. 是歲遂應中制科[104]. (『皇宋類苑』卷四十, 『錦繡萬花谷』前集卷二十二, 『合璧事類備要』前集卷三十七)

---

98) 矢石之地: 화살과 돌방석의 땅으로 전쟁터를 비유함.

99) 枕石漱流: 산돌을 베개 삼고 계곡물에 목욕하는 것으로, 산림에 은거하는 생활을 비유함.

100) 金牓丹桂: 금방은 과거 합격자 명단을 게시하던 목판. 金榜이라고도 쓴다. 丹桂는 과거를 상징하기 때문에 과거에 붙는 것을 일러 '折桂'라고 했던 것이다.

101) 鳩杖鮐背: 鳩杖은 지난날, 中臣에게 賜几杖을 할 때 내리던 지팡이, 鮐背는 노인을 대표하는 칭호.

102) 待詔公車: '待詔'는 經學·문장에 능통한 사람이 임명되어 문장을 다루며 천자의 자문에 응했으며, '公車'는 上書와 徵召를 관장하였다.

103) 對揚紫宸: 對揚은 어명을 받들어 그 마음을 下民에 稱揚하는 것을 말하며, 紫宸은 천자가 사는 궁궐을 말한다.

104) 制科: 詩·賦·策등 문예를 시험하는 과거를 말한다.

29. 정진공이 감사 편지를 쓰다

정진공(丁晉公: 丁謂)이 애주(崖州)로 폄적되었을 때 권신(權臣)의 세력이 실로 막강했다. 12년 후에 정진공은 비감(秘監)으로 부름을 받아 광주(光州)로 돌아왔다. 관직에서 물러날 때 권신은 도성에서 나와 허전(許田)을 다스리고 있었는데, 정진공은 그에게 대략 아래와 같은 내용의 감사 편지를 썼다.

"삼십년간 관사에서 교유하였으니 서로 정의가 없지 않겠지요. 만 리 풍파 속을 오고갔지만 이는 모두 저를 길러주신 은혜에서 나온 것이었습니다."

그의 완약함이 이와 같았다. 기주(虁州) 조운사(漕運司)에서 지제고(知制誥)로 부름을 받았을 때에도 이부(二府)에 감사를 표하는 장계를 올려 이렇게 말했다.

"두 별이 촉(蜀) 땅에 들어와 비록 안찰사의 권력이 나뉘었지만 5월에 노수(瀘水)를 건너도 모두 우리 강역입니다."

후에 이렇게 말했다.

"삼가 선현의 덕행을 헤아리고 현인의 발자취를 전수했으며, 신중히 함부로 말하지 않았던 공광(孔光)을 본받아 궁중의 일은 함부로 말하지 않았고, 풍류를 즐겼던 사부(謝傅)를 본 따 자연을 노래했습니다."

(『황송유원』 권40. 살펴보니 『상산야록』 권상에도 보인다)

丁晉公貶崖時, 權臣實有力焉. 後十二年, 丁以秘監召還光州. 致仕時權臣出鎭許田, 丁以啓謝之, 其略曰: "三十年

門館[105]游從, 不無事契[106]; 一萬里風波往復, 盡出生成."其
婉約皆此. 又自夔[107]漕[108]召還知制誥, 謝二府啓: "二星[109]
入蜀, 雖分按察之權; 五月渡瀘[110], 皆是提封[111]之地." 後
云: "謹當揣摩往行, 軌躅前修. 效愼密於孔光, 不言溫樹[112];

---

105) 門館: 옛날 귀빈이나 문객을 접대하던 관사 혹은 官署名으로 사용
되었다.

106) 事契: 情誼, 우정을 뜻한다.

107) 夔: 治所는 奉節에 있으며, 오늘날의 四川 奉節이다.

108) 漕: 宋·元代 漕運司(漕司)의 簡稱이다. 漕運司는 官署名으로 조
운(漕運: 식량을 수로로 운반하다)물자를 저장해 두었다가 수로를
통해 양식을 운반하여 도읍이나 군대에 제공하는 일을 주관했다.

109) 二星: 곧 二使星을 말한다. 『後漢書』「李郃傳」에 다음과 같은 내
용이 전한다. "화제는 즉위하시자마자 사자 두 명을 각각 파견하면
서 미복 차림으로 하인도 없이 가서 풍속을 관찰하고 민요를 채집하
게 했다. 사신 둘은 익주에 이르러 이합의 집에 묵었다. 때는 여름
저녁이라 바깥에 앉아있었는데, 이합이 하늘을 바라보다가 그들에게
물었다. '두 분이 도성에서 출발하실 때에 혹 조정에서 두 사신을 파
견하지 않았던가요?' 두 사람은 묵묵히 있다가 뜨끔하여 서로 쳐다
보며 말했다. '들어보지 못했는데요.' 그런 다음 어떻게 알았느냐고
했더니, 이합은 별을 가리키며, '이사성이 익주를 향해 빛을 나누고
있기에 알았지요'라고 했다.(和帝卽位, 分遣使者, 皆微服單行,
各至州縣. 觀採風謠. 使者二人當到益部, 投郃候舍. 時夏夕露
坐. 郃因仰觀. 問曰 : '二君發京師時, 寧知朝廷遣二使邪?' 二
人默然, 驚相視曰 : '不聞也.' 問何以知之. 郃指星示云 : '有二
使星向益州分野. 故知之耳.')" 후에 二使星은 사자의 대명사로
사용되었다.

110) 五月渡瀘: 蜀 諸葛亮이 지은 「後出師表」에 "오월에 노수를 건너
불모의 땅 깊숙이 들어갔다(故五月渡瀘. 深入不毛)"는 표현에서
인용했다.

111) 提封: 영토·강역이라는 뜻이다.

112) 效愼密於孔光, 不言溫樹: 孔光(BC 65~AD5). 字는 子夏, 魯國

體風流於謝傅, 且咏蒼苔[113]."(『皇宋類苑』卷四十. 案: 又見於『湘山野錄』卷上)

30. 상민중

태종(太宗: 趙光義)이 비백체로 장영(張詠)·상민중(向敏中) 둘의 이름을 적어 중서성(中書省)에 주며 말했다.

"둘은 훌륭한 신하이니 짐을 위해 기억해두라."

사람으로, 西漢의 대신이다. 공광의 조상은 역대로 3대에 걸쳐 丞相을 역임한 집안으로, 조정대신들로부터 상당한 존경을 받는 인물이었다. 溫樹는 '溫室樹'를 말하는 것으로 『漢書』 「孔光傳」에서 유래한 말이다. 공광은 평소 신중하여 조정에서 일어난 일은 집에 돌아와 얘기하지 않았다. 어느 날 그의 가족이 조정의 일을 물었으나 끝내 얘기하지 않자 궁정의 온실수는 어떤 것이 있냐고 묻지만 공광은 역시 묵묵히 대답하지 않았다. 이때부터 '溫室樹'는 '궁정의 花木'으로 두루 쓰이게 되었으며, 궁정의 일을 가리키는데 사용되기도 했다.

113) 體風流於謝傅, 且咏蒼苔: 謝傅는 東晉의 謝安을 말하는 것으로, 字는 安石, 陳郡陽夏(지금의 河南省) 사람이다. 오랫동안 會稽에서 은둔생활을 하면서 王羲之·支遁 등과 교우, 풍류를 즐기다가 40이 넘은 중년에 비로소 중앙정계에 투신했다. 처음 征西大將軍 桓溫의 휘하에서 활약하다가 吏部尙書의 요직으로 진급했고, 帝位를 찬탈하려는 환온의 야망을 저지했다. 환온이 죽은 뒤 재상이 되었을 때 前秦王 苻堅이 100만 대군을 이끌고 남하 하는 것을 막았고, 383년 형의 아들 謝玄과 부견의 군대를 底水에서 격파했다. 國初의 王導와 함께 명재상으로 칭송이 높았으며, 또 당시의 손꼽는 문화인이기도 했다. 비수에서 승리를 거둔 지 2년 만에 병사했다. 蒼苔는 푸른 이끼를 말하는 것으로 여기에서는 자연을 나타내는 매개체로 사용되었다.

상공(向公: 向敏中)은 원외랑(員外郎)에서 간의(諫議)·지추밀원(知樞密院)이 되었으나 겨우 백일 간 그 자리에 있다가 함평(咸平) 4년(1001)에 평장사(平章事)에 제수되었다. 후에 사건에 연루되어 쫓겨나 영흥(永興)을 다스리게 되었는데 천자의 수레가 전연(澶淵)에 행차하여 친히 비밀스런 조서를 내렸다.

　　"서쪽 변방(西鄙)지역 모두를 맡겨 공무 처리를 편리하게 하노라."

　　상공은 조서를 받고서 급히 숨기고는 평상시와 같이 정사를 살폈다. 동네사람들을 모아 액막이굿을 거행하려 하는데 어떤 사람이 금군(禁軍)의 병졸들이 굿을 틈타 난(亂)을 일으키려고 한다고 알려주었다. 상민중은 몰래 무장한 사병들을 휘장 뒤에 숨겨 놓았다. 다음날 아침, 빈객들과 관료 그리고 군병들을 모두 불러 술상을 차리고 맘껏 관람하도록 하니, 단 한 사람도 미리 알고 있는 자가 없었다. 굿하는 사람들을 들어오라 했는데, 우선 중문 밖에서 뛰어놀게 한 다음 계단에 오르도록 명령했다. 그때 상공이 옷소매를 한번 들어 올리자 복병들이 일제히 내달아 모조리 체포했는데, 그들은 과연 모두 단도를 품고 있었다. 상공은 그 즉시 그들의 목을 베었다. 토벌을 마친 뒤 사체를 치우고 재와 모래로 마당을 깨끗이 청소하게 한 다음 음악을 연주하고 주연을 베푸니, 빈객과 수종(隨從)들은 모두 무서워 벌벌 떨었다.

　　(『오조명신언행록』권3, 『합벽사류비요』후집 권16. 살펴보니 『옥호청화』권5에도 보인다)

太宗飛白書張詠, 向敏中二人名付中書曰:“二人者名臣, 爲
朕記之.”向公自員外郎爲諫議, 知樞密院, 止百餘日, 咸平四
年除平章事. 後坐事出知永興, 駕幸澶淵, 手賜密詔:“盡付西
鄙[114], 得便宜從事.”公得詔藏之, 視政如常. 會邦人大儺[115],
有告禁卒[116]欲倚儺爲亂者.密使麾兵被甲衣袍伏廡下幕中. 明
旦, 盡召賓僚兵官, 置酒縱閱, 無一人預知者. 命儺入, 先令馳
騁於中門外, 後召至階. 公振袂一揮, 伏卒齊出, 盡擒之, 果各
懷短刃. 卽席誅之. 剸訖屛屍, 亟命灰沙[117]掃庭, 張樂宴飮,
賓從股慄[118]. (『五朝名臣言行錄』卷三, 『合璧事類備要』後集
卷十六. 案: 又見於『玉壺淸話』卷五)

31. 이문정공의 선견지명

이문정공(李文靖公: 李沆)이 재상이 되고 왕위공(王魏公:
王旦)이 막 정사에 참여했을 당시, 서북 변방에서는 여전히 전
쟁이 일어나 간혹 식사마저 제때 하지 못하였다. 위공(魏公: 王
魏公)이 탄식하며 말했다.

"우리 같은 사람이 어떻게 태평하게 앉아 아무 일도 없이 유
유자적할 수 있겠습니까?"

이문정공이 말했다.

"조금만 부지런히 근심해도 경계하기에 족합니다. 훗날 사방이

---

114) 西鄙: 서쪽 변방을 말한다.
115) 大儺: 年末에 액막이 제사를 지내 돌림병으로부터 구제하다.
116) 禁卒: 禁軍 중의 병졸을 말한다.
117) 灰沙: 초목의 灰와 입자가 고운 모래를 말한다.
118) 股栗: 넓적다리를 떨다. 심히 두려워함을 형용한다.

고요해진다 하여도 조정에 반드시 일이 없는 것은 아닙니다."

그 후 북방 오랑캐가 화해를 요청하고, 서쪽 오랑캐도 우의를
보이자 태산(泰山)에서 봉선제를 올리고, 분음(汾陰)에서 제사
드렸다. 그러나 허물어진 전장제도를 모아 세우느라 한가할 날
이 없었다. 위공은 비로소 이문정공의 선견지명이 다른 사람보
다 뛰어남에 탄복했다.

(『오조명신언행록』 권2. 살펴보니 『승수연담록』 권2에도 보
인다)

李文靖公[119](沆)爲相, 王魏公[120](旦)方參預政事, 時西北隅
尙用兵, 或至旰食[121]. 魏公嘆曰: "我輩安能坐致太平, 得優游
無事耶?"文靖曰: "少有憂勤, 足爲警戒. 他日四方寧謐, 朝廷
未必無事."其後北狄講和, 西戎納款, 而封岱祠汾[122]. 蒐講墜
典, 靡有暇日. 魏公始嘆文靖之先識過人遠矣. (『五朝名臣言
行錄』卷二. 案: 又見於『澠水燕談錄』卷二)

---

119) 李文靖公: 李沆 (947~1004). 字는 太初, 洛州 肥鄕 사람이다. 太
平興國 5년에 進士가 되고, 眞宗 즉위 후에 戶部侍郎·參知政事,
咸平 初年에 中書侍郎 등을 역임했다. 문학상 韓愈·柳宗元을 계
승했으며, 고문운동의 창도자이다.

120) 王魏公: (957~1017) 字는 子明, 諡戶는 文正이다. 송 眞宗 때 樞
密使·太保 등 요직에 올라 중요한 군정 대사에 참여했다. 사후에
魏國公으로 봉해졌다.

121) 旰食: 늦게 식사하는 것을 말함, 바쁜 업무로 시간에 맞춰 식사할
수 없음을 의미한다.

122) 封岱祠汾: '岱'는 泰山을 말하는 것으로 泰山에서 封禪하고, '汾'은
汾陰을 말하는 것으로 汾陰에서 제사 드리는 것을 말한다.

32. 이영각과 연의각

인종(仁宗: 趙禎) 경우(景佑) 2년(1035)에 이영(邇英)·연의
(延義) 두 개의 각(閣)을 설치했는데, 이영각은 영양문(迎陽門)
의 동북쪽에, 연의각은 숭정전(崇政殿) 서남쪽에 설치했다. 가
창조(賈昌朝: 賈子明)는 서연관(書筵官)의 신분으로 황제 앞
에 나아가 묻고 대답하면서 이영각과 연의각에서의 강연 내용
을 기록했고, 장득상(章得象: 章希言) 등에게 명하여 국학을
잇도록 하였다.

(『금수만화곡』 전집 권12)

仁宗景佑二年, 置邇英, 延義二閣, 邇英在迎陽門之東北向,
延義在崇政殿西南向. 賈昌朝123)以書筵124)進對, 爲二閣記注,
命章得象125)等接續『帝學』. (『錦繡萬花谷』前集卷十二)

33. 제과 과목을 증설하다

인종(仁宗: 趙禎) 천성(天聖) 연간(1023~1032)에 하송(夏
竦: 夏英公)의 상소에 따라 제과(制科) 과목을 증설했다. 그리

---

123) 賈昌朝: (998~1065)字는 子明, 獲鹿 사람이다. 慶歷연간에 中書
門下 平章事에 임명되고, 英宗 즉위 후에 左仆射가 더해지고, 魏
國公에 봉해졌다. 사후에 文元이라는 諡號를 받았다.

124) 書筵: 書筵에 참례하던 벼슬아치를 書筵官이라 했다.

125) 章得象: (978~1048)泉州 사람으로, 字는 希言이다. 어려서부터 책
을 좋아하여 손에서 놓지 않았으며, 사람됨이 돈후하고 풍채가 컸다.
眞宗 咸平 5년에 進士가 되어 宰相의 자리까지 올랐다.

하여 현량(賢良)·방정(方正) 이하는 여섯 과목으로, 서판(書判)·발췌(拔萃) 이하는 4과목으로 한다. 진책(進策) 10권으로 시험하고 육론(六論)에서 먼저 합격하도록 한 다음 대간(臺諫)에 올려 바로잡게 했다.

(『금수만화곡』 권22)

仁宗天聖間, 從夏竦[126]之奏, 增重制科之目. 於是自賢良, 方正[127]以下, 其科爲六, 自書判, 拔萃[128]以下, 其科爲四. 驗之以進策十卷, 先之以過閣六論[129], 薦之糾之以臺諫[130]. (『錦繡萬花谷』卷二十二)

---

126) 夏竦: 지금의 江西 九江市 사람이며, 字는 子喬, 시호는 文莊이다. 관직은 樞密使까지 올랐으나, 왕흠약·정위와 더불어 나쁜 일을 하여 당시 사람들로부터 간사하다는 평을 받았으며, 문장에 매우 뛰어났다. 사후에 英國公으로 봉해졌다.

127) 賢良方正: 漢武帝 때 설치되었다. 조령을 내려 각급 관원이 賢良方正한 자를 천거하도록 명령했고, 천거된 자에게는 策問이란 당시의 정치·경제·군사·문화 등 각 방면의 정세에 대한 문제를 출제하여 竹簡(策)에 써서 응시자가 서면으로 답하도록 했다.

128) 書判拔萃: 拔萃라고도 불렀다. 시험내용은 詩·賦·論·判 등이어서, 진사 가운데서 다시 문사가 탁월한 사인을 선발하는 셈이었다. 이 시험은 '博學宏詞'와 함께 한 번에 단 몇 사람만 선발하여 즉시 관직을 수여했다. 유종원과 백거이가 진사에 급제한 후 각각 '宏詞'와 '拔萃'시험에 응시해 관직을 제수 받았다. 반면에 한유는 진사급제 후 '宏詞'시험에 세 차례나 참가했다가 모두 실패했다.

129) 六論: 송나라 과거시험 중의 여섯 가지 논제이다. 송나라 蔡絛의 『鐵圍山叢談』 권 2에 따르면 "대과에 처음 글을 올려 합격이 되면 비서성에 불려 시험 친다. 구경·제자백가·십칠사 및 전적 중에서 제목을 골라 여섯 논제를 낸다. 여섯 문제 중 다섯 가지를 통과하면 합격이다(大科始進文字. 有合, 則召試秘書省. 出六論題於九經, 諸子百家, 十七史及其傳釋中爲目. 而六論者, 以五通爲過焉.)"

34. 장수사의 사리비

『귀전록(歸田錄)』에 덕주(德州) 장수사(長壽寺)의 사리비
(舍利碑) 내용이 기록되어있다.

"뜬구름 흘러가는 저 산마루엔 소나무 숲이 뒤덮였고, 밝은
달빛 받은 바위엔 계수나무 떨기 숲이 나뉘었네."

이는 "저녁노을은 짝 잃은 기러기와 나란히 날고 가을 물빛
은 높은 하늘과 같은 색이다"와 동일한 것이다.

(『밀재필기』권3. 살펴보니 『집고록발미』권5에도 보인다)

『歸田錄』載德州長壽寺舍利碑云: "浮雲共嶺松張蓋, 明月
與巖桂分叢." 亦與"落霞與孤鶩齊飛, 秋水共長天一色"[131]同.
(『密齋筆記』卷三. 案: 『集古錄跋尾』卷五互見)

35. 호단

호단(胡旦)은 재주는 뛰어났지만 잘난 체 하며 사람을 깔보
았다. 그는 늘 이렇게 떠벌렸다.

"과거에 응시하여 장원급제하지 못하고, 벼슬길에 나아가 재

라고 한다.

130) 臺諫: 당송시대 때 관리의 잘못을 규탄하는 업무를 주로 맡던 어
사를 臺官이라 하고, 관직과 관련되어 건의를 하던 給事中 혹은 간
의대부를 諫官이라고 했는데, 이 둘의 업무가 뒤섞이는 경우가 있어
臺諫이라 통칭하기도 했다.

131) "落霞與孤鶩齊飛, 秋水共長天一色": 이 구절은 王勃의 「藤王閣
序」 중 한 구절을 인용한 것이다.

상을 하지 못하면 인생 헛산 것이지."

시험에 응시할 무렵 가을을 맞아 한가히 앉아 기러기 울음소
리를 듣다가 시를 지어 이렇게 말했다.

"내년 봄 빛 속에, 첫 번째 줄을 얻어서 돌아오리라."

과연 천하의 우두머리가 되었다.

(『사문유취』 전집 권26)

胡旦132)有俊才, 尙氣陵物. 嘗大言曰: "應擧不作狀元, 仕官
不爲宰相, 乃虛生也." 及隨計133)之秋, 適座中聞鴈, 乃題詩
曰: "明年春色里, 領取一行歸." 果魁天下. (『事文類聚』前集
卷二十六)

36. 왕기공과 이문정공

왕기공(王沂公: 王曾)과 이문정공(李文定公: 李迪)은 연이
어 장원급제하였고 또 잇따라 재상이 되었다. 이문정공이 병문
(並門)을 다스리러 나갔을 때 공(公)은 고향에서 〔백성들과〕
수고로움과 편안함을 함께 하고 있었다. 왕기공이 다음과 같은

---

132) 胡旦: 濱州 渤海 사람으로, 字는 周父이다. 박학하며 문사에 뛰어
났으며, 太宗 太平興國 3년에 進士가 되었다. 右補闕直史官으로
있던 胡旦은 '河平頌'을 지어 올려 太宗의 미움을 사게 되어 강직
되었다.

133) 隨計: 본래는 부름에 응하는 이가 計吏와 동행하는 것을 이르는 말
이었는데, 후에는 거자가 시험에 응시하러 가는 것을 가리키는 말로
사용되었다.

내용의 시를 지어 보냈다.

"비단 깃발에 장원급제한 것도 연이어 하더니만, 금 솥에 재상이 된 것도 서로 번갈아 했네. 병문의 아이들을 공은 두 번 보았지만, 회계(會稽)의 부절(符節)은 나만 가져보았네."

혹자는 "이와 같이 명실상부하니 무엇으로써 그들에 미칠 수 있겠는가?"라고 말했다.

(『사문유취』전집 권26, 『시화총귀』전집 권17(말미에 『속귀전록』이라는 주가 있다))

王沂公與李文定公連榜取殿魁, 又相繼秉鈞軸[134], 文定鎭並門[135], 公均勞逸本鄉, 作詩寄之, 略曰: "錦幖[136]得雋[137]曾相繼, 金鼎[138]調元[139]亦薦更. 並上[140]兒童公再見, 會稽[141]幢紋

---

134) 鈞軸: 국가 정무 重任을 맡고 있는 사람이다.

135) 並門: 幷州를 가리킨다.

136) 錦幖: 五代 王定保가 지은 『唐摭言』「慈恩寺題名遊賞賦詠雜紀」에 다음과 같은 내용이 기재되어 있다. "당나라 때 노조와 같은 마을 사람 황파는 나란히 명성을 얻고 있었는데, 황파는 부유했고 노조는 가난했다. 둘은 동시에 과거를 보러 갔는데, 그곳 자사는 노조를 얕보고서 정자에서 황파를 위해서만 전별연을 열어주었다. 이듬해 노조가 장원급제하여 돌아오자 자사는 너무 부끄러웠다. 이에 노조를 초대하여 함께 龍舟 경기를 구경했는데, 노조는 그 자리에서 다음과 같은 시를 지었다. '전에는 이 용이 건장할까 미더워하지 않았더니, 과연 비단 깃발을 물고 돌아왔구나.'(唐盧肇與同郡黃頗齊名, 頗富肇貧. 兩人同赴擧, 郡牧輕肇, 於離亭唯獨餞頗. 明年, 肇狀元及第而歸, 刺史慚恚, 延請肇看競渡. 肇於席上賦詩曰: "向道是龍剛不信, 果然銜得錦標歸.")" 후세에는 이로 인해 '錦標'를 장원급제의 의미로 사용하게 되었다.

137) 得雋: 得儁. 급제하는 것을 이른다.

我偏榮." 或曰: "如此名實, 何由企及." (『事文類聚』前集卷二
十六, 『詩話總龜』前集卷十七(末注 『續錄田錄』))

37. 귀인

간의(諫議) 증치요(曾致堯: 曾正臣)는 성격이 강직하여 남
을 칭찬하는 일이 적었다. 하루는 시랑(侍郎) 이허기(李虛己:
李公受)가 초대한 자리에서 안원헌공(晏元獻公: 晏殊)을 만났
는데, 안원헌공은 바로 이허기의 사위로, 당시 봉례랑(奉禮郎)
으로 있었다. 간의(諫議: 증치요)는 오랫동안 안원헌공을 쳐다
보다가 이렇게 말했다.

"안봉례(安奉禮: 晏殊)는 나중에 심히 귀하게 될 것이나 난
너무 늙었으니 그가 재상이 되는 것은 볼 수 없을 것이오."

여허공(呂許公: 呂夷簡)이 재상으로 있을 때, 문노공(文潞
公: 文彦博)은 태학박사(太學博士)가 되어 여허공을 알현했다.
여허공은 바로 얼굴빛을 고치고 문노공을 예로써 대하며 말했다.

"태학박사께선 십년 뒤 재상의 지위에 오르실 것이오."

하영공(夏英公: 夏竦)이 폄적되어 황주(黃州) 자사로 있을

---

138) 金鼎: 九鼎. 즉 나라의 중임을 맡은 재상을 상징한다.
139) 調元: 음양의 조화를 다스리는 자, 혹은 대권을 잡은 자를 가리킨다.
　　　재상을 가리키는 말로 많이 사용된다.
140) 並上: 『事文類聚』에는 並上으로 되어있으나, 『詩話總龜』는 並士
　　　로 기록되어 있다. 본고에서는 『事文類聚』를 따랐다.
141) 會稽: 浙江 紹興縣에 위치한다.

당시 방영공(龐潁公)은 사리참군(司理參軍)이었는데, 하영공이
그에게 이렇게 말했다.

"방사리(龐司理: 龐潁公)는 훗날 나보다 훨씬 더 부귀해질
것이오."

후에 이 네 사람은 모두 재상까지 올랐다. 예전의 귀인은 귀
인을 잘 알아봤다더니, 정말 그런 것 같다.

(『사문유취』 전집 권39)

曾諫議致堯[142])性剛介, 少許可. 一日, 在李侍郎虛己[143])座
上見晏元獻公, 晏, 李之婿也, 時方爲奉禮郞, 諫議熟視之曰:
"晏奉禮他日貴甚, 但老夫[144])耄[145])矣, 不及見子爲相也." 呂許
公(夷簡)爲相日, 文潞公爲太學博士, 謁許公. 改容禮接, 因語
之曰: "太博此去十年當踐其位." 夏英公謫守黃州, 時龐潁公
司理參軍[146]), 英公曰: "龐司理他日富貴遠過於我." 旣而四公

---

142) 曾諫議致堯: 曾致堯(947~1012). 字는 正臣, 撫州 南豐(지금의
   江西에 속함) 사람이다. 太宗 太平興國 8년(983)에 進士가 되고,
   著作郞・直史館 등을 역임하고 眞宗 大中祥符 5년(66세)에 생을
   마쳤다. 諫議는 임금에게 간하여 정치를 의논하는 관직이다.

143) 李侍郎虛己: 李虛己(1001년 전후 생졸년 未詳) 字는 公受, 閩建
   安 사람이다. 대략 眞宗 咸平 前後 사람으로, 進士가 되어 殿中
   丞・尙書工部侍郎 등을 역임했다. 侍郎은 황제의 侍從官으로 西
   漢 武帝 때 설치되었으며, 궁중 宿衛・황제 侍奉 등을 맡아보았다.

144) 老夫: 대부의 벼슬에 있던 사람이 70세가 되어 벼슬을 그만둔 후 스
   스로를 일컫던 말이다.

145) 耄: 고령. 대략 70~90세의 노인을 말한다.

146) 龐潁公司理參軍: 龐潁公 生平未詳. 司理參軍은 소송과 범죄사건
   을 주관하고 안건을 심리하는 관원으로 從9品이다.

皆至元宰. 古之貴人多識貴人, 信有之也. (『事文類聚』前集卷
三十九)

38. 종방과 진희이

　종방(種放)은 자(字)가 명일(明逸)이다. 종남산(終南山) 표
림곡(豹林谷)에 은거했는데, 진희이(陳希夷)의 뛰어난 풍모를
듣고는 가서 찾아가보고자 했다. 희이선생이 하루는 집안 구석
구석을 청소하도록 명령하며 이렇게 말했다

　"귀한 손님이 올 것이네."

　명일(明逸: 種放)이 자신을 나무꾼이라 소개하고 대청 아래
서 인사드리니 진희이가 이를 말리며 위로 올라오게 하면서 이
렇게 말했다.

　"그대가 어찌 나무꾼이란 말이오. 이십년 후에는 현달한 관
리가 되어 그 이름을 천하를 드날릴 것이오."

　명일이 말했다.

　"제가 온 것은 도의(道義)로써 온 것이지 관록에 대해 묻고
자 온 것이 아닙니다.

　진희이가 웃으며 말했다.

　"사람의 귀천에는 각기 타고난 명(命)이 있소. 군의 골상이
귀해질 상이라는 것이오. 군께서 비록 깊은 산림에 숨어 지내도
아마도 끝내 편안히 지낼 수 없을 것이오. 후일 자연스럽게 알
게 되오."

후에 명일은 진종(眞宗: 趙恒) 때 사간(司諫)으로 부름을 받아 조정에 들어갔는데, 황제는 그의 손을 잡고 용도각(龍圖閣)에 올라 천하의 일을 논했다. 그가 사직하고 산으로 돌아가려하자 간의대부(諫議大夫)로 승진시켰고, 동쪽〔태산〕에 봉선제를 올릴 때 다시 급사중(給事中)에 임명했다가 서쪽〔분음〕에서 제사 올릴 때 공부사랑(工部祠郞)에 임명했다. 진희이가 또 명일에게 말했다.

"그대가 아내를 얻지 않으면 중간 정도는 수를 누릴 수 있을 것이오."

명일이 그 말대로 했더니 예순까지 살고 세상을 떴다.

(『사문유취』 전집 권39)

種放, 字明逸[147]. 隱居終南山豹林谷[148], 聞希夷之風[149],

---

147) 種放字明逸: 種放의 字는 名逸 (?~1015). 河南 洛陽 사람이다. 生年이 不祥하며, 眞宗 大中祥符 8년에 생을 마쳤다. 평소 배우는 것을 좋아해 그의 나이 7세에 글을 지었으며, 부친의 進士에 응시하라는 권유에 그는 아직 이룬 바가 없으니 妄動할 수 없다고 말한 후에 종남산에 은거하다가, 咸平年間에 조정의 부름을 받고 給事中·工部侍郞등을 역임했다. 저서로 『太乙祠錄』·『文獻通考』 등이 있다.

148) 終南山豹林谷: 陝西省 西安市 南部에 위치한 골짜기이다.

149) 希夷之風: 希夷선생은 송나라 隱士 陳搏. 字는 圖南, 希夷라는 號는 太宗이 내린 것이다. 그는 한 번 잠들면 천 날씩 오래 잤다고 전한다. 武當山 華山에 거했기 때문에 華山道士라고도 불렀다. 『周易』읽기를 좋아했으며 사람의 심리를 꿰뚫어 보고 생사를 예견할 수 있었다. 後周의 世宗과 太宗이 불렀으나 응하지 않았다. 希夷之風이란 그런 그의 성품을 말하는 것이다.

往見之. 希夷先生一日令灑掃庭除, 曰: "有嘉客至." 明逸作樵
夫拜庭下, 希夷挽之而上曰: "君豈樵者. 二十年後當有顯官,
名聲聞天下." 明逸曰: "放以道義來, 官祿非所問也." 希夷笑
曰: "人之貴賤, 莫不有命. 君骨相當爾. 雖晦蹟山林, 恐竟不
能安. 異日自知之." 後明逸在眞宗朝以司諫赴司, 帝攜其手登
龍圖閣論天下事. 及辭歸山, 遷諫議大夫, 東封改給事中, 西祀
改工部祠郎. 希夷又謂明逸曰: "君不娶可得中壽[150]." 明逸從
之, 至六十歲卒. (『事文類聚』前集卷三十九)

39. 구래공의 골상

처음 구래공(寇萊公: 寇準)은 19세에 진사에 급제했을 때 관
상을 잘 보는 사람이 이렇게 말했다.

"그대는 매우 귀한 관상을 지니고 계시오. 그러나 급제를 너
무 빨리하여 끝이 좋지 않을까 염려되오. 만일 공(功)을 이루었
거든 빨리 물러나면 심각한 재앙은 거의 면할 수 있을 것입니
다. 왜냐하면 군의 골상이 노다손(盧多遜)과 비슷하기 때문입
니다."

후에 과연 그 말과 같았다.

(『사문유취』 전집 권39)

初, 寇萊公年十九擢進士第, 有善相者曰: "君相甚貴. 但及

---

150) 中壽: 中壽는 중등의 수명인데 정확한 연수에 대해서는 70세 이상
에서부터 90세 이상까지 두 가지 설이 존재한다. 문장에서는 60세
로 사용되었다.

第太早, 恐不善終. 若功成早退, 庶免深禍, 君骨類盧多遜[151]
耳." 後果如其言. (『事文類聚』前集卷三十九)

40. 군주의 총애

유창언(劉昌言)은 태종(太宗: 趙光義) 때 기거랑(起居郎)이
되었는데, 권모술수로써 군주의 마음에 영합하는 말을 잘했다.
얼마 지나지 않아 유창언은 간의(諫議)의 신분으로 추밀원(樞
密院)을 맡았다. 군신 간의 만남에는 그 총애가 한결 같을 수만
은 없는 법. 성총(聖寵)이 갑자기 사라지더니 이렇게 말했다.

"유창언은 상주하고 대답할 때 모두 남쪽 방언을 쓰니, 짐은
한 글자도 알아볼 수 없다."

그는 마침내 파면되었다.

(『사문유취』 전집 권39)

劉昌言[152]太宗時爲起居郎, 善稗闔[153]以迎主意. 未幾, 以

---

151) 盧多遜: (934~985) 懷州 河內 사람이다. 后周 顯德 初에 進士가
되고, 集賢殿修撰의 관직에 오르고, 太祖 開實 4년(971)에 翰林學
士가 되고, 후에 參知政事가 된다. 太宗 太平興國 元年(976)에 中
書侍郎 · 同平章事에 배수된다. 후에 崖州로 귀향을 가게 되고 52
세의 나이에 생을 마치게 된다.

152) 劉昌言: (942~999) 字는 禹謨, 泉州 南安(지금의 福建에 속함)
사람이다. 太宗 太平興國 3년에 陳洪進을 따라 宋에 돌아왔다. 太
平興國 8년 進士가 되고, 右諫議大夫 · 同知樞密院事 등을 역임
했다. 眞宗 咸平 2년(58세)에 생을 마쳤다.

153) 稗闔: 형세에 따라 수단과 방법을 가리지 않고 대처하는 것을 말한

諫議知樞密院. 君臣之會, 隆替有限. 聖眷忽解, 曰: "昌言奏對皆操
南音, 朕理會一字不得." 遂罷. (『事文類聚』前集卷三十九)

Ⅱ. 『사고전서총목제요(四庫全書總目提要)』
(子部小說家類)

『귀전록(歸田錄)』 2권, 병부시랑(兵部侍郎) 기윤(紀昀) 가
장본(家藏本), 송(宋) 구양수(歐陽修) 찬. 대부분 조정의 일사
(軼事)와 사대부들의 해학담을 기록했다.

「자서(自序)」에서 이르길, 당(唐) 이조(李肇)의 『국사보(國
史補)』를 모범으로 삼았지만 이조와 약간 다른 것은 다른 사람
의 과오를 기록하지 않았다는 점이라고 했다. 진씨(陳氏: 陳振
孫)의 『직재서록해제(直齋書錄解題)』에서 이르길, "혹자는 말
하길, 공(公: 歐陽修)이 이 책을 지어서 아직 완성되지 않았을
때 「서」가 먼저 유출되어 유릉(裕陵: 神宗의 陵號)이 그것을
찾았는데, 그 책 안에는 본래 당시의 일과 공이 직접 경험한 견
문이 수록되어 있어서 감히 진상하지 못하고 다시 이 본(本)을
만들었으며 초본(初本)은 결국 다시 나오지 않았다고 했다"고
했다. 왕명청(王明淸)의 『휘주삼록(揮麈三錄)』에서는 이르길,

다. 稗는 공개적인 것·겉으로 표현된 말·양성적인 것을 뜻하며,
閨은 은폐된 것·침묵·음성적인 것을 뜻하는데, 이중 삼중으로 중
첩된 권모술수의 끝없는 연속을 뜻한다.

"구양공(歐陽公: 歐陽修)의 『귀전록』은 처음 완성되어 세상에 나오기 전에 「서」가 먼저 전해져서 신종(神宗)이 그것을 보고 급히 중사(中使)에게 그 책을 가져오라고 명했다. 당시 구양공은 이미 벼슬을 그만두고 영주(潁州)에 있었는데, 그 책에 기록된 것 중에 아직은 널리 유포하고 싶지 않은 것이 있었기에 그러한 내용을 모두 삭제했다. 또한 그 분량이 너무 적은 것을 꺼려하여 희학적(戲謔的)이고 시급하지 않은 일을 섞어 기록하여 그 권질(卷帙)을 가득 채웠다. 그런 다음에 그것을 잘 정서(淨書)하여 진상했으며 구본(舊本)은 또한 감히 남겨두지 않았다"고 했다. 두 사람의 설이 약간 다르다. 주휘(周煇)의 『청파잡지(淸波雜志)』에 기록된 것은 왕명청의 설과 같지만, 다만 "원본도 일찍이 나왔다"고 하여 왕명청의 설과 또 부합하지 않는다. 대저 초고가 한 본이고 진상한 것이 또 한 본일 경우 실제로 이런 일이 있었다면, "다시 만들었다"는 설과 "삭제했다는 설"은 떠도는 풍문일 따름이다. 생각해보니 구양수가 영상(潁上: 潁州)으로 돌아간 것은 신종 때인데 『귀전록』에서 "인종(仁宗)이 지금의 황상(皇上)을 황태자로 세우고자 했다"고 한 것은 아마도 영종(英宗) 때의 말인 듯하니, 혹시 평상시에 기록해두었다가 전원으로 돌아간 후에 그것을 편집하여 완성할 때 우연히 뒤늦게 고칠 것을 잊어버린 것일까? 그 중 「시험을 거치지 않고 지제고에 임명되다(不試而知制誥)」 한 조에서는 송대에 양억(楊億)과 진요수(陳堯叟)와 구양수 자신 3명만을 언급했는데, 비곤(費袞)의 『양계만지(梁谿漫志)』에서는 진종(眞宗) 지도

(至道) 3년(997) 4월에 양주한(梁周翰)이 일찍부터 문명(文名)을 날렸기에 그를 칭찬하고 발탁하게 하여 또한 시험을 거치지 않고 지제고에 임명한 일이 사실상 양억 이전에 있었음을 거론하면서 구양수의 잘못된 기록을 바로잡았다. 이런 우연한 착오는 또한 면하지 못하는 바이다. 하지만 〔『귀전록』의 내용은〕 대체로 근거로 삼을 만하니 또한『국사보』의 버금이라 하겠다.

『歸田錄』二卷, 兵部侍郎紀昀家藏本 宋歐陽修撰. 多記朝廷軼事, 及士大夫談諧之言「自序」謂以唐李肇『國史補』爲法, 而小異於肇者, 不書人之過惡. 陳氏『書錄解題』曰: "或言公爲此錄, 未成而「序」先出, 裕陵索之, 其中本載時事及所經歷見聞, 不敢以進, 旋爲此本, 而初本竟不復出." 王明淸『揮麈三錄』則曰: "歐陽公『歸田錄』初成未出而「序」先傳, 神宗見之, 遽命中使宣取, 時公已致仕在潁州, 因其間所記有未欲廣布者, 因盡删去之, 又惡其太少, 則雜記戲笑不急之事, 以充滿其卷帙. 旣繕寫進入, 而舊本亦不敢存." 二說小異. 周輝『淸波雜志』, 所記與明淸之說同, 惟云"原本亦嘗出", 與明淸說又不合. 大抵初稿爲一本, 宣進者又一本, 實有此事; 其旋爲之說, 與删除之說, 則傳聞異詞耳. 惟修歸潁上在神宗時, 而錄中稱"仁宗立今上爲皇子154)", 則似英宗時語, 或平時箚記, 歸田後乃排纂成之, 偶忘追改歟? 其中不試而知制誥一條, 稱宋惟楊億, 陳堯叟155)及修三人, 費袞『梁谿漫志』擧眞宗至道三年四月, 以梁周翰夙負詞名, 令加獎擢, 亦不試而知制誥156), 實在楊億之前, 糾修誤記. 是偶然疎

---

154) 인종(仁宗)이 지금의 황상(皇上)을 황태자로 세우고자 했다: 『歸田錄』 제90조.

155) 진요수(陳堯叟): 『歸田錄』 제3조에는 '陳堯佐'라 되어 있다.

156) 「시험을 거치지 않고 지제고에 임명되다(不試而知制誥)」: 『歸田錄』

舛, 亦所不免. 然大致可資考據, 亦『國史補』之亞也.

Ⅲ. 하경관(夏敬觀) 발문(跋文)

『귀전록(歸田錄)』 2권은 송 구양수가 찬했다. 『송사(宋史)』 「예문지(藝文志)」에는 사부(史部) 전기류(傳記類)에 들어가 있으며 8권이라 되어 있다. 지금 전해지는 『문충공집(文忠公集)』 본과 『패해(稗海)』본·『학진토원(學津討原)』본은 모두 2권으로, 진진손의 『직재서록해제(直齋書錄解題)』의 저록과 부합한다. 진진손이 이르길, "혹자는 말하길, 공이 이 책을 지어서 아직 세상에 전해지기 전에 「서」가 먼저 유출되어 유릉(裕陵)이 그것을 찾았는데, 그 책 안에는 본래 당시의 일과 공이 직접 경험한 견문이 수록되어 있어서 감히 진상하지 못하고 다시 이 본을 만들었으며 초본은 결국 다시 나오지 않았다고 했다"고 했다. 왕명청(王明淸)의 『휘주후록(揮麈後錄)』에서는 이르길, "구양공의 『귀전록』은 처음 완성되어 세상에 나오기 전에 「서」가 먼저 전해져서 신종(神宗)이 그것을 보고 급히 중사(中使)에게 그 책을 가져오라고 명했다. 당시 구양공은 이미 벼슬을 그만두고 영주(潁州)에 있었는데, 그 책에 기록된 것 중에 아직은 널리 유포하고 싶지 않은 것이 있었기에 그러한 내용을 모

제3조.

두 삭제했다. 또한 그 분량이 너무 적은 것을 꺼려하여 희학적(戲謔的)이고 시급하지 않은 일을 섞어 기록하여 그 권질(卷帙)을 가득 채웠다. 그런 다음에 그것을 잘 정서(淨書)하여 진상했으며 구본(舊本)은 또한 감히 남겨두지 않았다. 지금 세상에 있는 것은 모두 진상본이며 원서는 아마도 일찍이 남겨두지 않은 것 같다"고 했다. 주휘(周煇)의 『청파잡지(淸波雜志)』에 기록된 것은 왕명청의 설과 같지만, 다만 그 말미에서 "원본도 일찍이 나왔다. 『여릉집(廬陵集)』에 수록된 것은 겨우 상하 2권인데 이것이 바로 진상본이다"고 했다. 생각건대, 이 세 가지 설은 모두 송대 사람에게서 나왔는데, 하나는 "초본은 결국 다시 나오지 않았다"고 했고, 하나는 "원서는 일찍이 남겨두지 않았다"고 했으며, 하나는 "원본도 일찍이 나왔다"고 했다. 하지만 초고가 한 본이고 진상본이 또 한 본이며 지금 전해지는 것은 진상본이라는 점은 세 설이 일치한다. 이 본은 원각(元刻)『문집』본에 의거하여 송판(宋版)『문집』본으로 교감했으며, 사당각(祠堂刻)『문집』본과 『패해』각본에 있는 다른 부분은 모두 주를 달아 덧붙였다. 또한 송판 주자(朱子)의 『명신언행록(名臣言行錄)』에 인용된 총 18조로 교감했는데, 그 중에서 2조는 금본(今本)에 없는 것이다. 그래서 주휘가 "원본도 일찍이 나왔다"고 한 말에 근거가 있음을 알게 되었다. 『송사』「예문지」는 착오가 심하여 세상의 비난을 받고 있지만 유독 이 책을 사부전기류에 열입(列入)한 것을 보면, 저록된 것은 구양공의 초고로서 대개 초고에는 본래 당시의 일과 구양공이 직접 경험한 견문이 수록되어 있었으며 회학적이고 시급하지 않은 일을 그 안에 섞어 넣지 않았음을 추측할 수 있다. 기미년(己未年: 1919) 중춘(仲春)에 신건(新建) 사람 하경관이 삼가 발문을 쓰다.

〔1〕『四庫全書總目提要』에는 "揮麈三錄"으로 잘못 되어 있다.
〔2〕『四庫全書總目提要』에 인용된 『淸波雜志』는 內府에 소장된 影宋精本인데, 『稗海』본과 마찬가지로 "원본도 일찍이 나왔다"고 되어 있지만, 鮑氏(鮑廷博)의 『知不足齋』 간본 『청파잡지』에는 "원본은 일찍이 나오지 않았다"고 되어 있다. 포씨 각본은 婁江의 曹彬侯가 소장한 東海의 焦氏本에서 나온 것으로, 나중에 明 姚舜咨의 寫本을 얻어 교감하고 「別志」 3권과 張貴謨의 「序」 1편을 덧붙여 기록했는데, 『사고전서』본의 근거할 만한 점에는 미치지 못한다. 또한 원문의 아래에서 "『廬陵集』에 수록된 것은 겨우 상하 2권이다"고 한 것을 보면, 周煇의 뜻은 원본이 2권뿐만이 아니라는 것을 증명하는 데 있으니, 또한 "원본도 일찍이 나왔다"고 하는 것이 의미상 더 낫다.

　　右『歸田錄』二卷, 宋歐陽修撰, 『宋史』「藝文志」入史部傳記類, 作八卷. 今所傳『文忠公集』本及『稗海』, 『學津討原』本皆二卷, 與陳振孫『書錄解題』合. 振孫云: "或言公爲此錄, 未傳而 「序」 先出, 裕陵索之, 其中本載時事及所經歷見聞, 不敢以進, 旋爲此本, 而初本竟不復出." 王明淸 『揮麈後錄』〔1〕 則曰: "歐陽公 『歸田錄』初成未出而「序」先傳, 神宗見之, 遽命中使宣取, 時公已致仕在潁州, 以其間所記述有未欲廣布者, 因盡刪去之. 又惡其太少, 則雜記戲笑不急之事, 以充滿其卷帙. 既繕寫進入, 而舊本亦不敢存. 今世之所有皆進本, 而元書蓋未嘗存之." 周煇 『淸波雜志』所記與明淸之說同, 惟末云: "元本亦嘗出, 『廬陵集』 所載上下繼二卷, 乃進本也."〔2〕 案此三說皆出宋人, 一云初本竟不復出; 一云元書未嘗存之; 一云原本亦嘗出. 而初稿爲一本, 宣進者又一本, 今所傳者爲宣進之本, 則三說所同也. 此本依元刻 『文集』 本校以宋槧 『文集』本, 其詞堂刻 『文集』 本及 『稗海』 刻本略有同異, 皆附註之. 又校以宋槧朱子 『名臣言行錄』, 所引凡十八

則, 得二則爲今本所無, 乃悟周煇所云 "元本亦嘗出" 者其言
爲有據. 宋 「藝文志」 訛誤錯亂, 爲世所訾議, 獨此書列入史
部傳記類, 可推測其所著錄, 爲歐公初稿, 蓋初稿本載時事及
所經歷見聞, 未嘗有戲笑不急之事摻雜其中也. 己未仲春新建
夏敬觀謹跋.

〔1〕『四庫提要』 誤作 "三錄".
〔2〕『四庫提要』 引『淸波雜志』 係內府所藏影宋精本, 與『稗海』 本竝作 "原
本亦嘗出", 鮑氏『知不足齋』 所刊『淸波雜志作 "原本未嘗出". 惟鮑刻出婁江
曹彬侯所藏東海焦氏本, 後得明姚舜咨寫本校之, 補錄『別志』 三卷, 張貴謨
「序」 一篇, 不及庫本爲家據. 且原文下云: "『廬陵集』 所載上下纔二卷", 則煇
意在證元本不止二卷, 亦以作 "亦嘗出者" 於義爲長.

참고문헌

1. 기본자료

徐世琤 選譯, 『歸田錄·澠水燕談錄』, 浙江古籍出版社, 1999.

沈履偉 註譯, 『唐宋筆記小說釋譯』, 天津古籍出版社, 2004.

葉桂剛·王貴元 主編, 『中國古代十大軼事小說賞析』, 北京廣播學
　　院出版社, 1992.

李偉國·呂友仁 點校, 『歸田錄·澠水燕談錄』, 唐宋史料筆記叢刊,
　　中華書局, 1979.

2. 辭典類

閔智亭·李養正 主編, 『道敎大辭典』, 中國道敎協會, 1998.

謝壽昌 外 7名 編著, 『中國古今地名大辭典』, 臺灣商務印書館, 1982.

呂宗力 主編, 『中國歷代官制大辭典』, 北京出版社, 1994.

兪鹿年 編著, 『中國官制大辭典』 上·下, 黑龍江人民出版社, 1992.

張志哲 主編, 『道敎文化辭典』, 江蘇古籍出版社, 1994.

張撝之·沈起煒·劉德重 主編, 『中國歷代人名大辭典』, 上海古籍
　　出版社, 1999.

趙樸初 主編, 『中國佛敎人名大辭典』, 上海辭書出版社, 1999.

黃惠賢 主編, 『二十五史人名大辭典』 上·下, 中州古籍出版社, 1994.

3. 單行本類

John W. Chaffee 著, 양조욱 譯, 『송대중국인의 과거생활』, 2001.

高克勤 編著, 『北宋散文』, 上海書店出版社, 2000.

具良根 譯註, 『中國歷代文言小說選』, 시사중국어문화원, 2002.

金諍 著, 金曉民 譯, 『중국과거문화사』, 동아시아, 2003.

김진곤 편역, 『이야기 소설 Novel』, 예문서원, 2001.

김학주, 『중국문학사론』, 서울대학교출판부, 2001.

_____, 『中國文學史』, 新雅社, 1994.

魯長時 譯註, 『歐陽修산문선』, 명문당, 2004.

_____著, 『歐陽修 散文의 世界』, 嶺南大中國文學硏究室叢書, 2000.

寧稼雨, 『中國志人小說史』, 遼寧人民出版社, 1991.

魯迅 著, 趙寬熙 譯註, 『中國小說史略』, 살림, 1998.

劉葉秋, 『歷代筆記槪述』, 北京出版社, 2003.

林 庚, 『中國文學簡史』, 北京大學出版社, 1996.

苗 壯, 『筆記小說史』, 浙江古籍出版社, 1998.

미야자키 著, 중국사연구회 譯, 『중국의 시험지옥-科擧』, 청년사, 1993.

서경호, 『中國小說史』, 서울대학교출판부, 2004.

서현봉 엮음, 『재미있는 중국인의 해학이야기』, 박우사, 1994.

蕭相愷, 『宋元小說史』, 浙江古籍出版社, 1997.

_____, 『宋元小說史』, 浙江古籍出版社, 1997.

시마다겐지 著, 김석근·이근우 譯, 『주자학과 양명학』, 까치, 1986.

沈括 著, 최병두 譯, 『夢溪筆談』, 범우사, 2003.

吳禮權, 『中國筆記小說史』, 商務印書館國際有限公司, 1997.

王更生 編著, 『歐陽修 散文硏究』, 文史哲出版社, 2001.

林語堂 著, 다나번역실 譯, 『얼굴이란 무엇인가』, 도서출판 다나, 1985.

張暉, 『宋代筆記硏究』, 華中師範大學出版社, 1993.

全寅初, 『中國古代小說硏究』, 延世大學校出版部, 1985.

趙明政, 『文言小說』, 廣西師範大學出版社, 1999.

陳文新, 『中國筆記小說史』, 志一出版社, 1984.

4. 論文類

郭魯鳳, 「歐陽修散文硏究」, 韓國外國語大學校, 博士學位論文, 1991.

金塘澤, 「崔滋의 『補閑集』 著述動機」, 震檀學報 65, 1988.

김춘란, 「歐陽修 산문의 한국 전래와 수용」, 延世大學校, 碩士學位論文, 2006.

魯長時, 「歐陽修 記文의 표현기교연구」, 서라벌대학 논문집 18, 2000.

竇玉璽, 「歐陽修 『歸田錄』 讀釋」, 河南師範大學學報, 2006.

朴璟實, 「歐陽修 散文에 나타난 現實意識」, 중국어문논역총간 제 14, 2005.

朴菖熙, 「『補閑集』에 나타난 崔滋의 意識內容」, 震檀學報 65, 1988.

沈浩澤, 「『補閑集』의 構成」, 어문논집 35(96.12), 고려대학교국어국문학연구회, 1996.

張明華,「歐陽修『六一詩話』寫作原因探討」, 阜陽師範學院學報(社會科學版), 2004.

張秀烈,「歐陽修 研究」, 成均館大學校, 碩士學位論文, 1982.

張蜀蕙,「書寫與文類-以韓愈詮釋爲中心探究北宋書寫觀」, 國立臺灣政治大學, 博士學位論文, 2000.

전형대,「『補閑集』의 批評文學的 特性」, 震檀學報 65, 1988.

許麗芳,「試析傳統文人之書寫特質--以歐陽修『歸田錄』與『六一詩話』爲例」, 彰化師範大學國文系, 1999.

찾아보기

저자약력

▶ **저자** : 구양수(歐陽脩: 1007~1072)

자는 영숙(永叔), 호는 취옹(醉翁)·육일거사(六一居士), 시호는 문충(文忠)이며,
여릉(廬陵: 지금의 江西省 吉安市) 사람이다. 송대의 대문학가이자 사학자로서
북송 문단의 영수였으며, 당송팔대가(唐宋八大家) 가운데 한 명이다.
일찍이 추밀부사(樞密副使)·참지정사(參知政事) 등을 역임했으며,
과감히 직언하고 정치혁신을 주장했다.
저서에는 『귀전록』 외에 『신당서(新唐書)』·『신오대사(新五代史)』·
『육일시화(六一詩話)』·『육일사(六一詞)』 등이 있으며,
문집으로 『구양문충공집(歐陽文忠公集)』이 있다.

▶ **역자** : 강민경

성신여자대학교 중어중문학과 졸업
연세대학교 대학원 졸업(문학석사)
연세대학교 대학원 박사과정 재학중

귀전록

2008년 1월 23일   인쇄
2008년 1월 30일   발행

저 자 / 歐 陽 脩
역 자 / 강 민 경
발행자 / 하 운 근
발행처 / 도서출판 학고방

주 소 / 서울특별시 은평구 대조동 213-5 우편번호 122-030
등 록 / 제8-134호
전 화 / 02-353-9907
F A X / 02-386-8308
E-mail / hakgobang@chol.com

정가   20,000 원

ISBN   978-89-6071-053-5   93820